Hutarew · Regelungstechnik

Georg Hutarew

Regelungstechnik

Kurze Einführung am Beispiel der Drehzahlregelung von Wasserturbinen

Dritte neubearbeitete Auflage

Springer-Verlag Berlin Heidelberg GmbH 1969

Dr.-Ing. Georg Hutarew
Professor an der Universität Stuttgart

ISBN 978-3-540-04566-3 ISBN 978-3-642-88074-2 (eBook)
DOI 10.1007/978-3-642-88074-2

Mit 188 Abbildungen

. Library of Congress
Ursprünglich erschienen bei Springer-Verlag Berlin · Heidelberg · New York 1969
Softcover reprint of the hardcover 3rd edition 1969
Catalog Card Number 71-87 905

Titel Nr. 0446

Vorwort zur dritten Auflage

Die Zielsetzung des Buches, die im Vorwort zur ersten Auflage ausführlich erläutert wurde, hat sich nur wenig geändert: Der Leser soll nach wie vor in leicht verständlicher Art an einem Beispiel, an der Drehzahlregelung von Wasserturbinen, mit den Grundlagen der Regelungstheorie, mit den gebräuchlichsten Rechenverfahren und mit den einfachsten Methoden für das Ermitteln regeltechnischer Eigenschaften von einzelnen Regelkreisgliedern und von ganzen Regelkreisen, vertraut gemacht werden. Darüber hinaus soll er mit den Meßverfahren zur Überprüfung dieser regeltechnischen Eigenschaften in Versuchen, die in den letzten Jahren auch auf dem Gebiet der Drehzahlregelung von Wasserturbinen an Bedeutung stark gewonnen haben, bekanntgemacht werden.

Die Rechenverfahren werden in den Abschn. 1., 2. und 9. und in den Ziffern 8.1 und 8.2, wie es in der Mathematik üblich ist, abstrakt behandelt und dabei die harmonische Analyse, das Rechnen mit Frequenzgängen, besonders betont.

Die regeltechnischen, auf physikalischen Gesetzen aufgebauten Eigenschaften von einzelnen Regelkreisgliedern und von ganzen Regelkreisen, werden in den Abschn. 3. bis 7. und in Ziffer 8.21 abgeleitet, die Meßverfahren für ihre Überprüfung werden in den Ziffern 6.4, 7.5 und 8.3 beschrieben. Diese beiden Aufgaben lassen sich nur an einem Beispiel, im vorliegenden Buch an der Drehzahlregelung von Wasserturbinen, erläutern.

Bei der Neubearbeitung dieser dritten Auflage wurden die neuesten Entwicklungen berücksichtigt und Definitionen und Zeichen den letzten deutschen und internationalen Normen, soweit als möglich, angepaßt. Als Vorlage dienten vor allem:

DIN 19226 „Regelungstechnik und Steuerungstechnik. Begriffe und Benennungen", 2. Ausgabe, Mai 1968.

VDI/VDE-351 „Richtlinien zur Aufstellung von Spezifikationen für Drehzahlregler von Wasserturbinen", Entwurf September 1968.

IEC-Publication „International test code for speed governing systems for hydraulic turbines" (im Druck).

Formeln der Hydraulik wurden meinem 1965 im Springer-Verlag erschienenen Buch: „Einführung in die Technische Hydraulik. — Kurzfassung einer Vorlesung" entnommen.

Einige in den beiden ersten Auflagen benutzten Zeichen mußten geändert werden: Alle bezogenen Eingangsgrößen wurden mit einem kleinen „x“, alle bezogenen Ausgangsgrößen wurden mit einem kleinen „y“ bezeichnet, die Art des Regelkreisgliedes wurde mit einem großen, als Index angefügten Buchstaben, angegeben. Die einzigen Ausnahmen von der Regel, kleine Buchstaben nur für bezogene Abweichungen vom ursprünglichen Beharrungszustand zu verwenden, bilden: „t“ für die Zeit (das große „T“ wird für Zeitkonstanten benutzt) und griechische Buchstaben. Wie in der Regelungstechnik allgemein üblich ist, wurden Gleichungen bevorzugt mit dimensionslosen, bezogenen Größen geschrieben; für die wenigen Gleichungen mit dimensionsbehafteten Größen wurden kohärente Einheiten m, kg und s des Internationalen Systems, das auf den drei Grunddimensionen: *Länge* — *Masse* — *Zeit* aufgebaut ist, verwendet.

Um den Umfang des Buches nicht zu vergrößern, mußten einige Abschnitte gekürzt werden. So wurde die Zahl der Beispiele für ausgeführte Regler mit mechanischen Meßwerken auf 3 reduziert und dafür, der Entwicklung der letzten Jahre Rechnung tragend, ein Beispiel für einen Regler mit elektrischem Meßwerk aufgenommen.

Unverändert blieb der Umfang des Abschn. 5.: „Verstärker mit Drucköl als Hilfsenergie“; diese Bauelemente gewinnen auch in vielen anderen Zweigen der Regelungstechnik immer mehr an Bedeutung.

Abschn. 7. wurde im Aufbau den anderen Abschnitten des Buches angepaßt. Die Gleichung der Regelstrecke bei Turbinenregelung wurde unter Berücksichtigung der Massenwirkung des in Zuleitungen und in Ableitungen fließenden Wassers abgeleitet; als Beispiel für eine einfachere Regelstrecke wurde die Regelstrecke bei Bremsregelung behandelt.

Die bereits in der zweiten Auflage des Buches enthaltenen Meßverfahren für die Überprüfung der Regler im Versuch wurden ergänzt und dem neuesten Stand der Technik angeglichen. Neu aufgenommen wurden die Meßverfahren für die Überprüfung der Regelstrecken (Ziff. 7.5) und für die Überprüfung der Regelkreise (Ziff. 8.3). Erfahrungen, die der Verfasser und seine Mitarbeiter bei zahlreichen Versuchen auf Prüffeldern und in Wasserkraftanlagen im Inland und im Ausland sammeln konnten, wurden mit verwertet. Einige daraus abgeleitete charakteristische Zahlenwerte wurden zwecks Orientierung des Lesers über die Größenordnung einzelner Reglerbeiwerte in die betreffenden Ziffern aufgenommen.

Dem in einigen Zuschriften wieder geäußerten Wunsch, ich möge mehr Beispiele aus anderen Gebieten der Regelungstechnik in das Buch aufnehmen, konnte ich mich auch diesmal nicht entschließen zu entsprechen. Ich glaube nach wie vor, ein Ingenieur kann und soll nur über Gebiete berichten, auf denen er genügend eigene Erfahrungen sammeln konnte.

Allen, die an der Neubearbeitung der dritten Auflage dieses Buches mitgeholfen haben, möchte ich an dieser Stelle herzlich danken. Mein Dank gilt vor allem:
— den Firmen, die mir freundlicherweise Unterlagen über ihre Regler zur Verfügung gestellt haben,
— Herrn Prof. Dr.-Ing. Dr. techn. E. h. A. Leonhard und seinem Mitarbeiter, Herrn H. D. Schmid, für die Beratung bei der Abfassung des elektrotechnischen Teiles,
— allen meinen Mitarbeitern, den Herren: A. Schmid, H. Roth, E. Eblen, H. Matthias und H. Kopp für ihre selbstlose, wertvolle Hilfe und für viele Anregungen,
— dem Verlag für das große Verständnis meinen Wünschen gegenüber und für die vorbildliche Ausstattung des Buches.

Ich möchte auch allen jenen danken, die mir unmittelbar, in Zuschriften und Unterhaltungen, darunter auch vielen Hörern meiner Vorlesung, oder mittelbar, in Buchbesprechungen, wertvolle Anregungen gegeben haben.

Möge auch die dritte Auflage des Büchleins bei den Lesern eine freundliche Aufnahme finden und ihnen das Eindringen in eines der interessantesten Gebiete der Technik, in die heute schon unentbehrlich gewordene Regelungstechnik, erleichtern.

Stuttgart, im November 1969

Georg Hutarew

Inhaltsverzeichnis

1. Rechenmethoden in der Regelungstechnik 1

1.1 Aufgabenstellung 1

1.2 Lösung der Differentialgleichung 4
1.21 $x(t) = 0$ 4
1.22 $x(t) = \text{const} = 1$ 7
1.23 $x(t) = x_0 e^{j\omega t}$ = harmonische Schwingung mit der Frequenz ω und der konstanten Amplitude x_0 8
1.24 $x(t)$ = beliebige Funktion 14
1.25 $x(t) = 1$ 14
1.26 $x(t)$ = beliebige, in analytischer Form vorliegende Funktion . . . 15
1.27 $x(t)$ = beliebige, in Form einer Kurve vorliegende Funktion . . . 16

1.3 Beharrungszustände 17
1.31 $a_0 \neq 0, b_0 \neq 0$. P-Regelkreisglied 17
1.32 $a_0 = 0, b \neq 0$. I-Regelkreisglied 18
1.33 $a_0 \neq 0, b_0 = 0$. D-Regelkreisglied 19
1.34 Weitere Unterteilung einfacher Regelkreisglieder 20
1.341 PI-Regelkreisglied 20 — 1.342 PD-Regelkreisglied 20 — 1.343 PID-Regelkreisglied 21 . . . .

1.4 Zusammenfassung 22

2. Schaltungen von Regelkreiselementen 24

2.1 Arten von Schaltungen 24
2.11 Reihenschaltung 25
2.12 Parallelschaltung 26
2.13 Gegenschaltung 27

2.2 Gegenüberstellung der Rechenmethoden 28

2.3 Zusammenfassung 29

3. Gestänge 30

3.1 Arten von Gestängen 30

3.2 Einfache Gestänge 30
3.21 Starres Gestänge 30
3.22 Nachgiebiges Gestänge 32
3.23 Verzögertes Gestänge 35

3.3 Doppelgestänge 38
3.31 Starres und nachgiebiges Doppelgestänge 38
3.32 Starres und verzögertes Doppelgestänge 40

3.4 Zusammenfassung 42

4. Meßwerke . . . 43

4.1 Arten von Meßwerken . . . 43

4.2 P-Drehzahlmeßwerke . . . 45
4.21 P-Fliehkraftpendel ohne Dämpfung . . . 46
4.22 P-Fliehkraftpendel mit starr angekuppelter Ölbremse . . . 49
4.23 P-Fliehkraftpendel mit unter Zwischenschaltung einer Feder angekuppelter Ölbremse . . . 51
4.24 P-Fliehkraftpendel mit verstellbarer (rückführbarer) Zusatzfeder . 54
4.25 P-Fliehkraftpendel mit unter Zwischenschaltung einer Feder angekuppelter Ölbremse mit verstellbarem Bremsenzylinder . . . 55
4.26 P-Fliehkraftpendel mit verstellbarer Pendelfeder und mit unter Zwischenschaltung einer Feder angekuppelter Ölbremse mit verstellbarem Bremsenzylinder . . . 57

4.3 I-Drehzahlmeßwerke . . . 59

4.4 Beschleunigungsmeßwerke . . . 60
4.41 Beschleunigungspendel ohne Dämpfung . . . 60
4.42 Beschleunigungspendel mit Dämpfung . . . 62

4.5 Zusammenfassung . . . 63

5. Verstärker . . . 65

5.1. Arten von Verstärkern . . . 65

5.2. Einstufige Verstärker mit Drucköl als Hilfsenergie . . . 66
5.21 Verstärker-Element ohne Rückführung . . . 66
5.211 Strahlrohr-Kraftschalter in der Druckölzuleitung und doppeltwirkender Stellkolben (Askania-Rohr) 68 — 5.212 Kraftschalter in der Druckölzuleitung und einfachwirkender Stellkolben 69 — 5.213 Kraftschalter in der Abflußleitung und einfachwirkender Stellkolben 69 — 5.214 Kraftschalter in der Abflußleitung und Stufenkolben 70 — 5.215 Regelbare Ölpumpe als Kraftschalter (Escher-Wyss Rollenpumpe) 70.
5.22 Verstärker-Element mit Rückführung . . . 70
5.23 Verstärker-Element mit starrer Rückführung . . . 71
5.231 Kraftschalter in der Abflußleitung und einfach wirkender Stellkolben mit steifer Feder 73 — 5.232 Zwei parallelgeschaltete Kraftschalter in der Abflußleitung und einfach wirkender Stellkolben mit steifer Schließfeder 74
5.24 Verstärker-Element mit nachgiebiger Rückführung . . . 74
5.25 Verstärker-Element mit verzögerter Rückführung . . . 76
5.26 Verstärker-Element mit starrer und nachgiebiger Rückführung . 78
5.27 Verstärker-Element mit starrer und verzögerter Rückführung . . 80

5.3 Mehrstufige Verstärker . . . 82
5.31 Zweistufiger Verstärker ohne Rückführung . . . 83
5.32 Zweistufiger Verstärker mit Rückführung . . . 84
5.33 Zweistufiger Verstärker mit starrer Rückführung von y_V . . . 85
5.34 Zweistufiger Verstärker mit starrer Rückführung von y_{Va} . . . 87
5.341 Kraftschalter mit Vorsteuerstift und Folgekolben . . . 89

5.35 Zweistufiger Verstärker mit starren Rückführungen von y_{Va} und y_V 89
5.36 Andere Verstärker 92

5.4 Zusammenfassung 92

6. Regler 94

6.1 Arten von Reglern 94

6.2 Regler mit einem Meßwerk 96
6.21 Regler der Maschinenfabrik Escher-Wyss, Zürich und Ravensburg 96
6.22 Regler der Maschinenfabrik J. M. Voith, Heidenheim 100
6.23 Elektrischer Regler von Siemens, Erlangen 104

6.3 Regler mit zwei Meßwerken 108
6.31 Regler von Ateliers de Construction Mécanique de Vevey, Vevey 108

6.4 Überprüfung des Reglers in einem Versuch 113
6.41 Versuchsgeräte 113
6.42 Überprüfung des Reglers in Beharrungszuständen und während der Schaltvorgänge 115
6.421 Drehzahlbereich $N_{uu} ... N_{oo}$ 115 — 6.422 Stellhub Y_{Rh} 116 6.423 Stellkraft P_R 116 — 6.424 Arbeitsvermögen des Reglers A_R 116 — 6.425 Öffnungszeit $T_ö$, Schließzeit T_s und Einschleichzeit T_h 116 — 6.426 Bleibender (permanenter) P-Grad des Reglers, b_p 117
6.43 Überprüfung des Reglers während der Regelungsvorgänge 117
6.431 Messen der Frequenzgang-Ortskurve F_R 117 — 6.432 Messen der Beiwerte der Differentialgleichung des Reglers 119
6.432.1 Vorübergehender (temporärer) P-Grad des Reglers, b_t 120 — 6.432.2 Bleibender P-Grad des Meßwerks, b_b 120 — 6.432.3 Vorübergehender P-Grad des Meßwerks, b_v 121 — 6.432.4 Laufzeit des Verstärkers, T_y 121 — 6.432.5 Dämpfungszeit T_d 122 — 6.432.6 Zeitkonstante des Beschleunigungsmeßwerks, T_n 122
6.44 Totband i_x und Ungenauigkeit des Reglers, i_y 123

7. Regelstrecke 124

7.1 Arten von Regelstrecken 124
7.11 Turbinendrehmoment und Gegendrehmoment des Generators . . 127
7.2 Regelstrecke bei Turbinenregelung 130
7.21 Ermitteln von F_{my} 131
7.22 Ermitteln von F_{mx} 135
7.23 Ermitteln von F_{zx} 139
7.24 Ermitteln von F_{xm} 139
7.25 Ermitteln des Frequenzganges F_S der ungestörten Regelstrecke . 140

7.3 Regelstrecke bei Bremsregelung 141
7.31 Ermitteln von F_{zy} 142
7.32 Ermitteln des Frequenzgangs F_S der ungestörten Regelstrecke bei Bremsregelung 142

7.4 Weitere Beispiele für Regelstrecken 143

7.5 Überprüfung der Regelstrecke in einem Versuch 144
7.51 Messen der Ortskurve F_S 144
7.52 Messen der Ortskurve F_{my} 146
7.53 Messen des Selbstregelungsfaktors der Turbine, e_t und des Selbstregelungsfaktors des Netzes, e_g 146
7.54 Messen der Anlaufzeit des Maschinensatzes, T_{AN} 147

8. Regelkreis 149

8.1 Arten von einfachen Regelkreisen 149
8.11 Geschlossener Regelkreis mit Führungsgröße und mit Störgröße . 150
8.12 Beispiel für einen geschlossenen Regelkreis ohne Führungsgröße mit Störgröße 152

8.2 Vermaschter Regelkreis 154
8.21 Beispiel für einen zweifach vermaschten Regelkreis mit Führungsgröße und mit Störgröße 154

8.3 Überprüfung des Regelkreises in einem Versuch 157
8.31 Messen der Ortskurve des aufgeschnittenen Regelkreises, F_A . . 158
8.32 Messen der Übergangsfunktion $x_{ü}(t)$ 158
8.33 Messen der Übergangsfunktion $y_{ü}(t)$ 159

9. Stabilitätsuntersuchung 160

9.1 Aufgabenstellung 160

9.2 Einfache Stabilitätsuntersuchung 161
9.21 Stabilitätsuntersuchung mit Hilfe der Differentialgleichung . . . 161
9.211 Vergleich der Beiwerte nach Hurwitz 161 — 9.212 Graphisches Verfahren von Cremer-Leonhard 162
9.22 Stabilitätsuntersuchung mit Hilfe des Frequenzganges F_A des aufgeschnittenen Regelkreises, nach Nyquist 163
9.23 Stabilitätsuntersuchung mit Hilfe der Ortskurven des Reglers und der Regelstrecke 165
9.231 Stabilitätsuntersuchung mit Hilfe der Ortskurve F_{Sy} und der inversen Ortskurve $1/F_{Rx}$ 165 — 9.232 Stabilitätsuntersuchung mit Hilfe der inversen Ortskurve $1/F_{Sy}$ und der Ortskurve F_{Rx} 166.

9.3 Erweiterte Stabilitätsuntersuchung 168

Literaturverzeichnis 169

1. Rechenmethoden in der Regelungstechnik

1.1 Aufgabenstellung

Ein Regelungsvorgang ist der Übergang von einem Beharrungszustand in einen anderen, gewünschten Beharrungszustand. Dabei ist es gleichgültig, ob der neue, angestrebte Beharrungszustand als Ziel, das den Regelungsvorgang auslöst und in seinem Ablauf lenkt, während der ganzen Regelungsdauer unverändert bleibt oder ob er sich noch vor Erreichen des neuen Beharrungszustandes wieder ändert und so immer neue, aneinandergereihte Regelungsvorgänge verursacht.

Bei Wasserturbinen, wie bei allen Kraftmaschinen, die Stromerzeuger antreiben, ist man bestrebt, die Drehzahl N des Maschinensatzes unabhängig von der Belastung entweder konstant oder in bestimmten, engen Grenzen zu halten; diese Aufgabe wird durch einen *Regler* erfüllt, der bei *Störung eines Beharrungszustandes,* z. B. durch Änderung der Belastungsverhältnisse im Netz, die Leistungsabgabe der Turbine dem neuen Leistungsbedarf anpaßt und damit die diesen Belastungsverhältnissen zugeordnete Drehzahl einstellt. Der Regler tritt nur bei Störung eines Beharrungszustandes in Tätigkeit, während er in der übrigen Zeit tatenlos auf der Lauer liegt, um bei einer beabsichtigten oder unbeabsichtigten Änderung der Gleichgewichtsverhältnisse sofort einzugreifen. Ein solcher Maschinensatz könnte zwar auch ohne Regler arbeiten, es würde sich aber bei einer bestimmten Änderung der Belastungsverhältnisse im Netz, z. B. durch Zuschalten von Teilen des Versorgungsnetzes, ein neuer Beharrungszustand mit nur einer ganz bestimmten, von der Größe der Belastungsänderung abhängigen Drehzahl einstellen.

Diese *Selbstregelung des Maschinensatzes* erklärt sich aus verschiedenartigem Verhalten des Turbinendrehmomentes $M = M(N)$ und des Gegendrehmomentes $Z = Z(N)$ des Stromerzeugers bei Änderung der Drehzahl N; während M mit Erhöhung der Drehzahl kleiner wird, kann Z mehr oder weniger stark zunehmen. Der Drehzahlregler der Turbine hat also die Aufgabe, von den zahlreichen, bei den neuen Belastungsverhältnissen im Netz möglichen Beharrungszuständen jenen einzustellen, dem die gewünschte Drehzahl, die *Solldrehzahl* N_s, entspricht.

Turbinenregler R und *Regelstrecke S*, die im einfachsten Fall aus der Turbine mit ihrer Wasserzuleitung und Wasserableitung, dem Stromerzeuger mit seinem Spannungsregler und dem angeschlossenen elektrischen Netz mit seinen Verbrauchern besteht, bilden einen *Regelkreis* mit der *Regelgröße* X = Turbinendrehzahl N.

Die Verhältnisse in den Beharrungspunkten für verschiedene Belastungen können wohl aus dem Regelschema und den Kennlinien der Regelstrecke gefunden werden; der eigentliche Regelungsvorgang aber, also der Übergang von einem Beharrungszustand in den anderen, kann nur mit Hilfe von Regelkreisgleichungen untersucht werden. Dabei interessiert auch die Frage, ob nach dem Verlassen eines Beharrungszustandes der neue, gewünschte Beharrungszustand überhaupt erreicht wird oder ob der Maschinensatz um diesen immer hin- und herpendelt. Die Beantwortung dieser Frage bildet die Aufgabe der *Stabilitätsuntersuchung des Regelkreises*. Die Regelkreisgleichung wird aus den Gleichungen für den Regler und die Regelstrecke gewonnen; jede der beiden letztgenannten Gleichungen stellt den Zusammenhang zwischen ihrer *Eingangsgröße* (ihrem *Eingangssignal*) und ihrer *Ausgangsgröße* (ihrem *Ausgangssignal*) dar. Da es sich bei einem Regelungsvorgang um einen zeitlichen Ablauf eines Geschehens handelt, sind beide Größen Zeitfunktionen. Die Eingangsgröße des Reglers ist die Änderung der Drehzahl, seine Ausgangsgröße ist die Änderung der Stellung des Stellmotorkolbens; die Eingangsgröße der Regelstrecke ist die Änderung der Leitapparatstellung der Turbine, ihre Ausgangsgröße ist die Drehzahländerung des Maschinensatzes. Die Änderung der Belastungsverhältnisse im Netz, die Änderung der Turbinenfallhöhe durch Wasserspiegelschwankungen im Wasserschloß usw., also unbeabsichtigte Beeinflussung der Regelstrecke von außen, werden *Störgrößen* Z genannt. Die Verstellung des Sollwertes der Regelgröße X, also eine beabsichtigte Beeinflussung des Reglers, ist eine *Führungsgröße* W.

Abb. 1.01 stellt schematisch, als *Blockschaltbild*, einen *einfachen Regelkreis*, bestehend aus der Regelstrecke S, dem Regler R, der Störgröße Z und der Führungsgröße W dar; alle Größen, bzw. ihre bezogenen, dimensionslosen *Abweichungen* x, y, z und w vom *ursprünglichen Beharrungszustand*, wirken nur in einer im Blockschaltbild durch Pfeile gekennzeichneten Richtung. Das bedeutet, daß wohl die *Eingangsgröße eines Regelkreisgliedes dessen Ausgangsgröße beeinflußt, nicht aber umgekehrt*; eine Rückwirkung der Ausgangsgröße auf die Eingangsgröße kann *nur* über alle übrigen Glieder des Regelkreises erfolgen. Diese Festlegung ist maßgebend für die Abgrenzung einzelner *Regelkreiselemente*, der kleinsten Regelkreisglieder, in die z. B. ein Regler unterteilt werden kann. Es sei besonders hervorgehoben, daß ein Regelkreiselement mit der Unterteilung des Gerätes in Einzelteile nichts zu tun hat; ein Einzelteil kann mehrere Regelkreiselemente in sich vereinen, wie auch umgekehrt ein Regelkreiselement aus mehreren, räumlich voneinander getrennten Geräteteilen bestehen kann. Eine unmittelbare Rückwirkung der Ausgangsgröße auf die Eingangsgröße kann nur durch Gegenschaltung eines eigenen Regelkreisgliedes, durch Anordnung einer *Rückführung*, erzielt werden. Jedes Regelkreiselement kann als eine Art *Umformer mit nur einer Wirkungsrichtung* aufgefaßt werden. In einem Drehzahlregler wird die Drehzahlabweichung vom Sollwert in eine Bewegung des Stellkolbens umgeformt.

Der Zusammenhang zwischen der Eingangsgröße x und der Ausgangsgröße y eines Regelkreiselements wird, wie dies bei physikalischen Vorgängen üblich ist, als Differentialgleichung aus der Konstruktion des Elements oder aus Versuchen gewonnen. Um möglichst einfache Gleichungen zu erhalten und die Rechnung zu erleichtern, ist es in der Regelungstechnik allgemein üblich, die Zusammenhänge zwischen den

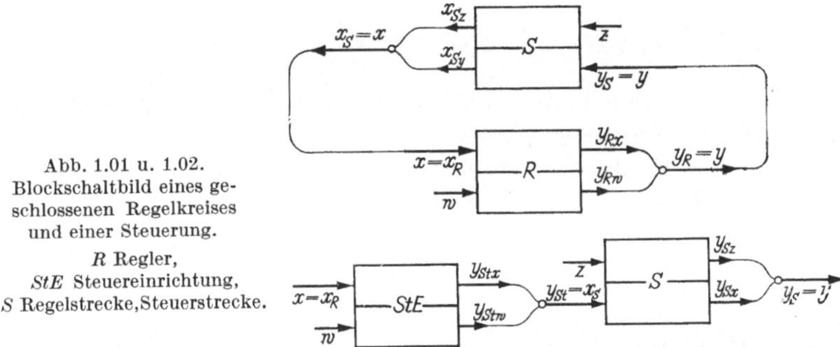

Abb. 1.01 u. 1.02. Blockschaltbild eines geschlossenen Regelkreises und einer Steuerung. *R* Regler, *StE* Steuereinrichtung, *S* Regelstrecke, Steuerstrecke.

einzelnen Größen zu *linearisieren*, d. h., die Kurven, die diese Zusammenhänge darstellen, durch Geraden zu ersetzen; wenn eine solche Näherung durch eine Gerade im ganzen betrachteten Bereich der betreffenden Größe mit der gewünschten Genauigkeit nicht zu erzielen ist, so wird der Bereich in eine Anzahl Teilabschnitte zerlegt und die Linearisierung in einzelnen Teilabschnitten vorgenommen. Es ergeben sich lineare Differentialgleichungen mit reellen, konstanten Beiwerten. Da die Linearisierung bei jedem Regelungsproblem vorgenommen wird, unabhängig vom gerätetechnischen Aufbau des Regelkreises und seiner Glieder und unabhängig von der Art der darin vorkommenden Größen, so werden auch in allen Fällen solche Differentialgleichungen erhalten, die sich nur durch Ordnungszahl und Beiwerte voneinander unterscheiden.

Die vorstehenden Ausführungen bezogen sich auf einen Regelkreis, in dem die Wirkungen einzelner Glieder zu einem geschlossenen Ring zusammengefügt sind: Eine Regelabweichung x_R wird im Regler in eine Stellkolbenbewegung umgewandelt, die wiederum in der Regelstrecke die Regelabweichung korrigiert. Sie können sinngemäß auch auf eine *Steuerung*, die als *offener Regelkreis* aufgefaßt werden kann, angewendet werden; in Abb. 1.02 wird in der *Steuereinrichtung* die Abweichung x_R

vom Sollwert in die Bewegung des Stellgliedes umgeformt und damit die Ausgangsgröße y_S der *Steuerstrecke* geändert, jedoch nicht x_R beeinflußt.

Eine Regelung liegt z. B. beim Konstanthalten der Temperatur in einem Raum vor; eine Abweichung der Raumtemperatur vom Sollwert ändert die zugeführte Heizleistung der Heizkörper.

Eine Steuerung liegt z. B. beim Ändern der Heizleistung der Heizkörper in Abhängigkeit von der Außentemperatur vor; die eigentliche Raumtemperatur wird zum Verstellen der Heizkörper nicht herangezogen.

1.2 Lösung der Differentialgleichung

Die lineare Differentialgleichung n-ter Ordnung mit reellen, konstanten Beiwerten lautet:

$$a_n y^{(n)} + a_{n-1} y^{(n-1)} + \cdots + a_2 y'' + a_1 y' + a_0 y = x(t). \qquad (1.01)$$

Die Lösung gibt den Zusammenhang zwischen der Eingangsgröße x und der Ausgangsgröße y. Um Gl. (1.01) lösen zu können, muß die Eingangsgröße als Funktion der Zeit, also $x = x(t)$, gegeben sein. Es können dabei folgende Fälle vorkommen:

1.21 $x(t) = 0$

Gl. (1.01) lautet dann:

$$a_n y^{(n)} + a_{n-1} y^{(n-1)} + \cdots + a_2 y'' + a_1 y' + a_0 y = 0. \qquad (1.02)$$

Die Lösung $y(t)$ dieser verkürzten Differentialgleichung stellt den sogenannten *Eigenvorgang* dar, d. h. einen Vorgang, der sich abspielt, wenn das Element nach einer Auslenkung aus dem Beharrungszustand wieder sich selbst überlassen wird.

Mit dem Ansatz

$$y = e^{pt} \qquad (1.03)$$

folgt aus Gl. (1.02) die *algebraische, charakteristische Gleichung* n-ten Grades

$$a_n p^n + a_{n-1} p^{n-1} + \cdots + a_2 p^2 + a_1 p + a_0 = 0 \qquad (1.04)$$

mit den Wurzeln $p_n, p_{n-1}, \ldots, p_2, p_1$. Da alle Beiwerte reell sind, können diese Wurzeln nur entweder reell oder paarweise konjugiert-komplex sein, was aus der anderen Form von Gl. (1.04), nämlich aus:

$$a_n (p - p_n)(p - p_{n-1}) \cdots (p - p_2)(p - p_1) = 0 \qquad (1.05)$$

leicht zu erkennen ist.

Oft wird $p = j\omega$ gesetzt, also der Ansatz $y = e^{j\omega t}$ einer harmonischen Schwingung mit der konstanten Amplitude 1 gemacht; die charakteristische Gleichung lautet dann:

$$a_n (j\omega)^n + a_{n-1}(j\omega)^{n-1} + \cdots + a_2 (j\omega)^2 + a_1 j\omega + a_0 = 0 . \quad (1.06)$$

Die allgemeine Lösung von Gl. (1.02) bei

$$r \text{ gleichen Wurzeln } p_n = p_{n-1} = \cdots = p_{n-(r-1)} = \varrho$$

und

$$m = (n - r) \text{ verschiedenen Wurzeln } p_m, p_{m-1}, \ldots, p_2, p_1$$

lautet:

$$y(t) = C_n e^{\varrho t} + C_{n-1} t e^{\varrho t} + C_{n-2} t^2 e^{\varrho t} + \cdots + C_{n-(r-1)} t^{r-1} e^{\varrho t} + \\ + C_m e^{p_m t} + C_{m-1} e^{p_{m-1} t} + \cdots + C_2 e^{p_2 t} + C_1 e^{p_1 t} . \quad (1.07)$$

a) Ein Glied der Gl. (1.07) mit einer reellen Wurzel p_g

$$y_g = C_g e^{p_g t} \quad (1.08)$$

stellt einen *aperiodischen Vorgang dar*; ist

$p_g < 0$, so nimmt $y_g(t)$ mit t ab (Abb. 1.03),

$p_g = 0$, so bleibt $y_g(t)$ konstant (Abb. 1.04),

$p_g > 0$, so nimmt $y_g(t)$ mit t zu (Abb. 1.05).

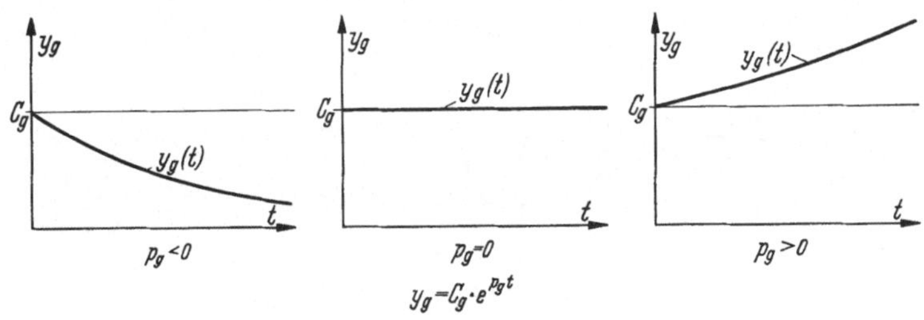

Abb. 1.03 – 1.05. Aperiodischer Vorgang $y_g(t)$.

b) Zwei Glieder der Gl. (1.07) mit konjugiert komplexen Wurzeln:

$$p_h = \delta_h + j\omega_h \quad \text{und} \quad p_{h+1} = \delta_h - j\omega_h$$

können zu einem Glied y_h zusammengefaßt werden:

$$y_h = C_h e^{(\delta_h + j\omega_h)t} + C_{h+1} e^{(\delta_h - j\omega_h)t} \\ = e^{\delta_h t} (C_h e^{+j\omega_h t} + C_{h+1} e^{-\omega_h t}) . \quad (1.09)$$

Aus dem Ansatz

$$\begin{aligned} C_h &= K_h\, e^{+j\varphi_h} \\ C_{h+1} &= K_h\, e^{-j\varphi_h} \end{aligned} \tag{1.10}$$

folgen

$$C_h C_{h+1} = K_h^2 \quad \text{oder} \quad K_h = \sqrt{C_h C_{h+1}} \tag{1.11}$$

und

$$C_h - C_{h+1} = K_h(e^{+j\varphi_h} - e^{-j\varphi_h}) = K_h\, 2j\, \sin\varphi_h$$

$$C_h + C_{h+1} = K_h(e^{+j\varphi_h} + e^{-j\varphi_h}) = K_h\, 2\cos\varphi_h$$

oder

$$\tan\varphi_h = -j\,\frac{C_h - C_{h+1}}{C_h + C_{h+1}}. \tag{1.12}$$

Gl. (1.09) kann dann geschrieben werden:

$$\begin{aligned} y_h &= e^{\delta_h t} K_h\, [e^{+j(\omega_h t + \varphi_h)} + e^{-j(\omega_h t + \varphi_h)}] \\ &= 2\sqrt{C_h C_{h+1}} \cdot e^{\delta_h t} \cdot \cos(\omega_h t + \varphi_h) \end{aligned} \tag{1.13}$$

oder

$$y_h = A_h \cdot e^{\delta_h t} \cdot \sin(\omega_h t + \psi_h)\,, \tag{1.14}$$

wenn gesetzt wird

$$A_h = 2\sqrt{C_h C_{h+1}}$$

$$\psi_h = \varphi_h + \frac{\pi}{2} = \text{arc tan}\left(-j\,\frac{C_h - C_{h+1}}{C_h + C_{h+1}}\right) + \frac{\pi}{2}.$$

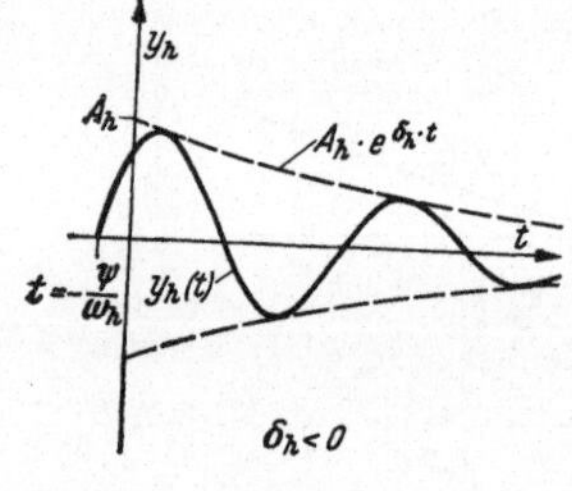

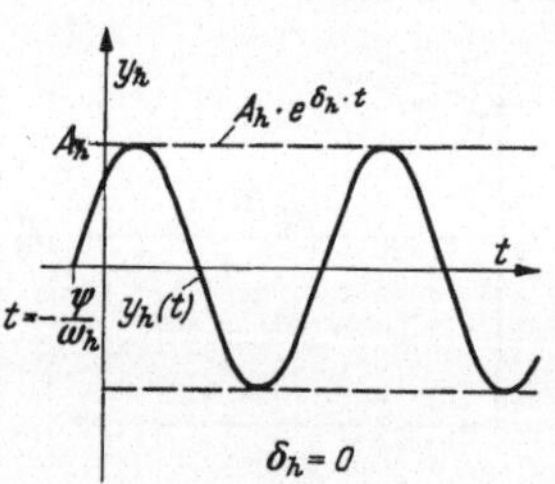

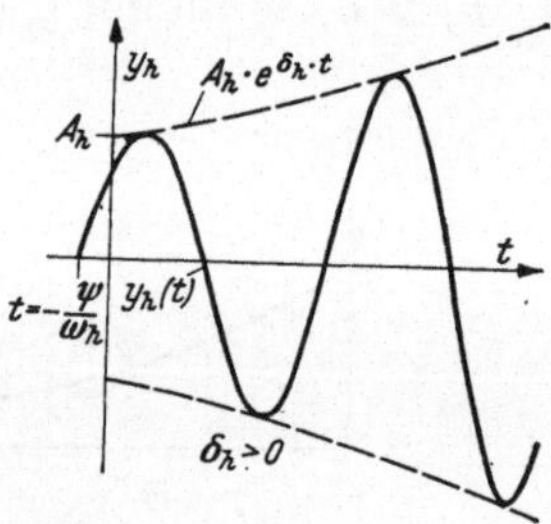

$y_h = e^{\delta_h t}(C_h \cdot e^{+j\omega_h t} + C_{h+1} \cdot e^{-j\omega_h t}) = A_h \cdot e^{\delta_h t} \cdot \sin(\omega_h t + \psi_h)$

Abb. 1.06 – 1.08. Harmonische Schwingung $y_h(t)$.

Gl. (1.14) und somit (1.09) stellt eine *harmonische*, um den *Phasenwinkel* φ_h voreilende Schwingung mit der Amplitude $A_h \cdot e^{\delta_h t} = 2\sqrt{C_h C_{h+1}} \cdot e^{\delta_h t}$ dar. Ist

$\delta_h < 0$, so ist $y_h(t)$ eine abklingende Schwingung (Abb. 1.06),

$\delta_h = 0$, so ist $y_h(t)$ eine gleichbleibende Schwingung (Abb. 1.07),

$\delta_h > 0$, so ist $y_h(t)$ eine anschwellende Schwingung (Abb. 1.08).

1.22 $x(t) = \text{const} = 1$

Gl. (1.01) lautet dann:

$$a_n y^{(n)} + a_{n-1} y^{(n-1)} + \cdots + a_2 y'' + a_1 y' + a_0 y = 1. \qquad (1.15)$$

Ihre Lösung $y_{ü}(t)$ wird *Übergangsfunktion* oder *Sprungantwort* genannt; sie stellt die Änderung der Ausgangsgröße mit der Zeit dar, bei einer sprunghaften Änderung der Eingangsgröße z. B. von $x = 0$ auf $x = 1$ (Abb. 1.09 und 1.10).

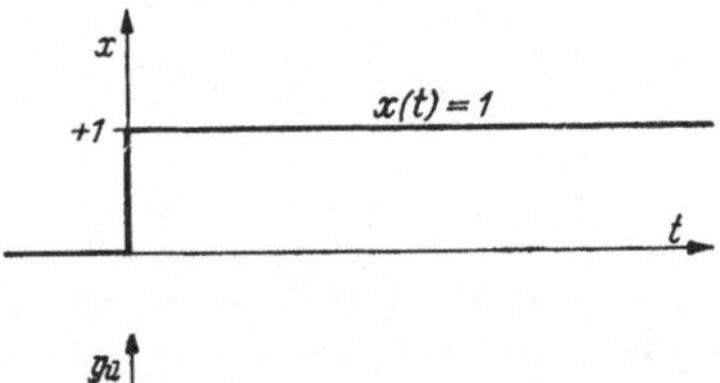

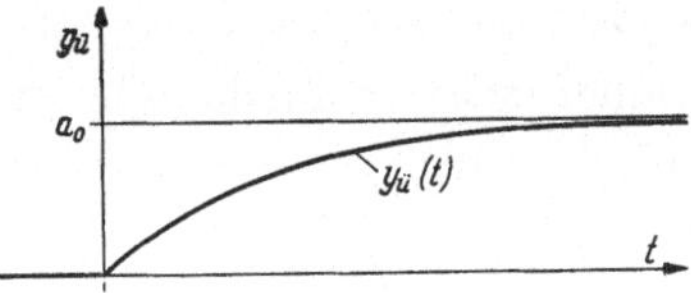

Abb. 1.09 u. 1.10. Stoßfunktion $x(t)$ und Übergangsfunktion (Sprungantwort) $y_{ü}(t)$.

Mit der Substitution

$$z = y - \frac{1}{a_0} \qquad (1.16)$$

bzw. allgemein, wenn $a_0 = a_1 = a_2 = \cdots = a_{k-1} = 0$ und $a_k \neq 0$ sind, mit

$$z = y - \frac{t^k}{k!\, a_k} \qquad (1.17)$$

ergibt[1] sich die verkürzte Differentialgleichung für z:

$$a_n z^{(n)} + a_{n-1} z^{(n-1)} + \cdots + a_2 z'' + a_1 z' + a_0 z = 0, \qquad (1.18)$$

die nach Ziff. 1.21 gelöst wird. Mit der Lösung $z(t)$ folgt aus Gl. (1.16) die Übergangsfunktion oder Sprungantwort:

$$y_{ü}(t) = z(t) + \frac{1}{a_0} = \frac{1}{a_0} + C_n e^{p_n t} + C_{n-1} e^{p_{n-1} t} + \cdots \qquad (1.19)$$

bzw. aus Gl. (1.17) allgemein

$$y_{ü}(t) = z(t) + \frac{t^k}{k!\, a_k} = \frac{t^k}{k!\, a_k} + C_n e^{p_n t} + C_{n-1} e^{p_{n-1} t} + \cdots \qquad (1.20)$$

[1] Beachte, daß $0! = 1$.

Die Übergangsfunktion, ebenso wie der Eigenvorgang, läßt sich nur bei Differentialgleichungen 1. und 2. Ordnung rechnerisch leicht ermitteln.

1.23 $x(t) = x_0 e^{j\omega t}$ = harmonische Schwingung mit der Frequenz ω und der konstanten Amplitude x_0

Gl. (1.01) lautet dann:

$$a_n y^{(n)} + a_{n-1} y^{(n-1)} + \cdots + a_2 y'' + a_1 y' + a_0 y = x_0 e^{j\omega t}. \quad (1.21)$$

Eine Lösung dieser Gleichung lautet

$$y(t) = y_0 e^{j(\omega t + \alpha)}. \quad (1.22)$$

Die Ausgangsgröße y ist ebenfalls eine harmonische Schwingung mit der gleichen Frequenz ω und der Amplitude y_0; gegenüber der Eingangsschwingung ist sie um den Phasenwinkel α verschoben. Aus den Gln. (1.21) und (1.22) folgt:

$$y_0 e^{j(\omega t+\alpha)} [a_n (j\omega)^n + \cdots + a_2 (j\omega)^2 + a_1 j\omega + a_0] = x_0 e^{j\omega t}. \quad (1.23)$$

Das Verhältnis $\frac{y}{x}$ der Ausgangsgröße zur Eingangsgröße wird *Frequenzgang* $F(j\omega)$ genannt. $F(j\omega)$, eine Funktion von ω, berechnet sich mit Gl. (1.22) zu:

$$F(j\omega) = \frac{y}{x} = \frac{y_0}{x_0} e^{j\alpha} \quad (1.24)$$

bzw. aus Gl. (1.23) zu:

$$F(j\omega) = \frac{1}{a_n (j\omega)^n + a_{n-1} (j\omega)^{n-1} + \cdots + a_2 (j\omega)^2 + a_1 j\omega + a_0}$$

$$= \frac{1}{\text{charakteristische Gl. (1.06)}}. \quad (1.25)$$

Der Frequenzgang einer Differentialgleichung von der allgemeinen Form:

$$a_n y^{(n)} + \cdots + a_2 y'' + a_1 y' + a_0 = b_0 x + b_1 x' + \cdots + b_k x^{(k)} \quad (1.26)$$

ermittelt sich mit $x = x_0 e^{j\omega t}$ und $y = y_0 e^{j(\omega t+\alpha)}$ zu:

$$F(j\omega) = \frac{b_0 + b_1 j\omega + b_2 (j\omega)^2 + \cdots b_k (j\omega)^k}{a_n (j\omega)^n + a_{n-1} (j\omega)^{n-1} + \cdots + a_2 (j\omega)^2 + a_1 j\omega + a_0}. \quad (1.27)$$

Daraus können folgende beiden einfachen Regeln abgeleitet werden:

Der Frequenzgang ergibt sich aus der Differentialgleichung als Bruch mit den Gliedern der Eingangsgröße im Zähler und den Gliedern der Ausgangsgröße im Nenner, wobei zu schreiben ist:

statt x und y der Wert $(j\omega)^0 = 1$,
statt x' und y' der Wert $(j\omega)^1 = j\omega$,
statt x'' und y'' der Wert $(j\omega)^2$
. . . . .
. . . . .
. . . . .
statt $x^{(n)}$ und $y^{(n)}$ der Wert $(j\omega)^{(n)}$.

Die Differentialgleichung ergibt sich aus dem Frequenzgang, indem der im Nenner von $F(j\omega)$ stehende Ausdruck als linke, die Ausgangsgröße y enthaltende Seite, der im Zähler stehende Ausdruck als rechte, die Eingangsgröße x enthaltende Seite der Gleichung geschrieben werden und gleichzeitig gesetzt wird:

statt $(j\omega)^0 = 1$ der Wert y bzw. x,
statt $(j\omega)^1 = j\omega$ der Wert y' bzw. x',
statt $(j\omega)^2$ der Wert y'' bzw. x'',
. . . .
. . . .
. . . .
statt $(j\omega)^n$ der Wert $y^{(n)}$ bzw. $x^{(n)}$

Physikalisch gesehen gibt der Frequenzgang an, in welcher Weise eine aufgezwungene, harmonische Schwingung im betrachteten Regelkreisglied umgeformt wird. Wie bereits erwähnt wurde, führt bei einem linearen Zusammenhang zwischen Eingangsgröße und Ausgangsgröße auch die Ausgangsgröße eine harmonische Schwingung mit einer gleichbleibenden Amplitude y_0 aus. Durch meistens unvermeidbare Trägheitskräfte, aber auch durch besondere Einrichtungen (z. B. durch Dämpfungseinrichtungen) eilt die Ausgangsschwingung der Eingangsschwingung nach.

In der Regelungstechnik wird $F(j\omega)$ in einer komplexen Ebene als Kurve dargestellt. Die Eingangsamplitude wird als Einheitsradiusvektor $|\mathfrak{r}_e| = \left|\frac{x_0}{x_0}\right| = 1$ auf der positiven reellen Achse vom Koordinatenursprung aus aufgetragen. Die auf x_0 bezogene Ausgangsamplitude für die betrachtete Frequenz ω erscheint als Radiusvektor $|\mathfrak{r}_a| = \left|\frac{y_0}{x_0}\right|$, der mit $\mathfrak{r}_e$ und somit mit der positiven, reellen Koordinatenachse den Phasenwinkel $(-\alpha)$ einschließt. Die Verbindungslinie der Endpunkte aller Vektoren $\mathfrak{r}_a$ für verschiedene ω-Werte wird *Frequenzgangortskurve* oder kurz *Ortskurve* genannt (Abb. 1.11). Die Ortskurve kann unmittel-

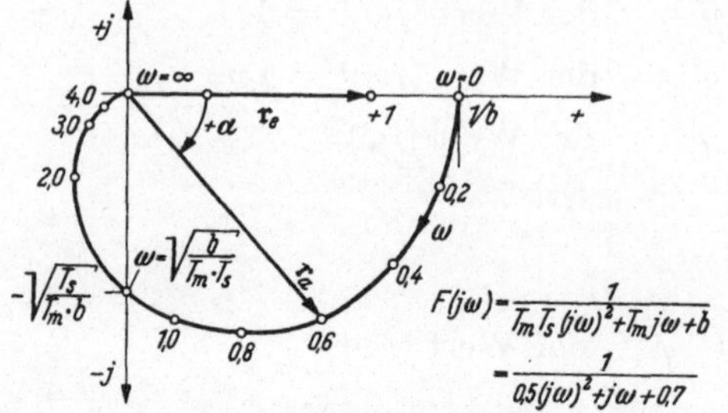

Abb. 1.11. Ortskurve $F(j\omega)$.

bar aus Versuchen bestimmt oder aus Gln. (1.25) bzw. (1.27) punktweise berechnet werden. Diese Gleichungen werden dabei zweckmäßigerweise umgeformt und in einen reellen Teil $U(\omega)$ und einen imaginären Teil $jV(\omega)$ zerlegt:

$$F(j\omega) = U(\omega) + jV(\omega). \tag{1.28}$$

Es können dann für verschiedene, angenommene Werte von ω die Abszissen $U(\omega)$ und die Ordinaten $jV(\omega)$ berechnet werden. $\omega = 0$ und $\omega = \infty$ *sind nicht verwirklichbare, rechnerische Grenzwerte.*

Mit Hilfe des Frequenzganges kann für eine gegebene Eingangsgröße x die dazugehörige Ausgangsgröße y, oder umgekehrt, berechnet werden; es ist

$$y(t) = x(t)\,F(j\omega) \tag{1.29}$$

und

$$x(t) = y(t)\,\frac{1}{F(j\omega)}. \tag{1.30}$$

Die Funktion $\frac{1}{F(j\omega)}$, *reziproker* oder *inverser Frequenzgang* genannt, wird ebenfalls in einer komplexen Ebene als Kurve dargestellt. Die Ausgangsamplitude wird als Einheitsradiusvektor $|\mathfrak{r}_a| = \left|\frac{y_0}{y_0}\right|$ auf der positiven, reellen Achse vom Koordinatenursprung aus aufgetragen. Die auf y_0 bezogene Eingangsamplitude für die betrachtete Frequenz ω erscheint als Radiusvektor $|\mathfrak{r}_e| = \left|\frac{x_0}{y_0}\right|$, der mit $\mathfrak{r}_a$ und somit mit der positiven, reellen Koordinatenachse den Phasenwinkel $(+\alpha)$ einschließt. Die Verbindungslinie der Endpunkte aller Vektoren $\mathfrak{r}_e$ für verschiedene

ω-Werte ist die *inverse Ortskurve* (Abb. 1.12). Auch die inverse Ortskurve kann aus Versuchen bestimmt oder aus Gln. (1.25) bzw. (1.27) punktweise, wie für die Ortskurve beschrieben wurde, berechnet werden.

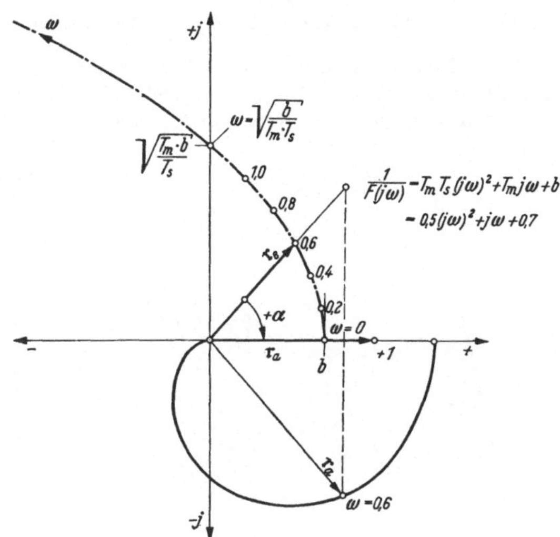

Abb. 1.12. Graphische Ermittlung der inversen Ortskurve $\frac{1}{F(j\omega)}$ aus der Ortskurve $F(j\omega)$.

Die inverse Ortskurve $\frac{1}{F(j\omega)}$ kann auch aus der Ortskurve $F(j\omega)$ punktweise konstruiert werden. Für eine angenommene Frequenz ω wird der dazugehörige Punkt der Ortskurve um die reelle Koordinatenachse gespiegelt und auf dem neuen Radiusstrahl der Vektor

$$|\mathfrak{r}_e| = \left|\frac{1}{\mathfrak{r}_a}\right| = \left|\frac{x_0}{y_0}\right|$$

aufgetragen. In Abb. 1.12 ist dies für den Punkt $\omega = 0{,}6$ ausgeführt.

Eine harmonische Schwingung wird in polaren Koordinaten r, φ mit Hilfe eines um den Ursprung im positiven Drehsinn mit konstanter Winkelgeschwindigkeit ω rotierenden Radiusvektors x_0 dargestellt und durch die Beziehung $x = x_0 \cos \omega t$ ausgedrückt. Die harmonische Ausgangsschwingung kann dann im gleichen Koordinatensystem mit Hilfe eines um den Ursprung im gleichen Drehsinn, mit gleicher Winkelgeschwindigkeit ω, aber um den Winkel α nacheilenden Radiusvektor y_0 dargestellt und durch die Beziehung $y = y_0 \cos(\omega t - \alpha)$ ausgedrückt werden. Die Ortskurve und die inverse Ortskurve erscheinen dann in den zylindrischen Koordinaten r, φ, ω als räumliche Kurven.

Als Beispiele sind in Abb. 1.13 die Ortskurve

$$F(j\omega) = \frac{1}{0{,}5\,(j\omega)^2 + j\omega + 0{,}7}$$

der Abb. 1.11, in Abb. 1.14 die inverse Ortskurve

$$\frac{1}{F(j\omega)} = 0{,}5\,(j\omega)^2 + j\omega + 0{,}7$$

der Abb. 1.12 wiedergegeben.

Die wendelförmige Ortskurve beginnt auf der r-Achse im Punkt $+\frac{1}{0{,}7}$ und nähert sich mit zunehmenden ω-Werten der ω-Achse, die sie bei $\omega = +\infty$ im III. Quadrant berührt. Die inverse Ortskurve beginnt auf der r-Achse im Punkt $+0{,}7$ und läuft für $\omega = +\infty$ im II. Quadrant ins Unendliche.

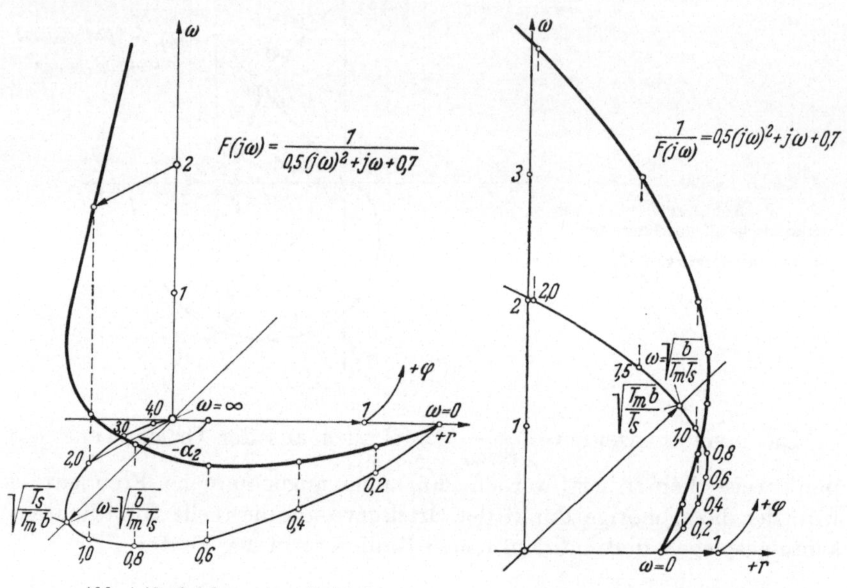

Abb. 1.13. Ortskurve in zylindrischen Koordinaten r, φ, ω.

Abb. 1.14. Inverse Ortskurve in zylindrischen Koordinaten r, φ, ω.

Neben der Darstellung der Ortskurven in der Gaußschen Ebene als *Nyquist-Diagramm* werden das Amplitudenverhältnis und der Phasenwinkel als Funktionen der Schwingungsfrequenz in rechtwinkligen Koordinaten, als *Bode-Diagramme*, aufgezeichnet; dabei werden die Schwingungsfrequenz und das Amplitudenverhältnis logarithmisch, der Phasenwinkel linear aufgetragen.

In den folgenden Abschnitten wird ein Frequenzgang vereinfacht mit F, ein reziproker Frequenzgang vereinfacht mit $\frac{1}{F}$ bezeichnet; in einem Fußzeichen werden dabei angegeben:

1. Durch große Buchstaben die nähere Bezeichnung des Regelkreisgliedes, z. B. mit

F_G der Frequenzgang eines Gestänges,

F_M der Frequenzgang eines Drehzahlmeßwerkes,

F_B der Frequenzgang eines Beschleunigungsmeßwerkes,

F_V der Frequenzgang eines Verstärkers,

F_R der Frequenzgang eines Reglers,

F_S der Frequenzgang einer Regelstrecke.

Bei Regelkreisgliedern mit mehreren Eingangsgrößen wird der Frequenzgang der betrachteten Eingangsgröße durch einen zusätzlichen kleinen Buchstaben gekennzeichnet, z. B. mit

F_{Mx} der Frequenzgang der Drehzahlabweichung eines Drehzahlmeßwerkes,

F_{Mw} der Frequenzgang der Sollwertverstellung eines Drehzahlmeßwerkes.

2. Mit zwei kleinen Buchstaben die Ausgangsgröße und die Eingangsgröße des Regelkreisgliedes, z. B. mit

F_{yx} der Frequenzgang für die Ausgangsgröße y und die Eingangsgröße x,

F_{yw} der Frequenzgang für die Ausgangsgröße y und die Eingangsgröße w.

3. Mit dem kleinen Buchstaben r und einem zweiten kleinen Buchstaben der Frequenzgang der Rückführung mit der in ihr erzeugten Ausgangsgröße, z. B. mit

F_{ru} der Frequenzgang der Rückführung mit ihrer Ausgangsgröße u.

4. Mit den kleinen, ersten Buchstaben des Alphabets a, b, c usw. der Frequenzgang der Teile eines Regelkreisgliedes.

Nach Gl. (1.27) ist $F(j\omega)$ eine Funktion der reellen, positiven Frequenz ω und $x(t)$ und $y(t)$ sind harmonische Schwingungen mit gleichbleibenden Amplituden x_0 und y_0:

$$x = x_0 e^{j\omega t}, \qquad y = y_0 e^{j(\omega t + \alpha)}$$

Ein Frequenzgang kann auch für komplexe Werte $(\delta + j\omega)$ gebildet werden. $x(t)$ und $y(t)$ sind dann:

harmonische Schwingungen mit abnehmenden Amplituden $x_0 e^{-\delta t}$ und $y_0 e^{-\delta t}$, wenn $\delta < 0$ ist:

$$x = x_0 e^{(-\delta + j\omega)t} = (x_0 e^{-\delta t}) e^{j(\omega t + \alpha)},$$

$$y = y_0 e^{(-\delta + j\omega)t + j\alpha} = (y_0 e^{-\delta t}) e^{j(\omega t + \alpha)},$$

harmonische Schwingungen mit zunehmenden Amplituden $x_0 e^{+\delta t}$ und $y_0 e^{+\delta t}$, wenn $\delta > 0$ ist:

$$x = x_0 e^{(+\delta + j\omega)t} = (x_0 e^{\delta t}) e^{j\omega t},$$

$$y = y_0 e^{(+\delta + j\omega)t + j\alpha} = (y_0 e^{+\delta t}) e^{j(\omega t + \alpha)}.$$

Der Frequenzgang $F(\delta + j\omega)$ kann aus Gl. (1.25) oder (1.27) berechnet werden, wobei statt $j\omega$ der Wert $(\delta + j\omega)$ einzuführen ist. Wie leicht zu erkennen ist, läßt sich $F(\delta + j\omega)$, vor allem für Frequenzen höherer Grade, wesentlich schwieriger berechnen als $F(j\omega)$.

1.24 $x(t)$ = beliebige Funktion

$x(t)$ läßt sich durch das *Fourier-Integral*

$$x(t) = \frac{1}{2\pi} \int\limits_{\omega=-\infty}^{\omega=+\infty} e^{j\omega t} \int\limits_{\tau=0}^{\tau=+\infty} \frac{x(\tau)}{e^{j\omega\tau}} \, d\tau \, d\omega \tag{1.31}$$

als eine, aus ∞-vielen harmonischen Teilschwingungen zusammengesetzte Funktion darstellen. Jede Teilschwingung $dx(t)$ auf der Eingangsseite ruft eine Teilschwingung

$$dy(t) = F(j\omega)\, dx \tag{1.32}$$

auf der Ausgangsseite hervor. Da die Differential-Gleichung (1.01) des Regelkreiselementes oder -gliedes linear ist, folgt aus Gl. (1.31) mit der Beziehung (1.32):

$$y(t) = \frac{1}{2\pi} \int\limits_{\omega=-\infty}^{\omega=+\infty} e^{j\omega t} \int\limits_{\tau=0}^{\tau=+\infty} \frac{F(j\omega)\, x(\tau)}{e^{j\omega\tau}} \, d\tau \, d\omega . \tag{1.33}$$

Die zweckmäßigste Auswertungsmethode dieses Doppelintegrals, z. B. mit Hilfe der Tabellen für Fourier-Integrale, richtet sich nach $F(j\omega)\, x(\tau)$.

1.25 $x(t) = 1$

Dieser in Ziff. 1.22 behandelte Fall kann auch als Sonderfall von Ziff. 1.24 aufgefaßt und gelöst werden. Da für die *Einheitsstoß-Funktion* die Beziehung gilt:

$$\begin{aligned} &\text{für} \quad t < 0 \quad \text{ist} \quad x \equiv 0, \\ &\text{für} \quad t > 0 \quad \text{ist} \quad x \equiv 1, \end{aligned} \tag{1.34}$$

nimmt das Fourier-Integral (1.31) der Eingangsgröße die einfachere Form an:

$$x(t) = \frac{1}{2\pi j} \int\limits_{\omega=-\infty}^{\omega=+\infty} \frac{e^{j\omega t}}{\omega} \, d\omega . \tag{1.35}$$

Die Übergangsfunktion $y_{ü}(t)$ wird gefunden durch Auswertung des Fourier-Integrals für die Ausgangsgröße:

$$y_{ü}(t) = \frac{1}{2\pi j} \int\limits_{\omega=-\infty}^{\omega=+\infty} \frac{F(j\omega)}{\omega} \, e^{j\omega t} \, d\omega . \tag{1.36}$$

Die zweckmäßigste Auswertungsmethode dieses Integrals, z. B. mit Hilfe der Tabellen für Fourier-Integrale, richtet sich nach $F(j\omega)$.

1.26 $x(t)$ = beliebige, in analytischer Form vorliegende Funktion

Gl. (1.01) lautet dann:

$$a_n y^{(n)} + a_{n-1} y^{(n-1)} + \cdots + a_2 y'' + a_1 y' + a_0 y = x(t). \quad (1.37)$$

Ist die Übergangsfunktion $y_ü(t)$ dieses Regelkreiselementes oder -gliedes bekannt, so kann $x(t)$ durch eine Anzahl einzelner, in gleichen Zeitabständen $\Delta\tau$ aufeinanderfolgenden Stoßfunktionen angenähert, also die $x(t)$-Kurve durch eine treppenförmige Kurve ersetzt werden (Abb. 1.15).

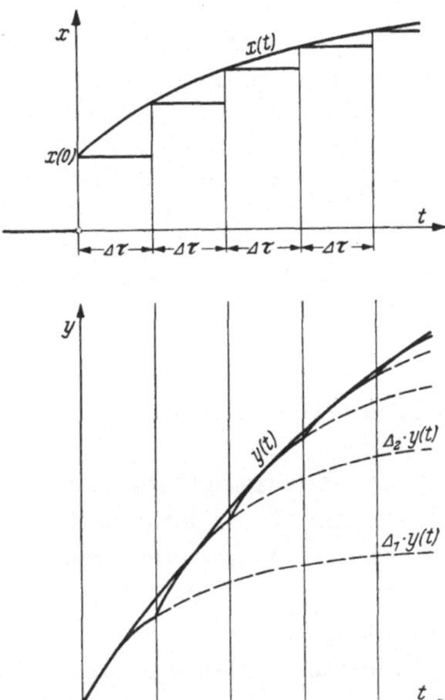

Abb. 1.15 u. 1.16. Eingangsfunktion $x(t)$ und Ausgangsfunktion $y(t)$.

Jede einzelne sprunghafte Änderung $\Delta_n x$ der Eingangsgröße verursacht eine nach der Übergangsfunktion verlaufende Änderung $\Delta_n y(t)$ der Ausgangsgröße, die sich bestimmen läßt zu:

$$\Delta_n y(t) = \Delta_n x \, y_ü(t), \quad (1.38)$$

wenn mit $y_ü(t)$ die Übergangsfunktion nach Gl. (1.19) oder (1.20) bezeichnet wird.

Die Größe des n-ten Stoßes, also eines nach der Zeit $n\Delta\tau$ auftretenden $\Delta_n x$, ermittelt sich zu:

$$\Delta_n x = x(n\Delta\tau) - x\big((n-1)\Delta\tau\big), \quad (1.39)$$

und die von ihm ausgelöste Teiländerung der Ausgangsgröße zu:

$$\Delta_n y(t) = \left[x(n\Delta\tau) - x\left((n-1)\Delta\tau\right)\right] y_{\ddot{u}}(t - n\Delta\tau). \qquad (1.40)$$

Dabei ist zu beachten, daß für alle $(t - n\Delta\tau) < 0$, $y_{\ddot{u}}(t - n\Delta\tau) = 0$ ist. Die Lösung $y(t)$ der Gl. (1.37) ergibt sich aus der Summe aller $\Delta_n y(t)$-Kurven (Abb. 1.16). Wird mit $x(0)$ der Einschaltstoß im Zeitpunkt $t = 0$ bezeichnet, so ist

$$y(t) = x(0) y_{\ddot{u}}(t) + \sum_{n=1}^{n=t/\Delta\tau} \left[x(n\Delta\tau) - x\left((n-1)\Delta\tau\right)\right] y_{\ddot{u}}(t - n\Delta\tau). \qquad (1.41)$$

Wird der Grenzübergang $\Delta\tau \to d\tau$ gemacht, die Breite der Treppenstufe ∞-schmal angenommen, so gehen die treppenförmige Kurve in die $x(t)$-Kurve über und $n\Delta\tau \to \tau$. Gl. (1.41) nimmt dann die Form an:

$$y(t) = x(0) y_{\ddot{u}}(t) + \int_0^t \frac{dx(\tau)}{\delta\tau} y_{\ddot{u}}(t - \tau)\, d\tau. \qquad (1.42)$$

Die zweckmäßigste Methode für die Auswertung von Gl. (1.42) muß von Fall zu Fall gefunden werden.

1.27 $x(t)$ = beliebige, in Form einer Kurve vorliegende Funktion

Ist die Übergangsfunktion $y_{\ddot{u}}(t)$ dieses Regelkreiselementes oder -gliedes bekannt, so kann $x(t)$, wie in Ziff. 1.26 beschrieben wurde, durch eine treppenförmige Kurve mit gleichen Stufenbreiten $\Delta\tau$ angenähert werden (Abb. 1.16). Die einzelnen Stöße $\Delta_1 x, \Delta_2 x, \ldots, \Delta_n x$ können als Stufenhöhen aus der Treppenkurve abgemessen werden. Mit diesen Werten werden die dazugehörigen Teilkurven der Ausgangsgröße

$$\begin{aligned} \Delta_1 y(t) &= \Delta_1 x y_{\ddot{u}}(t), \\ \Delta_2 y(t) &= \Delta_2 x y_{\ddot{u}}(t), \\ &\vdots \\ \Delta_n y(t) &= \Delta_n x y_{\ddot{u}}(t) \end{aligned}$$

berechnet und in ein t, y-Schaubild eingezeichnet. Dabei ist zu beachten, daß

die $\Delta_2 y(t)$-Kurve gegenüber der $\Delta_1 y(t)$-Kurve um $\Delta\tau$,

die $\Delta_3 y(t)$-Kurve gegenüber der $\Delta_1 y(t)$-Kurve um $2\Delta\tau$,

$\vdots$

die $\Delta_n y(t)$-Kurve gegenüber der $\Delta_1 (y(t)$-Kurve um $(n-1)\Delta\tau$

nach rechts verschoben einzutragen ist. Die Summe der Ordinaten dieser einzelnen $\Delta y(t)$-Kurven ergibt die gesuchte $y(t)$-Kurve.

1.3 Beharrungszustände

Aus der Differential-Gleichung

$$a_n y^{(n)} + \cdots + a_2 y'' + a_1 y' + a_0 y = b_0 x + b_1 x' + \cdots + b_k x^{(k)} \quad (1.26)$$

wie auch aus dem Frequenzgang

$$F(j\omega) = \frac{b_0 + b_1(j\omega) + \cdots + b_k(j\omega)^k}{a_n(j\omega)^n + \cdots + a_2(j\omega)^2 + a_1 j\omega + a_0} \quad (1.27)$$

eines Regelkreisgliedes kann auf sein Verhalten in einem Beharrungszustand geschlossen werden. Ein *Beharrungszustand* ist dadurch gekennzeichnet, daß sich sowohl die Eingangsgröße x wie auch die Ausgangsgröße y nicht mehr ändern.

Es sind dann alle Glieder mit zeitlichen Ableitungen von x und y, also

$$a_n y^{(n)} = \cdots = a_2 y'' = a_1 y' = b_1 x' = \cdots = b_k x^{(k)} = 0, \quad (1.43)$$

und die Differential-Gleichung (1.26) lautet:

$$a_0 y = b_0 x. \quad (1.44)$$

Im Beharrungszustand ist auch die Frequenz $\omega = 0$, und die Frequenzgang-Gleichung (1.27) lautet:

$$F(j\omega) = \frac{b_0}{a_0}. \quad (1.45)$$

Es können dabei drei verschiedene Fälle, drei verschiedene Arten von Regelkreisgliedern unterschieden werden.

1.31 $a_0 \neq 0$, $b_0 \neq 0$. *P*-Regelkreisglied

Aus Gl. (1.44) oder (1.45) folgt:

Einer bleibenden Abweichung $x_{1,2}$ entspricht im neuen Beharrungszustand eine ganz bestimmte Abweichung

$$y_{1,2} = \frac{b_0}{a_0} x_{1,2}. \quad (1.46)$$

Da die Beiwerte a_0 und b_0 Konstanten sind, ändert sich $y_{1,2}$ proportional mit $x_{1,2}$. Das Regelkreisglied wird ein *proportional-wirkendes Glied* oder kurz ein *P-Glied* genannt. Die größte Abweichung x_P der Eingangsgröße, der die größte Abweichung $y_{\max}$ der Ausgangsgröße entspricht, ist der *P-Bereich*, der Faktor $\frac{b_0}{a_0} = b_P$ ist der *P-Grad des Regelkreisgliedes.*

Die Übergangsfunktion (Sprungantwort) für das einfachste P-Glied ergibt sich aus der Gleichung:

$$\frac{b_0}{a_0}\,y = b_p y = x. \tag{1.47}$$

Ihr Verlauf ist in den Abb. 1.17 und 1.18 dargestellt.

Abb. 1.17 u. 1.18. Übergangsfunktion (Sprungantwort) eines P-Regelkreisgliedes mit $b_p = 1$.

Der Frequenzgang nimmt für $\omega = 0$ den Wert an:

$$F(j\omega = 0) = \frac{1}{b_p}. \tag{1.48}$$

Er stellt einen Punkt auf der positiven, reellen Koordinatenachse dar.

1.32 $a_0 = 0$, $b_0 \neq 0$. *I*-Regelkreisglied

Einer noch so kleinen bleibenden Abweichung $x_{1,2}$ würde eine ∞-große Abweichung $y_{1,2}$ entsprechen; ein Beharrungszustand ist nur für $x_{1,2} = 0$ möglich, wobei die Ausgangsgröße $y_{1,2}$ jeden beliebigen, zwischen ihren Endwerten liegenden Wert haben kann. Das Regelkreisglied wird ein *integral-wirkendes Glied* oder kurz *I-Glied* genannt; es kann als Sonderfall eines *P*-Gliedes mit $b_p \to 0$ aufgefaßt werden.

Die Übergangsfunktion (Sprungantwort) für das einfachste *I*-Glied ergibt sich aus der Gleichung:

$$a_1 y' = b_0 x, \tag{1.49}$$

$$y = \frac{b_0}{a_1}\int x\,dt = \frac{1}{T_y}\int x\,dt. \tag{1.50}$$

Ihr Verlauf ist in den Abb. 1.19 und 1.20 dargestellt.

Abb. 1.19 u. 1.20. Übergangsfunktion (Sprungantwort) eines *I*-Regelkreisgliedes.

Der Frequenzgang nimmt für $\omega = 0$ den Wert an:

$$F(j\omega = 0) = -j\,\infty. \tag{1.51}$$

Er stellt den Punkt $(0, -\infty)$ auf der negativen, imaginären Koordinatenachse dar.

1.33 $a_0 \neq 0$, $b_0 = 0$. *D*-Regelkreisglied

Eine noch so große bleibende Abweichung $x_{1,2}$ kann keine bleibende Abweichung $y_{1,2}$ hervorrufen; in einem Beharrungszustand ist immer $y_{1,2} = 0$, wobei die Eingangsabweichung $x_{1,2}$ jeden beliebigen, zwischen ihren Endwerten liegenden Wert haben kann. Das Regelkreisglied wird ein *differential-wirkendes Glied* oder kurz ein *D-Glied* genannt; es kann als Sonderfall eines P-Gliedes mit $b_p \to \infty$ aufgefaßt werden.

Die *Anstiegsantwort* für das einfachste D-Glied ergibt sich aus der Gleichung:

$$a_0 y = b_1 x', \tag{1.52}$$

oder

$$y = \frac{b_1}{a_0} x' = T_x x'. \tag{1.53}$$

Der konstante Beiwert T_x hat die Dimension einer Zeit, er wird *Differenzierzeit des Regelkreisgliedes* genannt. Der Verlauf der Anstiegsantwort ist in den Abb. 1.21 und 1.22 dargestellt.

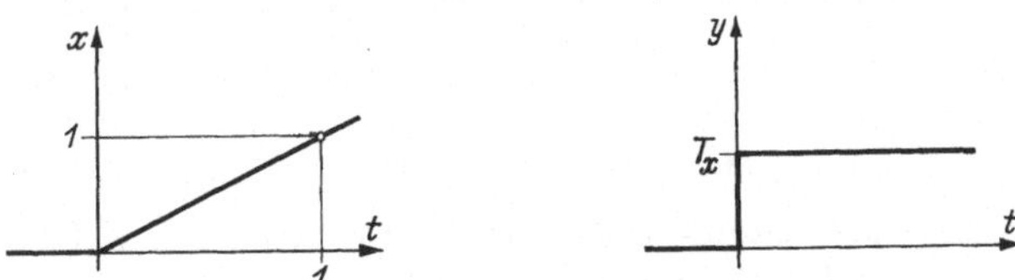

Abb. 1.21 u. 1.22. Anstiegsantwort eines *D*-Regelkreisgliedes.

Der Frequenzgang nimmt für $\omega = 0$ den Wert an:

$$F(j\omega = 0) = 0. \tag{1.54}$$

Er fällt mit dem Koordinatenursprung zusammen.

1.34 Weitere Unterteilung einfacher Regelkreisglieder

Nach dem Normblatt DIN 19226 können Regelkreisglieder, deren regeltechnisches Verhalten durch eine Differentialgleichung 1. Ordnung beschrieben werden kann, aus den drei beschriebenen Regelkreisgliedern, aus den P-, I- und *D-Gliedern* zusammengesetzt gedacht werden.

1.341 *PI*-Regelkreisglied. Beim *PI-Regelkreisglied* ergibt sich die Ausgangsgröße y als Summe der Ausgangsgrößen eines P-Gliedes nach Gl. (1.47) und eines I-Gliedes nach Gl. (1.50):

$$y = \frac{1}{b_p}\, x + \frac{1}{T_y} \int x\, dt. \tag{1.55}$$

Die Sprungantwort ist in den Abb. 1.23 und 1.24 dargestellt. Die Zeitkonstante $T_n = \frac{1}{b_p}\, T_y$ wird *Nachstellzeit* genannt.

Abb. 1.23 u. 1.24. Übergangsfunktion (Sprungantwort) eines PI-Regelkreisgliedes.

Der Frequenzgang lautet:

$$F(j\omega) = \frac{1 + T_n j\omega}{T_y j\omega}. \tag{1.56}$$

Die Ortskurve ist eine Parallele zur negativen, imaginären Koordinatenachse; sie beginnt für $\omega = 0$ im Punkt $\left(\frac{1}{b_p},\, -\infty\right)$ und endet für $\omega = \infty$ auf der positiven, reellen Koordinatenachse im Punkt $\left(\frac{1}{b_p},\, 0\right)$.

1.342 *PD*-Regelkreisglied. Beim *PD-Regelkreisglied* ergibt sich die Ausgangsgröße y als Summe der Ausgangsgrößen eines P-Gliedes nach Gl. (1.47) und eines D-Gliedes nach Gl. (1.53):

$$y = \frac{1}{b_p}\, x + T_x x'. \tag{1.57}$$

Die Anstiegsantwort ist in den Abb. 1.25 und 1.26 dargestellt. Die Zeitkonstante $T_v = b_p T_x$ wird *Vorhaltezeit* genannt.

Abb. 1.25 u. 1.26. Anstiegsantwort eines *PD*-Regelkreisgliedes.

Der Frequenzgang lautet:

$$F(j\omega) = \frac{1 + T_v j\omega}{b_p}. \tag{1.58}$$

Die Ortskurve ist eine Parallele zur positiven, imaginären Koordinatenachse; sie beginnt für $\omega = 0$ auf der positiven, reellen Koordinatenachse im Punkt $\left(+\frac{1}{b_p}, 0\right)$ und endet für $\omega = \infty$ im Punkt $\left(+\frac{1}{b_p}, +\infty\right)$.

1.343 *PID*-Regelkreisglied. Beim *PID-Regelkreisglied* ergibt sich die Ausgangsgröße y als Summe der Ausgangsgrößen eines *P*-Gliedes nach Gl. (1.47), eines *I*-Gliedes nach Gl. (1.50) und eines *D*-Gliedes nach Gl. (1.53):

$$y = \frac{1}{b_p} x + \frac{1}{T_y} \int x\,dt + T_x x'. \tag{1.59}$$

Die Sprungantwort ist in den Abb. 1.27 und 1.28 dargestellt.

Abb. 1.27 u. 1.28. Übergangsfunktion (Sprungantwort) eines *PID*-Regelkreisgliedes.

Der Frequenzgang lautet:

$$F(j\omega) = \frac{1 + T_n j\omega + T_x T_y (j\omega)^2}{T_y j\omega} \tag{1.60}$$

Die Ortskurve ist eine Parallele zur imaginären Koordinatenachse; sie beginnt für $\omega = 0$ im Punkt $\left(+\frac{T_n}{T_y}, -\infty\right)$ und endet für $\omega = \infty$ im Punkt $\left(+\frac{T_n}{T_y}, +\infty\right)$.

1.4 Zusammenfassung

Die lineare Differential-Gleichung n-ter Ordnung mit reellen, konstanten Beiwerten:

$$a_n y^{(n)} + a_{n-1} y^{(n-1)} + \cdots + a_2 y'' + a_1 y' + a_0 y = x(t)$$

wird gelöst für:

Eingangsgröße	durch	Lösung
$x(t) = 0$	→ Einsetzen in Gl. (1.01) a) $x = 0$ b) $y = e^{pt}$ → Lösen der charakteristischen Gl. (1.04) = Ergebnis: n Wurzeln $p_n, \ldots, p_2, p_1$	Eigenvorgang Gl. (1.07): $y(t) = C_n e^{p_n t} + C_{n-1} e^{p_{n-1} t} + \cdots$
$x(t) = x_0\, e^{j\omega t}$	⟶	Harmonische Schwingung Gl. (1.22): $y(t) = y_0\, e^{j(\omega t + \alpha)}$ Frequenzgang Gl. (1.27): $F(j\omega) = \dfrac{b_0 + b_1 j\omega + \cdots + b_k (j\omega)^k}{a_n (j\omega)^n + \cdots + a_2 (j\omega)^2 + a_1 j\omega + a_0}$
$x(t) = 1$	→ Einsetzen in Gl. (1.01) a) $x = 1$ b) $y = z + \dfrac{1}{a_0}$ bzw. $y = z + \dfrac{t^k}{k!\, a_k}$ c) $z = e^{pt}$ → Lösen der charakteristischen Gl. (1.04) = Ergebnis: n Wurzeln $p_n, \ldots, p_2, p_1$	Übergangsfunktion Gl. (1.19) bzw. (1.20): $y_ü(t) = \dfrac{1}{a_0} + C_n e^{p_n t} + C_{n-1} e^{p_{n-1} t} + \cdots$ $y_ü(t) = \dfrac{t^k}{k!\, a_k} + C_n e^{p_n t} + C_{n-1} e^{p_{n-1} t} + \cdots$

	→ Einsetzen in Fourier-Integral Gl. (1.36): a) Frequenzgang $F(j\omega)$ = Ergebnis: Fourier-Integral Gl. (1.36) $y_{\ddot{u}}(t) = \frac{1}{2\pi j} \int\limits_{\omega=-\infty}^{\omega=+\infty} \frac{F(j\omega)}{\omega} e^{j\omega t}\, d\omega$	Übergangsfunktion: $y_{\ddot{u}}(t)$ = Auswertung des Fourier-Integrals Gl. (1.36)
$x(t)$ = beliebige Funktion	→ Einsetzen in Fourier-Integral Gl. (1.33): a) Frequenzgang $F(j\omega)$ b) $x(\tau) = x(t)$ = Ergebnis: Fourier-Integral Gl. (1.33) $y(t) = \frac{1}{2\pi} \int\limits_{\omega=-\infty}^{\omega=+\infty} e^{j\omega t} \int\limits_{\tau=0}^{\tau=\infty} \frac{F(j\omega)\, x(\tau)}{e^{j\omega\tau}}\, d\tau\, d\omega$	$y(t)$ = Auswertung des Fourier-Integrals Gl. (1.33)
	→ Einsetzen in Integral Gl. (1.42): a) Übergangsfunktion $y_{\ddot{u}}(t)$ b) $x(\tau) = x(t)$ c) $x(0) = x(t=0)$ = Ergebnis: Gl. (1.42) $y(t) = x(0)\, y_{\ddot{u}}(t) + \int\limits_{0}^{t} \frac{dx(\tau)}{d\tau} y_{\ddot{u}}(t-\tau)\, d\tau$	$y(t)$ = Auswertung der Gl. (1.42)
	→ $x(t)$-Kurve in Treppenkurve mit gleichen Stufenbreiten $\Delta\tau$ umwandeln, → mit Übergangsfunktion $y_{\ddot{u}}(t)$ für jede Stufenhöhe $\Delta_1 x, \Delta_2 x, \ldots, \Delta_n x$ dazugehörige $\Delta y_{\ddot{u}}(t)$-Kurve rechnen, → einzelne Kurven $\Delta_1 y_{\ddot{u}}(t),\ \Delta_2 y_{\ddot{u}}(t),\ \ldots,\ \Delta_n y_{\ddot{u}}(t)$, addieren.	$y(t)$ = Summenkurve $[\vartheta \Delta_1 y_{\ddot{u}}(t) + \Delta_2 y_{\ddot{u}}(t) + \cdots + \Delta_n y_{\ddot{u}}(t)]$

2. Schaltungen von Regelkreiselementen

2.1 Arten von Schaltungen

Regelkreiselemente können zu *Regelkreisgliedern*, *Regelkreisgruppen* und *Regelkreisen* zusammengefügt werden. Die regeltechnischen Eigenschaften des dabei neu entstehenden Regelkreisgliedes, also der Zusammenhang zwischen seiner Eingangsgröße und seiner Ausgangsgröße, ergeben sich nicht nur aus den regeltechnischen Eigenschaften der

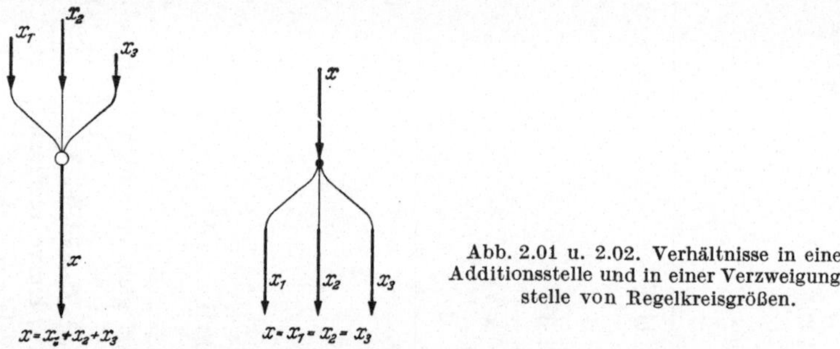

Abb. 2.01 u. 2.02. Verhältnisse in einer Additionsstelle und in einer Verzweigungsstelle von Regelkreisgrößen.

einzelnen Regelkreiselemente, sondern auch aus der Art der Schaltung. Es können folgende Schaltungen ausgeführt werden:

1. Reihenschaltung;
2. Parallelschaltung und
3. Gegenschaltung.

Bei allen Schaltungen ist zu beachten, daß alle Größen der Regelungstechnik, also sowohl die Eingangsgrößen wie auch die Ausgangsgrößen keine Mengen darstellen, sondern nur Größen sind, die *bestimmte Wirkungen* ausüben. Daraus folgt, daß

1. beim Wirken mehrerer Größen x_1, x_2, x_3, die alle die gleiche Dimension haben müssen, auf ein Element sich ihre Wirkungen zu einer Summenwirkung $x = x_1 + x_2 + x_3$ überlagern (Abb. 2.01);

2. beim Wirken einer Größe x auf mehrere Elemente gleichzeitig die einzelnen Elemente alle gleich beeinflußt werden, die Größe x also, nur verzweigt und nicht aufgeteilt wird (Abb. 2.02).

Der Zusammenhang zwischen der Eingangsgröße x und der Ausgangsgröße y eines neuen Regelkreisgliedes, also $y = y(x)$, wird am einfachsten als Frequenzgang aus den Frequenzgängen der einzelnen Regelkreiselemente, aus denen es entstanden ist, ermittelt. Der Rechnungsgang hängt von der Art der Schaltung ab.

2.11 Reihenschaltung

Es können zwei und mehr Regelkreiselemente oder -glieder in Reihe geschaltet werden.

Aus dem Blockschaltbild 2.03 folgt:

$$\begin{aligned} x_1 &= x, \\ x_2 &= y_1, \\ x_3 &= y_2, \\ &\vdots \\ x_k &= y_{k-1}, \\ y_k &= y. \end{aligned} \tag{2.01}$$

Aus den **Frequenzgängen** $\boldsymbol{F_1, F_2, \ldots, F_k}$ der einzelnen Regelkreiselemente ergibt sich mit der Beziehung (2.01) der Frequenzgang F des neuen k-stufigen Regelkreisgliedes zu:

$$\begin{aligned} F &= \frac{y}{x} = \frac{y_k y_{k-1} y_{k-2} \cdots y_2 y_1}{x_k x_{k-1} \cdots x_3 x_2 x_1} \\ &= F_k F_{k-1} F_{k-2} \cdots F_3 F_2 F_1. \end{aligned} \tag{2.02}$$

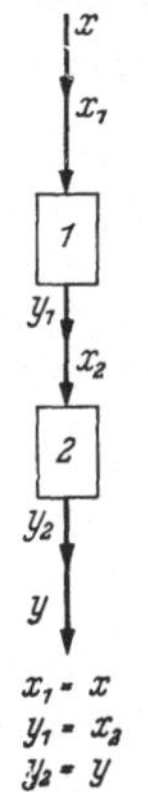

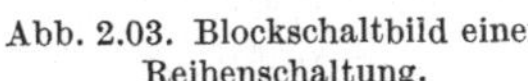

Abb. 2.03. Blockschaltbild einer Reihenschaltung.

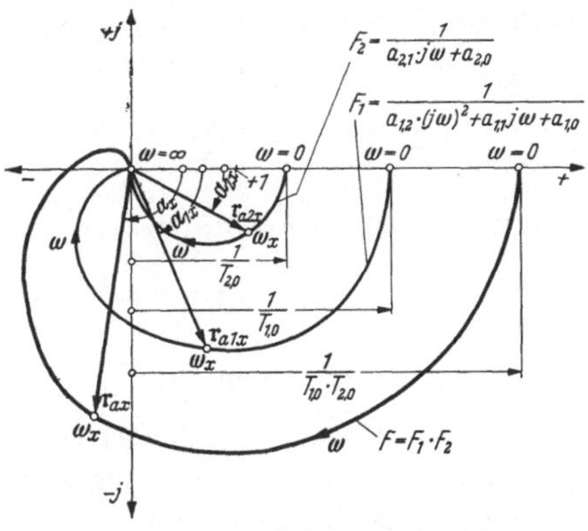

Abb. 2.04. Graphische Ermittlung der Ortskurve $F = F_1 \cdot F_2$ einer Reihenschaltung.

Der Frequenzgang F eines durch Reihenschaltung mehrerer Regelkreiselemente entstandenen Regelkreisgliedes ist gleich dem Produkt aus den Frequenzgängen $F_1, F_2, \ldots, F_k$ dieser Elemente.

Mit Hilfe der Beziehung (2.02) kann der Zusammenhang zwischen der Eingangsgröße x und der Ausgangsgröße y für mehrere in Reihe geschaltete Regelkreiselemente auch dann gefunden werden, wenn die Frequenzgänge $F_1, F_2, \ldots, F_k$ der einzelnen Elemente nicht als Gleichungen, sondern als Ortskurven gegeben sind. Die Ortskurve des neuen k-stufigen Gliedes wird punktweise ermittelt. Für einen beliebigen Wert ω ergeben sich (Abb. 2.04):

1. Die Größe des Radiusvektors $|\mathfrak{r}_a|$ als Produkt aus den Radiusvektoren $|\mathfrak{r}_{a1}|, |\mathfrak{r}_{a2}|, \ldots, |\mathfrak{r}_{ak}|$ der einzelnen Elemente:

$$|\mathfrak{r}_a| = |\mathfrak{r}_{a1}|\,|\mathfrak{r}_{a2}| \cdots |\mathfrak{r}_{ak}|;$$

2. der Phasenwinkel α als Summe der Phasenwinkel $\alpha_1, \alpha_2, \ldots, \alpha_k$ der einzelnen Elemente:

$$\alpha = \alpha_1 + \alpha_2 + \cdots + \alpha_k.$$

2.12 Parallelschaltung

Es können zwei und mehr Regelkreiselemente oder -glieder parallelgeschaltet werden.

Aus dem Blockschaltbild 2.05 folgt:

$$x_1 = x_2 = x_3 = \cdots = x_k = x,$$
$$y_1 + y_2 + y_3 + \cdots + y_k = y. \tag{2.03}$$

Aus den **Frequenzgängen** $\boldsymbol{F_1, F_2, \ldots, F_k}$ der einzelnen Regelkreiselemente ergibt sich mit der Beziehung (2.03) der Frequenzgang F des neuen k-gliedrigen Regelkreisgliedes zu:

$$F = \frac{y}{x} = \frac{y_k + y_{k-1} + y_{k-2} + \cdots + y_3 + y_2 + y_1}{x}$$
$$= F_k + F_{k-1} + F_{k-2} + \cdots + F_3 + F_2 + F_1. \tag{2.04}$$

Der Frequenzgang F eines durch Parallelschaltung mehrerer Regelkreiselemente entstandenen Regelkreisgliedes ist gleich der Summe aus den Frequenzgängen $F_1, F_2, \ldots, F_k$ dieser Elemente.

Mit Hilfe der Beziehung (2.04) kann der Zusammenhang zwischen der Eingangsgröße x und der Ausgangsgröße y für mehrere parallelgeschaltete Regelkreiselemente auch dann gefunden werden, wenn die Frequenzgänge $F_1, F_2, \ldots, F_k$ der einzelnen Elemente nicht als Gleichungen, sondern als Ortskurven gegeben sind. Die Ortskurve des neuen k-gliedrigen Gliedes wird punktweise ermittelt. Für einen beliebigen Wert ω ergibt sich der Radiusvektor $\mathfrak{r}_a$ als vektorielle Summe der Radiusvektoren $\mathfrak{r}_{a1}, \mathfrak{r}_{a2}, \ldots, \mathfrak{r}_{ak}$ der einzelnen Elemente (Abb. 2.06):

Die Koordinaten $U(\omega)$ und $j\,V(\omega)$ des Punktes der gesuchten Ortskurve ergeben sich somit zu:

$$U(\omega) = U_1(\omega) + U_2(\omega) + \cdots + U_k(\omega),$$
$$jV(\omega) = j\,[V_1(\omega) + V_2(\omega) + \cdots + V_k(\omega)].$$

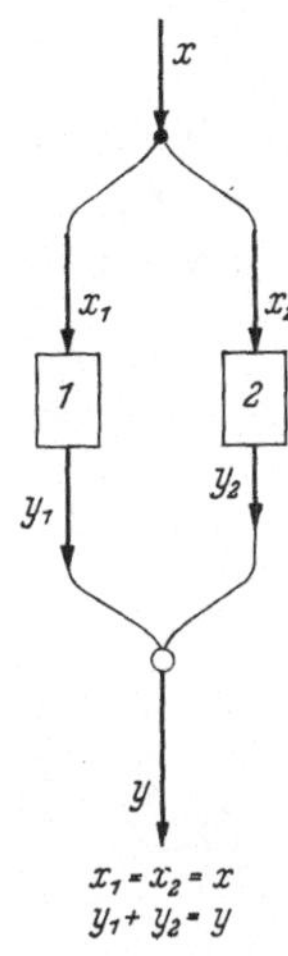

Abb. 2.05. Blockschaltbild einer Parallelschaltung.

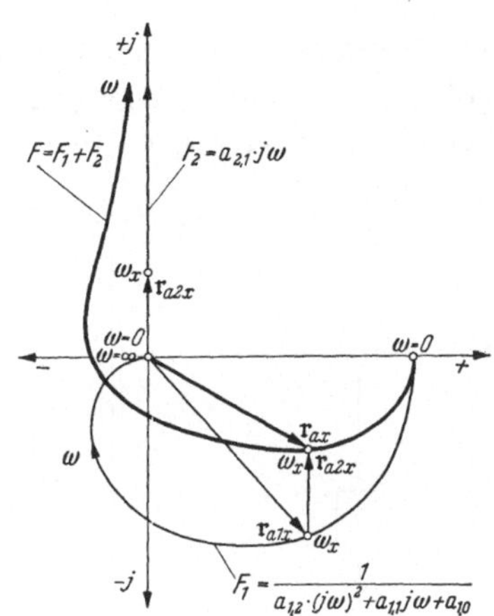

Abb. 2.06. Graphische Ermittlung der Ortskurve $F = F_1 + F_2$ einer Parallelschaltung.

2.13 Gegenschaltung

Es können nur zwei Regelkreiselemente, -glieder oder -gruppen in Gegenschaltung angeordnet werden.

Aus dem Blockschaltbild 2.07 folgt:

$$x_1 = x + y_2 \quad \text{oder} \quad x = x_1 - y_2,$$
$$y_1 = x_2 = y. \tag{2.05}$$

Aus den **Frequenzgängen** F_{I} des ersten Regelkreisgliedes und F_{II} des zweiten, gegengeschalteten Regelkreisgliedes ergibt sich mit der Beziehung (2.05) der Frequenzgang F des zweiteiligen Regelkreisgliedes zu:

$$\begin{aligned} F &= \frac{y}{x} = \frac{y_1}{x} = \frac{x_1 F_{\mathrm{I}}}{x} = F_{\mathrm{I}}\,\frac{x + y_2}{x} \\ &= F_{\mathrm{I}}\left[1 + \frac{x_2 F_{\mathrm{II}}}{x}\right] = F_{\mathrm{I}}\left[1 + \frac{y}{x}\,F_{\mathrm{II}}\right] \\ &= F_{\mathrm{I}} + F_{\mathrm{I}}F_{\mathrm{II}}F, \end{aligned}$$

$$F = \frac{F_{\mathrm{I}}}{1 - F_{\mathrm{I}}F_{\mathrm{II}}} = \frac{1}{\dfrac{1}{F_{\mathrm{I}}} - F_{\mathrm{II}}}. \tag{2.06}$$

Für den Sonderfall $F_{II} = -1$, wie er bei starren Rückführungen vorliegt, vereinfacht sich diese Gleichung:

$$F = \frac{1}{\frac{1}{F_I} + 1}. \tag{2.07}$$

Mit Hilfe der Beziehung (2.06) kann der Zusammenhang zwischen der Eingangsgröße x und der Ausgangsgröße y für zwei gegengeschaltete Regelkreisglieder oder -gruppen auch dann gefunden werden, wenn die

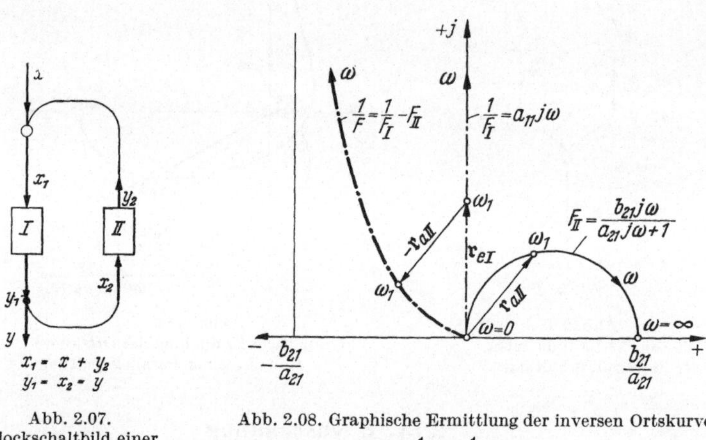

Abb. 2.07. Blockschaltbild einer Gegenschaltung.

Abb. 2.08. Graphische Ermittlung der inversen Ortskurve $\frac{1}{F} = \frac{1}{F_I} - F_{II}$.

Frequenzgänge F_I und F_{II} der einzelnen Gruppen nicht als Gleichungen, sondern als inverse Ortskurve $\frac{1}{F_I}$ und als Ortskurve F_{II} gegegeben sind. Die inverse Ortskurve $\frac{1}{F}$ des zweiteiligen Regelkreisgliedes wird punktweise ermittelt. Für einen beliebigen Wert ω ergibt sich der Radiusvektor $\mathfrak{r}_e$ von $\frac{1}{F}$ als vektorielle Differenz von $\mathfrak{r}_{eI}$ der inversen Ortskurve $\frac{1}{F_I}$ und $\mathfrak{r}_{aII}$ der Ortskurve F_{II} (Abb. 2.08).

2.2 Gegenüberstellung der Rechenmethoden

Bei allen drei Schaltungsarten läßt sich der Zusammenhang $y = y(x)$ zwischen der Eingangsgröße $x = x(t)$ und der Ausgangsgröße $y = y(t)$ mit Hilfe der Frequenzgänge der einzelnen Glieder wesentlich einfacher und leichter ermitteln als aus deren Differential-Gleichungen.

Da ein Frequenzgang ohne jegliche Rechenoperation aus der Differential-Gleichung sofort angeschrieben werden kann, und umgekehrt eine Differential-Gleichung mühelos aus dem Frequenzgang angegeben werden kann, empfiehlt es sich, alle Schaltungen von Regelkreisgliedern mit Frequenzgängen zu berechnen.

2.3 Zusammenfassung

Aus den Frequenzgängen $F_1, F_2, \ldots, F_k$ der einzelnen Regelkreiselemente oder -glieder bzw. aus den Frequenzgängen F_{I} und F_{II} der Regelkreisgruppen ergibt sich der Frequenzgang F des mehrteiligen Regelkreisgliedes bei:

Reihenschaltung: $$F = F_1 \cdot F_2 \cdot \cdots \cdot F_k,$$

Parallelschaltung: $$F = F_1 + F_2 + \cdots + F_k,$$

Gegenschaltung: $$F = \frac{1}{\frac{1}{F_{\mathrm{I}}} - F_{\mathrm{II}}}.$$

3. Gestänge

3.1 Arten von Gestängen

Durch das Regelkreiselement *Gestänge* werden zwei Teile miteinander verbunden und damit die Bewegung $x_G = \frac{X_G - X_{G1}}{X_{Gh}}$ des angetriebenen *Eingangspunktes des Gestänges* in die Bewegung $y_G = \frac{Y_G - Y_{G1}}{Y_{Gh}}$ des treibenden *Ausgangspunktes des Gestänges* umgewandelt; es bedeuten dabei X_{Gh} den größten Weg, den *Hub des Eingangspunktes* des Gestänges, Y_{Gh} den *Hub des Ausgangspunktes* des Gestänges.

In der Regelungstechnik werden verwendet:

1. *starre Gestänge;*
2. *nachgiebige Gestänge;*
3. *verzögerte Gestänge.*

Die Gestänge können als *einfache Gestänge* oder als *Doppelgestänge* ausgeführt werden.

3.2 Einfache Gestänge

Ein einfaches Gestänge ist die Verbindung des Eingangspunktes mit dem Ausgangspunkt durch nur ein Gestängeelement.

3.21 Starres Gestänge

Die einfachste Ausführung eines starren Gestänges ist die Kuppelstange nach Abb. 3.01, bei der jedem Weg $(X_G - X_{G1})$ des Eingangspunktes als Eingangsgröße ein gleich großer Weg $(Y_G - Y_{G1})$ des Ausgangspunktes als Ausgangsgröße entspricht; es ist also $Y_G - Y_{G1} = X_G - X_{G1}$ und somit auch $Y_{Gh} = X_{Gh}$. Mit bezogenen, dimensionslosen Größen lautet die Gleichung, die den Zusammenhang zwischen der Eingangsgröße x_G und der Ausgangsgröße y_G wiedergibt:

$$y_G = x_G \tag{3.01}$$

und ihr Frequenzgang F_G:

$$F_G = \frac{y_G}{x_G} = 1\,. \tag{3.02}$$

Die Ortskurve und die inverse Ortskurve sind der Punkt $(+1, 0)$ auf der positiven, reellen Koordinatenachse.

Die Beziehungen (3.01) und (3.02) gelten auch für ein starres Gestänge mit einer festen Übersetzung $ü$, also z. B. für einen Hebel nach Abb. 3.02. Aus $Y_G - Y_{G1} = ü(X_G - X_{G1})$ und $Y_{Gh} = ü X_{Gh}$ folgt:

$$y_G = \frac{Y_G - Y_{G1}}{Y_{Gh}} = \frac{ü(X_G - X_{G1})}{ü\, X_{Gh}} = x_G. \tag{3.01}$$

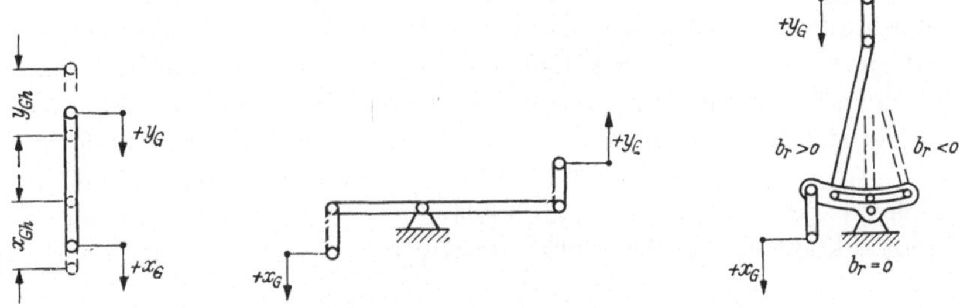

Abb. 3.01 – 3.03. Starre Gestänge.
Abb. 3.01 ohne Übersetzung (Kuppelstange). – Abb. 3.02 mit fester Übersetzung (Hebel). – Abb. 3.03 mit verstellbarer Übersetzung b_r (Kuppelstange mit Schwinghebel).

Bei einem Gestänge nach Abb. 3.03 ändert sich die Übersetzung $(b_r ü)$ mit der Lage des Kuppelpunktes der Kuppelstange im Schwinghebel. Befindet sich dieser Punkt:

in der linken Endlage, so ist $b_r = +1$ und $(b_r ü) = +ü$,

in der rechten Endlage, so ist $b_r = -1$ und $(b_r ü) = -ü$,

in der Mittellage, so ist $b_r = 0$ und $(b_r ü) = 0$; das Gestänge ist unterbrochen.

Aus $Y_G - Y_{G1} = b_r ü\,(X_G - X_{G1})$ und $Y_{Gh} = ü\, X_{Gh}$ ergeben sich für ein starres Gestänge mit veränderlicher Übersetzung die allgemeine Form der Gleichung zu:

$$y_G = b_r x_G \tag{3.03}$$

und des Frequenzganges F_G:

$$F_G = \frac{y_G}{x_G} = b_r. \tag{3.04}$$

Abb. 3.04. Ortskurve $F_G(j\omega)$ und inverse Ortskurve $\frac{1}{F_G(j\omega)}$ eines starren Gestänges mit $b_r > 0$.

Die Ortskurve ist der Punkt $(+b_r, 0)$, die inverse Ortskurve ist der Punkt $\left(+\frac{1}{b_r}, 0\right)$ auf der positiven oder negativen reellen Koordinatenachse, je nachdem, ob $b_r > 0$ oder $b_r < 0$ ist (Abb. 3.04). Die Übergangsfunktion ergibt sich aus Gl. (3.03) mit $x_G = 1$ zu:

$$y_{G\ddot{u}}(t) = b_r. \tag{3.05}$$

3.22 Nachgiebiges Gestänge

Ein solches Gestänge entsteht aus dem starren Gestänge z. B. durch Anordnung einer Ölbremse mit einem Bremsenzylinder im Eingangsteil und einer einerseits an der Kolbenstange der Bremse und andererseits an einem festen Punkt im Raum befestigten Rückstellfeder (Abb. 3.05). Bewegt sich der Eingangspunkt und mit ihm der Bremsenzylinder z. B. um $+(X_G - X_{G1})$, so wird die als Zug-Druck-Feder ausgebildete Rückstellfeder um $+(Y_G - Y_{G1})$ verlängert; sie erzeugt eine auf den Bremsenkolben nach oben wirkende Kraft:

$$P_f = C_f(Y_G - Y_{G1}), \tag{3.06}$$

wenn mit C_f in kg s^{-2} der Federbeiwert bezeichnet wird.

Bewegt sich der Bremsenzylinder mit der Geschwindigkeit $+X'_G$ nach unten, so wird der Bremsenkolben mit der Geschwindigkeit $+Y'_G$ mitgenommen. Durch die Relativgeschwindigkeit $(X'_G - Y'_G)$ des Kolbens im Bremsenzylinder entsteht auf die Kolbenstange eine Kraft nach unten

$$P_b = C_k(X'_G - Y'_G), \tag{3.07}$$

wenn mit C_k in kg s^{-1} der Bremsenbeiwert bezeichnet wird.

Unter Voraussetzung, daß

a) die Verstellkraft des Ausgangspunktes,

b) das Produkt aus Masse des Gestänges und seiner Beschleunigung vernachlässigbar klein sind[1], folgt aus der Bewegungsgleichung des

[1] Die Voraussetzung a) folgt aus der Definition des Regelkreisgliedes, wonach die Ausgangsgröße keine Rückwirkung auf die Eingangsgröße ausüben darf.

Ist die Voraussetzung b) nicht erfüllt, so lautet die Bewegungsgleichung dieses Gestänges:

$$M_G Y''_G = P_b - P_f = C_k(X'_G - Y'_G) - C_f(Y_G - Y_{G1})$$

und seine Differentialgleichung unter Berücksichtigung der beweglichen Gestängemasse M_G und mit $\frac{M_G}{C_f} = T_G^2$, $\frac{C_k}{C_f} = T_k$ und $Y_{Gh} = X_{Gh}$

$$T_G^2 y''_G + T_k y'_G + y_G = T_k x'_G \tag{3.09a}$$

Gestänges

$$P_b - P_f = C_k(X'_G - Y'_G) - C_f(Y_G - Y_{G1}), \tag{3.08}$$

die Differentialgleichung dieses Gestänges, die mit $\frac{C_k}{C_f} = T_k$ und $Y_{Gh} = X_{Gh}$ lautet:

$$T_k y'_G + y_G = T_k x'_G. \tag{3.09}$$

Das nachgiebige Gestänge ist ein *D-Regelkreisglied.* Die Lösung der Gl. (3.09) ergibt:

$y_G = y_G(t)$ für den Regelungsvorgang,

$y_G = 0$ für jeden Beharrungszustand.

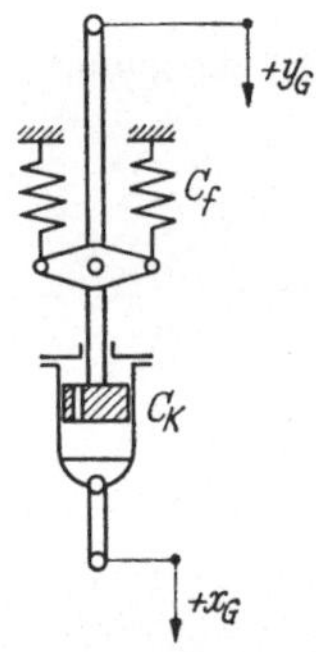

Abb. 3.05. Nachgiebiges Gestänge: Kuppelstange mit Ölbremse und Rückstellfedern.

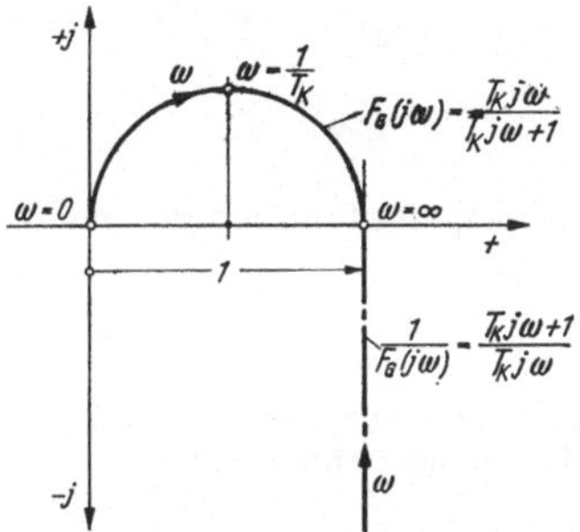

Abb. 3.06. Ortskurve $F_G(j\omega)$ und inverse Ortskurve $\frac{1}{F_G(j\omega)}$ eines nachgiebigen Gestänge.

Das zu Beginn eines Regelungsvorganges als eine mehr oder weniger starre Verbindung zwischen Eingangspunkt und Ausgangspunkt wirkende Gestänge wird mit der Zeit wirkungslos und der Ausgangspunkt kehrt in seine Beharrungslage $y_G = 0$ zurück; das Gestänge ist nachgiebig.

Der Frequenzgang F_G ergibt sich aus Gl. (3.09) zu:

$$F_G = \frac{y_G}{x_G} = \frac{T_k j\omega}{T_k j\omega + 1}. \tag{3.10}$$

Die Ortskurve ist:

bei $0 < T_k < \infty$ ein Halbkreis im I. Quadrant (Abb. 3.06),

bei $T_k = 0$ der Koordinatenursprung,

bei $T_k = \infty$ der Punkt $(+1, 0)$.

Die inverse Ortskurve ist:

bei $0 < T_k < \infty$	eine Parallele zur negativen, imaginären Koordinatenachse, (Abb. 3.06),
bei $T_k = 0$	der Punkt $(+1, -\infty)$,
bei $T_k = \infty$	der Punkt $(+1, 0)$.

Die Übergangsfunktion ergibt sich aus der Differentialgleichung mit $x_G = 1$ und $x'_G = 0$:

$$T_k y'_G + y_G = 0. \tag{3.11}$$

Die Lösung von Gl. (3.11) lautet (vgl. Ziff. 1.21):

$$y_{Gü}(t) = C_1\, e^{-\frac{t}{T_k}}. \tag{3.12}$$

Aus der Randbedingung:

für $t = 0$ ist $y_{Gü}(0) = 1$ der Ausgangspunkt folgt dem Eingangspunkt

folgt:

$$C_1 = 1,$$

und die Übergangsfunktion des nachgiebigen Gestänges lautet:

$$y_{Gü}(t) = e^{-\frac{t}{T_k}}. \tag{3.13}$$

$y_{Gü}(t)$ stellt eine nach der e-Potenz gegen den Endwert $y_{Gü}(\infty) = 0$ verlaufende Kurve dar (Abb. 3.07).

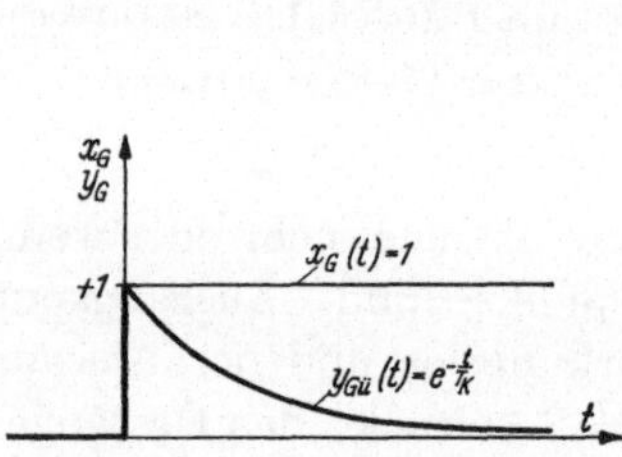

Abb. 3.07. Übergangsfunktion $y_{Gü}(t)$ eines nachgiebigen Gestänges.

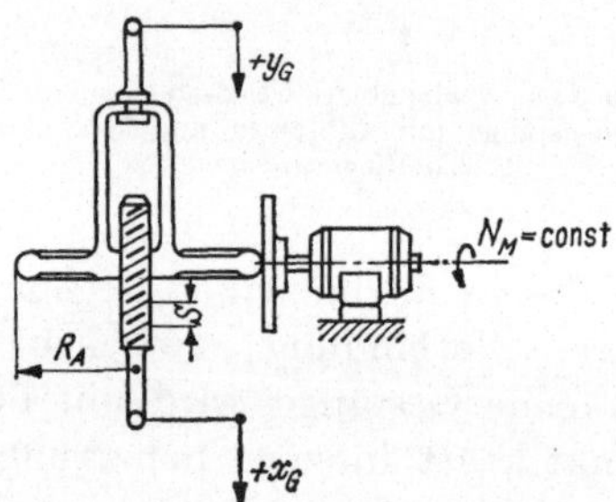

Abb. 3.08. Nachgiebiges Gestänge: Kuppelstange mit Gewindeschloß und Reibradantrieb.

Bei manchen Reglern wird das nachgiebige Gestänge auch als Kuppelstange mit einem durch Reibräder angetriebenen Gewindeschloß ausgeführt (Abb. 3.08). Das Antriebsrad ist im Raum fest angeordnet und mit gleichbleibender Drehzahl N_M in s^{-1}, z. B. von einem Elektromotor, angetrieben; das Abtriebsrad ist mit der am Ausgangsteil des Gestänges drehbar befestigten Hülsenmutter des Gewindeschlosses verbunden. Die Hülsenmutter läßt sich auf dem Gewinde des Eingangsteiles auf- und abschrauben, wodurch die Gestängelänge geändert wird. Bewegt sich der Eingangspunkt z. B. um $+(X_G - X_{G1})$ nach unten, so wird das Abtriebsrad mitgenommen und gegenüber der Wellenmitte des Antriebsrades um $+(Y_G - Y_{G1})$

verschoben. Das Abtriebsrad vom Halbmesser R_A wird dabei vom Antriebsrad mit der Drehzahl $N_A = N_M \frac{Y_G - Y_{G1}}{R_A}$ auf dem Eingangsteil des Gestänges hochgeschraubt. Die Relativgeschwindigkeit $(X'_G - Y'_G)$, mit der die Hülsenmutter auf dem Gewinde sich bewegt, berechnet sich aus der Gewindesteigung S in m und der Drehzahl N_A in s^{-1} zu:

$$(X'_G - Y'_G) = (Y_G - Y_{G1}) \frac{S N_M}{R_A} \qquad \mathrm{m\,s^{-1}}.$$

Mit $\frac{R_A}{S N_M} = T_k$ und $Y_{Gh} = X_{Gh}$ ergibt sich die Differentialgleichung (3.09), die für das aus Ölbremse und Rückstellfeder zusammengesetzte nachgiebige Gestänge abgeleitet wurde.

3.23 Verzögertes Gestänge

Ein solches entsteht aus dem starren Gestänge, z. B. durch Anordnung einer Zug-Druck-Feder im Eingangsteil des Gestänges und einer Ölbremse, mit am Ausgangsteil befestigtem Bremsenkolben und im Raum feststehendem Bremsenzylinder (Abb. 3.09).

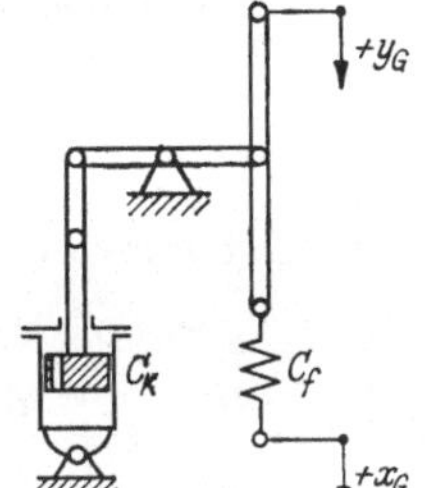

Abb. 3.09. Verzögertes Gestänge: Kuppelstange mit Feder und mit im Raum feststehender Ölbremse.

Bewegt sich der Eingangspunkt z. B. um $+(X_G - X_{G1})$, so wird der Ausgangspunkt um $+(Y_G - Y_{G1})$ verschoben und die Feder um $(X_G - Y_G)$ gespannt; sie erzeugt eine, auf den Ausgangsteil des Gestänges nach unten wirkende Kraft:

$$P_f = C_f (X_G - Y_G), \tag{3.14}$$

wenn C_f der Federbeiwert ist.

Bewegt sich der Kolben im Bremsenzylinder mit der Geschwindigkeit Y'_G nach oben, also sein Befestigungspunkt am Gestänge mit $+ Y'_G$ nach unten, so entsteht eine, auf den Ausgangsteil des Gestänges nach oben wirkende Bremskraft:

$$P_b = C_k Y'_G, \tag{3.15}$$

wenn C_k der Bremsenbeiwert ist.

Unter Voraussetzung, daß

a) die Verstellkraft des Ausgangspunktes,

b) das Produkt aus Masse des Gestänges und seiner Beschleunigung vernachlässigbar klein sind[1], folgt aus der Bewegungsgleichung des Gestänges:

$$P_f - P_b = C_f(X_G - Y_G) - C_k Y'_G, \tag{3.16}$$

die Differentialgleichung dieses Gestänges, die mit $\frac{C_k}{C_f} = T_k$ und $Y_{Gh} = X_{Gh}$ lautet:

$$T_k y'_G + y_G = x_G. \tag{3.17}$$

Die Lösung der Gl. (3.17) ergibt:

$y_G = y_G(t)$ für einen Regelungsvorgang,

$y_G = x_G$ für jeden Beharrungszustand.

Das zu Beginn eines Regelungsvorganges als unterbrochene Verbindung zwischen Eingangspunkt und Ausgangspunkt wirkende Gestänge wird mit der Zeit starr; das Gestänge ist verzögert.

Der Frequenzgang F_G ergibt sich aus Gl. (3.17) zu:

$$F_G = \frac{y_G}{x_G} = \frac{1}{T_k\, j\omega + 1}. \tag{3.18}$$

Die Ortskurve ist:

bei $0 < T_k < \infty$ ein Halbkreis im IV. Quadrant (Abb. 3.10),

bei $T_k = 0$ der Punkt $(+1, 0)$,

bei $T_k = \infty$ der Koordinatenursprung.

Die inverse Ortskurve ist:

bei $0 < T_k < \infty$ eine Parallele zur positiven, imaginären Koordinatenachse (Abb. 3.10),

bei $T_k = 0$ der Punkt $(+1, 0)$,

bei $T_k = \infty$ der Punkt $(+1, +\infty)$.

---

[1] Die Voraussetzung a) folgt aus der Definition des Regelkreisgliedes, wonach die Ausgangsgröße keine Rückwirkung auf die Eingangsgröße ausüben darf.

Ist die Voraussetzung b) nicht erfüllt, so lautet die Bewegungsgleichung dieses Gestänges:

$$M_G Y''_G = P_f - P_b = C_f(X_G - Y_G) - C_k Y'_G$$

und seine Differentialgleichung, unter Berücksichtigung der beweglichen Gestängemasse M_G, mit den Beiwerten $\frac{M_G}{C_f} = T_G^2$, $\frac{C_k}{C_f} = T_k$ und mit der Annahme $Y_{Gh} = X_{Gh}$:

$$T_G^2 y''_G + T_k y'_G + y_G = x_G \tag{3.17a}$$

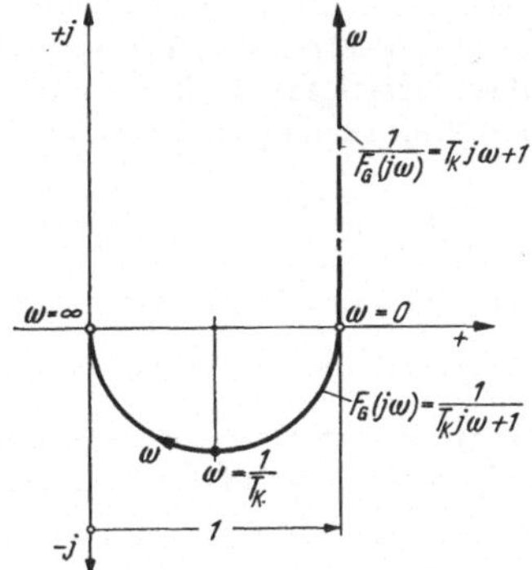

Abb. 3.10. Ortskurve $F_G(j\omega)$ und inverse Ortskurve $\frac{1}{F_G(j\omega)}$ eines verzögerten Gestänges.

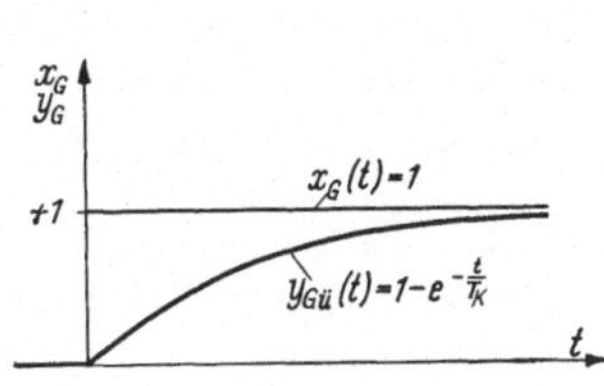

Abb. 3.11. Übergangsfunktion $y_{Gü}(t)$ eines verzögerten Gestänges.

Die Übergangsfunktion ergibt sich aus der Differentialgleichung mit $x_G = 1$:

$$T_k y_G' + y_G = 1. \tag{3.19}$$

Die Lösung von Gl. (3.19) lautet (vgl. Ziff. 1.22):

$$y_{Gü}(t) = 1 + C_1 e^{-\frac{t}{T_k}}. \tag{3.20}$$

Aus der Randbedingung:

für $t = 0$ ist $y_{Gü}(0) = 0$ der Ausgangspunkt ist noch in Ruhe

folgt:

$$C_1 = -1,$$

und die Übergangsfunktion des verzögerten Gestänges lautet:

$$y_{Gü}(t) = 1 - e^{-\frac{t}{T_k}}. \tag{3.21}$$

$y_{Gü}(t)$ stellt eine nach der e-Potenz gegen den Endwert $y_{Gü}(\infty) = +1$ verlaufende Kurve dar (Abb. 3.11).

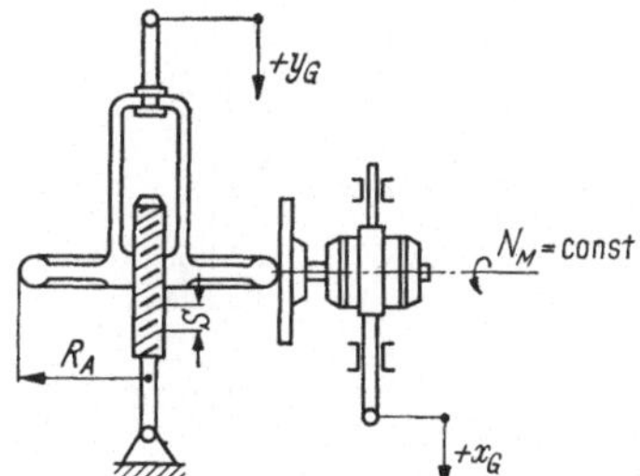

Abb. 3.12. Verzögertes Gestänge: Kuppelstange mit Gewindeschloß und verschiebbarem Reibradantrieb.

Auch das verzögerte Gestänge kann als Kuppelstange mit einem durch Reibräder angetriebenen Gewindeschloß ausgeführt werden (Abb. 3.12). Das Antriebsrad ist auf dem Eingangsteil des Gestänges angeordnet und mit gleichbleibender Drehzahl N_M in s^{-1} z. B. von einem Elektromotor angetrieben; das Abtriebsrad ist mit der am Ausgangsteil des Gestänges drehbar befestigten Hülsenmutter des Gewindeschlosses verbunden. Die Hülsenmutter läßt sich auf einem im Raum feststehenden Gewindebolzen auf- und abschrauben.

Bewegt sich der Eingangspunkt z. B. um $+(X_G - X_{G1})$ nach unten, so wird die Wellenmitte des Antriebsrades gegenüber dem Abtriebsrad um $+(X_G - Y_G)$ verschoben. Das Abtriebsrad vom Halbmesser R_A wird vom Antriebsrad mit der Drehzahl $N_A = N_M \dfrac{X_G - Y_G}{R_A}$ auf dem feststehenden Gewindebolzen heruntergeschraubt. Die Geschwindigkeit mit der sich die Hülsenmutter auf dem Gewindebolzen bewegt, berechnet sich aus der Gewindesteigung S in m und der Drehzahl N_A in s^{-1} zu:

$$Y'_G = (X_G - Y_G) \frac{S N_M}{R_A}.$$

Mit $\dfrac{R_A}{S N_M} = T_k$ und $Y_{Gh} = X_{Gh}$ ergibt sich die Differentialgleichung (3.17), die für das aus Zwischenfeder und Ölbremse zusammengesetzte verzögerte Gestänge abgeleitet wurde.

3.3 Doppelgestänge

Ein Doppelgestänge ist die Verbindung des Eingangspunktes mit dem Ausgangspunkt durch zwei parallelgeschaltete Gestängeelemente. Das gestattet den Zusammenhang zwischen Eingangsgröße x_G und der Ausgangsgröße y_G im Betrieb in weiten Grenzen zu ändern.

3.31 Starres und nachgiebiges Doppelgestänge

Das starre Gestänge wird gewöhnlich mit einer, zwischen den Grenzen $b_r = +1$ und $b_r = -1$ verstellbaren Übersetzung b_r ausgeführt

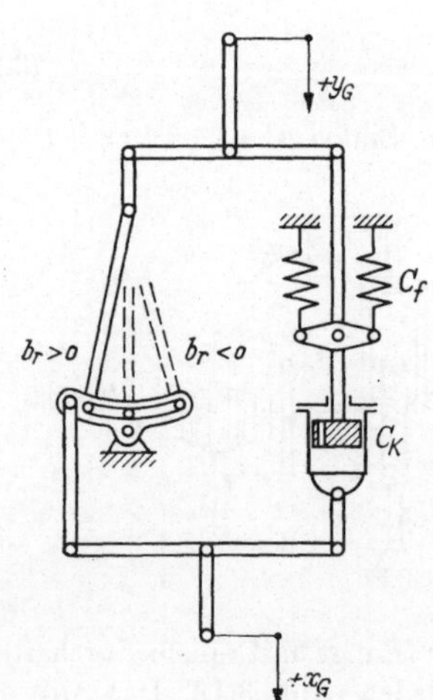

Abb. 3.13.
Starres und nachgiebiges Doppelgestänge.

(Abb. 3.13). Der Zusammenhang zwischen der Eingangsgröße x_G und der Ausgangsgröße y_G ergibt sich aus:
dem Frequenzgang für das starre Gestänge:

$$F_a = b_r, \tag{3.04}$$

und dem Frequenzgang für das nachgiebige Gestänge:

$$F_b = \frac{T_k j\omega}{T_k j\omega + 1} \tag{3.10}$$

nach Ziff. 2.12 zu:

$$F_G = F_a + F_b = b_r + \frac{T_k j\omega}{T_k j\omega + 1} = \frac{T_k (1 + b_r) j\omega + b_r}{T_k j\omega + 1}. \tag{3.22}$$

Aus Gl. (3.22) kann nach Ziff. 1.23 die Differentialgleichung des Doppelgestänges sofort angeschrieben werden.

Die Ortskurve ist ein Halbkreis im I. Quadrant (Abb. 3.14).

Die inverse Ortskurve ist ein Halbkreis im IV. Quadrant (Abb. 3.14).

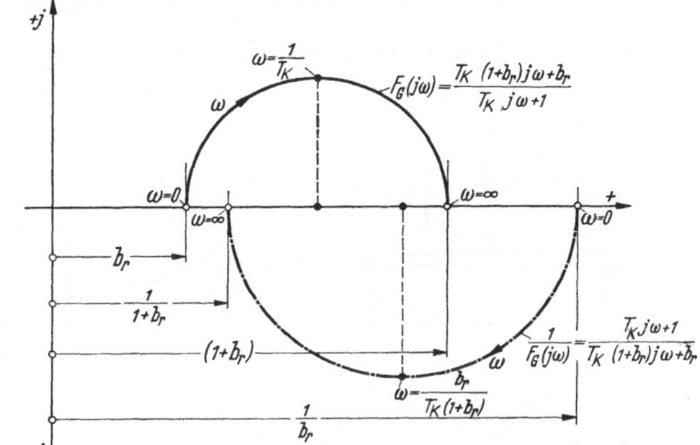

Abb. 3.14. Ortskurve $F_G(j\omega)$ und inverse Ortskurve $\frac{1}{F_G(j\omega)}$ eines starren und nachgiebigen Doppelgestänges.

Die Übergangsfunktion ergibt sich aus der Differentialgleichung mit $x_G = 1$ und $x'_G = 0$:

$$T_k y'_G + y_G = b_r. \tag{3.23}$$

Die Lösung von Gl. (3.23) lautet (vgl. Ziff. 1.22):

$$y_{G\ddot{u}}(t) = b_r + C_1 e^{-\frac{t}{T_k}}. \tag{3.24}$$

Aus der Randbedingung:

für $t = 0$ ist $y_{G\ddot{u}}(0) = 1 + b_r$ im ersten Augenblick sind der starre und der nachgiebige Teil wirksam,

folgt

$$C_1 = 1,$$

und die Übergangsfunktion des starren und nachgiebigen Doppelgestänges lautet:

$$y_{Gü}(t) = b_r + e^{-\frac{t}{T_k}}. \tag{3.25}$$

$y_{Gü}(t)$ stellt eine nach der e-Potenz von $y_{Gü}(0) = (1 + b_r)$ gegen den Endwert $y_{Gü}(\infty) = b_r$ verlaufende Kurve dar (Abb. 3.15).

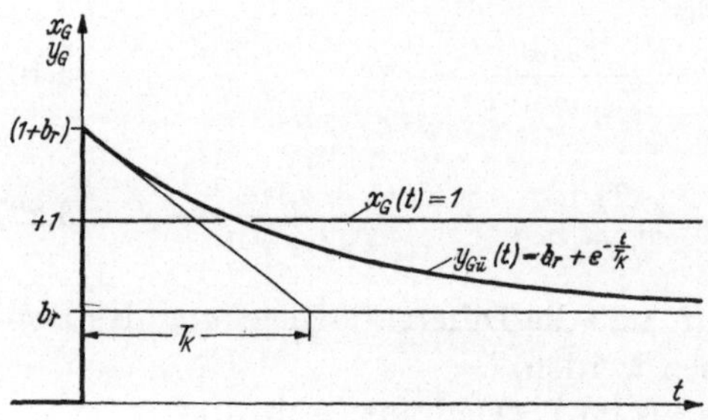

Abb. 3.15. Übergangsfunktion $y_{Gü}(t)$ eines starren und nachgiebigen Doppelgestänges.

3.32 Starres und verzögertes Doppelgestänge

Das starre Gestänge wird gewöhnlich mit einer, zwischen den Grenzen $b_r = +1$ und $b_r = -1$ verstellbaren Übersetzung b_r ausgeführt (Abb. 3.16).

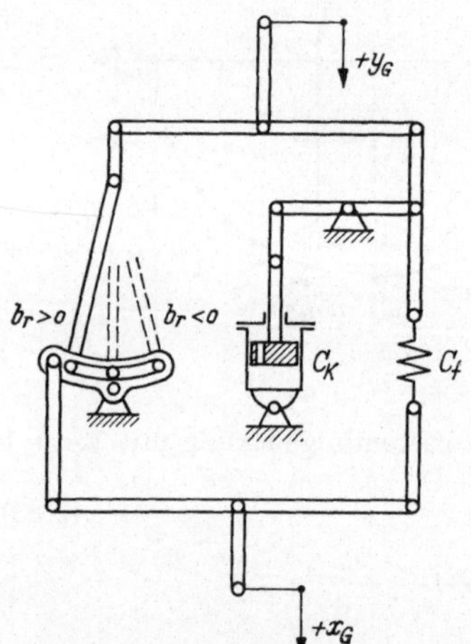

Abb. 3.16. Starres und verzögertes Doppelgestänge.

Der Zusammenhang zwischen der Eingangsgröße x_G und der Ausgangsgröße y_G ergibt sich aus:
dem Frequenzgang für das starre Gestänge:

$$F_a = b_r \tag{3.04}$$

und dem Frequenzgang für das verzögerte Gestänge:

$$F_b = \frac{1}{T_k j\omega + 1} \tag{3.18}$$

nach Ziff. 2.12 zu:

$$F_G = F_a + F_b = b_r + \frac{1}{T_k j\omega + 1} = \frac{T_k b_r j\omega + (1 + b_r)}{T_k j\omega + 1}. \tag{3.26}$$

Aus Gl. (3.26) kann nach Ziff. 1.23 sofort die Differentialgleichung dieses Doppelgestänges angeschrieben werden.

Die Ortskurve ist ein Halbkreis im IV. Quadrant (Abb. 3.17).

Die inverse Ortskurve ist ein Halbkreis im I. Quadrant (Abb. 3.17).

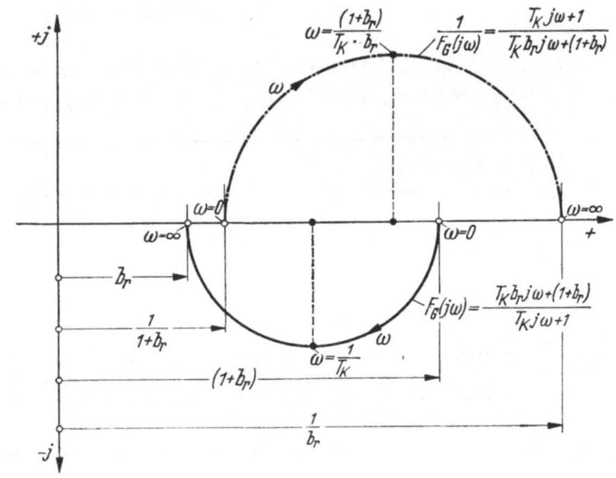

Abb. 3.17. Ortskurve $F_G(j\omega)$ und inverse Ortskurve $\frac{1}{F_G(j\omega)}$ eines starren und verzögerten Doppelgestänges.

Die Übergangsfunktion ergibt sich aus der Differentialgleichung mit $x_G = 1$ und $x'_G = 0$:

$$T_k y'_G + y_G = 1 + b_r. \tag{3.27}$$

Die Lösung von Gl. (3.27) lautet (vgl. Ziff. 1.22):

$$y_{G\ddot{u}}(t) = 1 + b_r + C_1 e^{-\frac{t}{T_k}}. \tag{3.28}$$

Aus der Randbedingung:

für $t = 0$ ist $y_{G\ddot{u}}(0) = b_r$ im ersten Augenblick ist nur der starre Teil wirksam

folgt:

$$C_1 = -1,$$

und die Übergangsfunktion des starren und verzögerten Doppelgestänges lautet:

$$y_{G\ddot{u}}(t) = (1 + b_r) - e^{-\frac{t}{T_k}}. \tag{3.29}$$

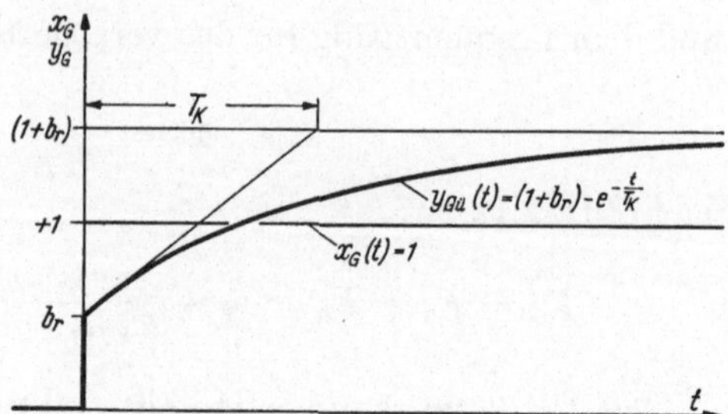

Abb. 3.18. Übergangsfunktion $y_{Gü}(t)$ eines starren und verzögerten Doppelgestänges.

$y_{Gü}(t)$ stellt eine nach der e-Potenz von $y_{Gü}(0) = b_r$ gegen den Endwert $y_{Gü}(\infty) = (1 + b_r)$ verlaufende Kurve dar (Abb. 3.18).

3.4 Zusammenfassung

Eingangsgröße = Abweichung x_G des Eingangspunktes des Gestänges,
Ausgangsgröße = Abweichung y_G des Ausgangspunktes des Gestänges.

Einfachgestänge	
starr	$F_G = b_r$
nachgiebig	$F_G = \frac{T_k j\omega}{T_k j\omega + 1}$
verzögert	$F_G = \frac{1}{T_k j\omega + 1}$
Doppelgestänge	
starr + nachgiebig	$F_G = \frac{T_k (1 + b_r) j\omega + b_r}{T_k j\omega + 1}$
starr + verzögert	$F_G = \frac{T_k b_r j\omega + (1 + b_r)}{T_k j\omega + 1}$

4. Meßwerke

4.1 Arten von Meßwerken

Das Meßwerk hat die Aufgabe die Regelgröße $X = X_M$, und bei mancher Ausführung ihre zeitliche Ableitung $\frac{dX}{dt} = X'$, laufend zu messen, die Abweichung $(X_M - X_{M1})$ bzw. $x_M = \frac{X_M - X_{M1}}{X_{MN}}$ vom ursprünglichen Wert im Beharrungszustand, X_{M1}, zu bilden und durch Änderung der Ausgangsgröße $Y = Y_M$, z. B. durch Änderung der Muffenstellung des mechanischen Meßwerkes, den Regler entsprechend zu betätigen.

Als Meßwerke werden bei Turbinenreglern verwendet:

1. *Drehzahlmeßwerke;*
2. *Beschleunigungsmeßwerke.*

Sie können ausgeführt werden als:

a) *mechanische* Meßwerke, (Abb. 4.01 bis 4.06),

b) *hydraulische* Meßwerke,

c) *elektrische* Meßwerke.

In den folgenden Ausführungen werden für die beiden mechanischen Meßwerke — für das *Fliehkraftpendel* und für das *Beschleunigungspendel* — die regeltechnischen Eigenschaften, der Zusammenhang zwischen der Eingangsgröße x_M und der Ausgangsgröße y_M bzw. y_B, abgeleitet.

Ein Drehzahlmeßwerk mißt die jeweils herrschende Drehzahl N und bildet ihre Abweichung $(N - N_1)$ bzw. $x_M = \frac{N - N_1}{N_N}$ von der ursprünglichen Beharrungsdrehzahl N_1.

Als Meßwerke werden *P-Drehzahlmeßwerke* benutzt, bei denen im Beharrungszustand jedem Wert N zwischen der höchsten Drehzahl N_o und der niedrigsten Drehzahl N_u eine bestimmte Muffenstellung Y entspricht. Ein Beharrungszustand ist somit nicht nur bei der Solldrehzahl und der ihr entsprechenden Muffenstellung, sondern bei jeder anderen, zwischen N_o und N_u liegenden Drehzahl möglich. Die Muffenauslenkung kann meistens proportional der Drehzahländerung angenommen werden. Der größten Drehzahländerung $(N_o - N_u)$ ent-

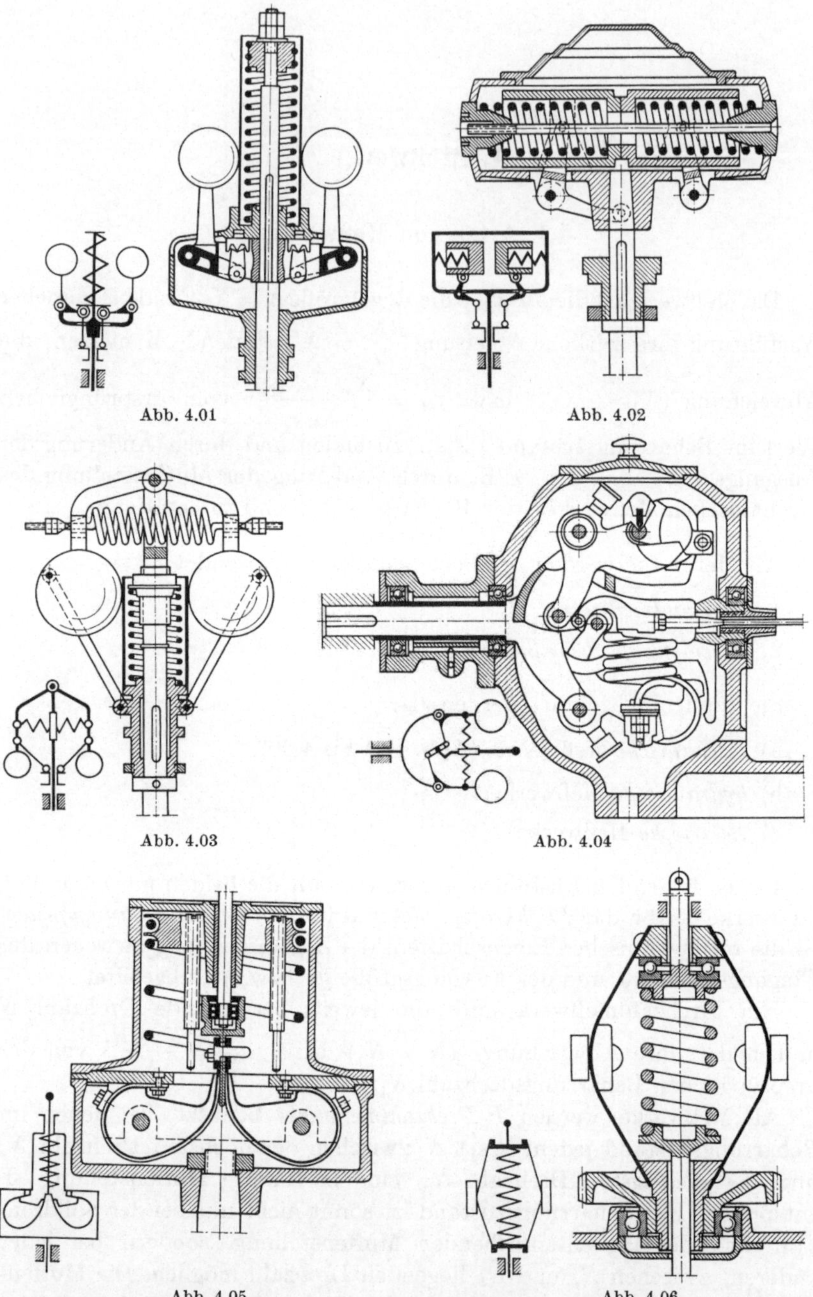

Abb. 4.01 – 4.06. Fliehkraftpendel.

Abb. 4.01 mit Längsfeder (F. Beyer). – Abb. 4.02 mit Querfeder (H. Hartung). – Abb. 4.03 mit Längsfeder und Querfeder (Tolle). – Abb. 4.04 mit Querfeder ohne Muffe (Neumeyer). – Abb. 4.05 mit Evolventengewichten (Englesson). – Abb. 4.06 mit Blattfedern und mit Längsfeder, ohne Gelenke.

spricht der Muffenhub Y_h; die größte noch meßbare Regelgrößenabweichung $x_p = \frac{N_o - N_u}{N_N}$ ist der *P-Bereich des Meßwerkes.*

I-Drehzahlmeßwerke werden für Turbinenregler nicht verwendet. Bei diesen Meßwerken kann, im Gegensatz zu den *P-Meßwerken*, ein Beharrungszustand nur bei einer einzigen Drehzahl, bei der Solldrehzahl sich einstellen, wobei die Meßwerkmuffe in jeder Stellung zwischen den beiden Endlagen verharren kann. Bei der kleinsten Abweichung der Drehzahl von der Solldrehzahl eilt die Muffe in die eine oder in die andere Endlage. Das I-Meßwerk kann als Grenzwert des P-Meßwerkes für $x_p \to 0$ angesehen werden.

Ein *Beschleunigungsmeßwerk* mißt die jeweils auftretende Winkelbeschleunigung

$$\frac{d\omega_M}{dt} \quad \text{bzw.} \quad x'_M = \frac{1}{N_N}\,\frac{dN}{dt}.$$

4.2 *P*-Drehzahlmeßwerk

Es sollen die regeltechnischen Eigenschaften des gelenklosen und lagerlosen *Blattfederpendels* (Abb. 4.06), der von den verschiedenen Ausführungen mechanischer Meßwerke (Abb. 4.01—4.06) heute am häufigsten anzutreffenden Bauart näher untersucht werden.

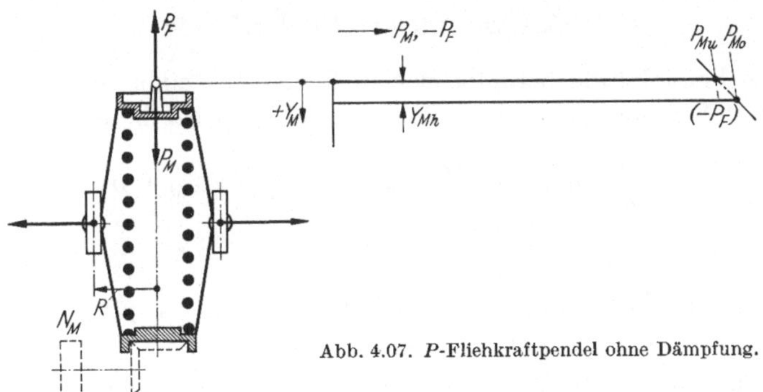

Abb. 4.07. P-Fliehkraftpendel ohne Dämpfung.

Die Drehzahl wird aus der Fliehkraft rotierender Pendelgewichte bestimmt (Abb. 4.07). Diese Fliehkraft wirkt über eine Art von Hebeln auf die längsverschiebbare Pendelmuffe, wo sie als *Muffenkraft* P_M, in gleicher Weise wie bei einer Federwaage, von der entgegenwirkenden *Pendelfeder* ausgewogen wird. Die — durch die Federdeformation entstehende — *Federkraft* P_F wird durch die Stellung der Muffe angegeben.

Die Muffenkraft P_M berechnet sich aus:

$$P_M = M_K R(Y_M)\, \ddot{u}(Y_M)\, \omega_M^2 \qquad \text{in kg m s}^{-2}. \tag{4.01}$$

Es bedeuten dabei:

ω_M die Winkelgeschwindigkeit $= 2\pi N_M$ in s^{-1},
N_M die Drehzahl in s^{-1},
M_K die Masse der rotierenden Pendelgewichte in kg,
$R(Y_M)$ den Schwerpunkthalbmesser der Pendelgewichte für die Muffenstellung Y_M in m,
$\ddot{u}(Y_M)$ die von der Muffenstellung Y_M abhängige Übersetzung.

Während die Muffenkraft P_M, wie aus Gl. (4.01) hervorgeht, sowohl von der Drehzahl N_M wie auch von der Muffenstellung Y_M abhängen kann, ändert sich die Federkraft P_F nur mit der Muffenstellung Y_M.

Die Eingangsgröße eines Fliehkraftpendels ist die Drehzahlabweichung $x_M = \frac{\omega_M - \omega_{M1}}{\omega_{MN}} = \frac{N - N_1}{N_N}$, die Ausgangsgröße die Muffenabweichung $y_M = \frac{Y_M - Y_{M1}}{Y_{Mh}}$.

4.21 *P*-Fliehkraftpendel ohne Dämpfung

Der Zusammenhang zwischen der Eingangsgröße x_M und der Ausgangsgröße y_M wird aus den Kräften auf die Pendelmuffe ermittelt.

In einem Beharrungszustand ω_{M1}, Y_{M1} ist:

$$P_M(\omega_{M1}, Y_{M1}) - P_F(Y_{M1}) = 0 \tag{4.02}$$

und die Pendelmuffe befindet sich in Ruhe. Bei einer Abweichung von diesem Beharrungszustand um $d\omega_M$ und dY_M wird die Kraft

$$\frac{\partial P_M}{\partial \omega_M} d\omega_M + \frac{\partial P_M}{\partial Y_M} dY_M - \frac{\partial Y_F}{dY_M} dY_M \neq 0 \tag{4.03}$$

frei.

Unter Voraussetzung, daß

a) die für die Verstellung der nachgeschalteten Teile erforderliche Verstellkraft P_V gegenüber der Federkraft P_F,

b) die auf den Pendelmuffenhub reduzierte Masse der nachgeschalteten Teile, M_{VM}, gegenüber der auf den Muffenhub reduzierten Masse der beweglichen Teile des Meßwerkes, M_M,

vernachlässigbar klein sind[1], folgt aus der Bewegungsgleichung der Pendelmuffe mit P_M aus Gl. (4.01), mit der auf den Muffenhub redu-

[1] Ist die Voraussetzung a) nicht erfüllt, so tritt an Stelle von P_F die Kraft $(P_F - P_V)$; ist die Voraussetzung b) nicht erfüllt, so tritt an Stelle von M_M die reduzierte Masse $(M_M + M_{VM}) = M_M b_M$.

zierten Masse aller beweglichen Teile des Pendels, M_M, und mit der Abkürzung $R(Y_M)\ddot{u}(Y_M) = R_y$:

$$M_M \frac{d^2 Y_M}{dt^2} = 2\, M_K R_{y1} \omega_M d\omega_M - \left[\frac{\partial P_F}{\partial Y_M} - M_K \omega_M^2 \frac{\partial R_y}{\partial Y_M}\right] d\, Y_M$$

$$= P_n - P_y. \tag{4.04}$$

Mit der Muffenkraft P_{MN} für die Nenndrehzahl N_N und somit für die Nennwinkelgeschwindigkeit ω_{MN}

$$P_{MN} = M_K R_{yN} \omega_{MN}^2 \tag{4.05}$$

und unter Berücksichtigung der Beziehungen: $\frac{d\omega_M}{\omega_{MN}} = x_M$, $\frac{dY_M}{Y_{Mh}} = y_M$, $\frac{Y_M''}{Y_{Mh}} = y_M''$, kann Gl. (4.04) geschrieben werden:

$$M_M Y_{Mh} y_M'' = 2\, P_{MN} \frac{R_{y1}}{R_{yN}} \frac{\omega_{M1}}{\omega_{MN}} x_M$$

$$- 2\, P_{MN} \left[\frac{Y_{Mh}}{2\, P_{MN}} \frac{\partial P_F}{\partial Y_M} - \frac{1}{2} \frac{\omega_{M1}^2}{\omega_{MN}^2} \frac{Y_{Mh}}{R_{yN}} \frac{\partial R_y}{\partial Y_M}\right] y_M. \tag{4.06}$$

Als Nenndrehzahl wird zweckmäßigerweise die Solldrehzahl gewählt. Bei einem Drehstromnetz ist es jene Turbinendrehzahl, die der *Nennfrequenz* des Netzes entspricht. Die Beharrungsdrehzahl N_1 zu Beginn eines Regelvorganges ist dann entweder gleich der Nenndrehzahl N_N oder unterscheidet sich nur wenig von diesem Wert. Es kann somit mit ausreichender Genauigkeit $\frac{N_1}{N_N} \approx 1$ angenommen werden.

Werden außerdem:

1. im ganzen, gewöhnlich sehr engen Regelbereich von N_u bis N_0, oder in den einzelnen Teilabschnitten dieses Bereiches $\frac{R_y}{R_{yN}} = \text{const} \approx 1$ und somit $\frac{\partial R_y}{\partial Y_M} = 0$ angenommen, also die $P_N(N)$-Kurve durch eine Gerade $P_n = 2\, P_{MN} x_M$ (oder abschnittsweise durch mehrere Geraden) ersetzt, Abb. 4.08;

2. auf dem ganzen Muffenhub von $Y_M = 0$ bis $Y_M = Y_{Mh}$ (oder in den einzelnen Teilabschnitten dieses Bereiches) $\frac{\partial P_F}{\partial Y_M} = \text{const} = b_b \frac{2\, P_{MN}}{Y_{Mh}}$ angenommen, also die $P_F(Y_M)$-Kurve durch eine Gerade $P_y = 2\, P_{MN} b_b y_M$ (oder abschnittsweise durch mehrere Geraden) ersetzt, Abb. 4.09;

so vereinfacht sich die Bewegungsgleichung (4.06). Mit der Abkürzung $\frac{M_M Y_{Mh}}{2\, P_{MN}} = T_f^2$ nimmt die Differentialgleichung dieses Pendels die Form an:

$$T_f^2 y_M'' + b_b y_M = x_M. \tag{4.07}$$

Der *P-Grad des Meßwerkes*, b_b, ergibt sich nach Abb. 4.09 zu:

$$b_b \approx \frac{P_F(Y_{Mh}) - P_F(0)}{2\,P_{MN}} = \frac{P_M(N_0) - P_M(N_u)}{2\,P_{MN}} = \frac{\omega_{M0}^2 - \omega_{Mu}^2}{2\,\omega_{MN}^2} = \frac{N_0^2 - N_u^2}{2\,N_N^2} \tag{4.08}$$

oder mit $\frac{N_0 + N_u}{2\,N_N} \approx 1$, unter Berücksichtigung der Ziff. 1.31;

$$b_b \approx \frac{N_0 - N_u}{N_N} = x_{Mp}. \tag{4.09}$$

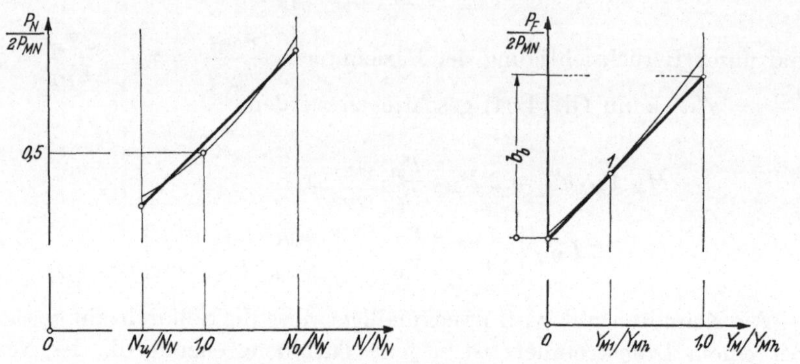

Abb. 4.08 u. 4.09. Linearisierung der Kräfte auf die Muffe.

Der Frequenzgang F_M ergibt sich aus Gl. (4.07) zu:

$$F_M = \frac{1}{T_f^2\,(j\omega)^2 + b_b} = \frac{1}{b_b - T_f^2\,\omega^2}. \tag{4.10}$$

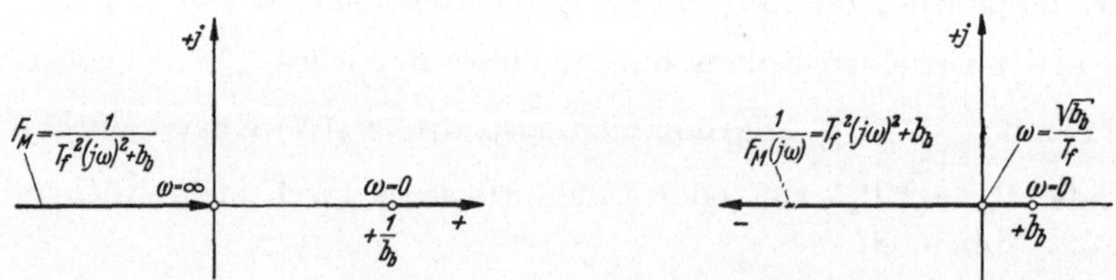

Abb. 4.10 u. 4.11. Ortskurve $F_M(j\omega)$ und inverse Ortskurve $\frac{1}{F_M(j\omega)}$ des Pendels nach Abb. 4.07.

Die Ortskurve fällt mit der reellen Koordinatenachse zusammen (Abb. 4.10); sie beginnt für $\omega = 0$ im Punkt $\left(+\frac{1}{b_b}, 0\right)$ und läuft über $(+\infty, 0)$, $(-\infty, 0)$ $\left(\text{bei } \omega_e = \frac{\sqrt{b_b}}{T_f}\right)$ für $\omega = \infty$ in den Koordinatenursprung.

Die inverse Ortskurve fällt ebenfalls mit der reellen Koordinatenachse zusammen (Abb. 4.11); sie beginnt für $\omega = 0$ im Punkt $(+\,b_b, 0)$

und läuft durch den Koordinatenursprung $\left(\text{bei } \omega_e = \frac{\sqrt{b_b}}{T_f}\right)$ nach dem Punkt $(-\infty, 0)$ für $\omega = \infty$.

Die Übergangsfunktion ergibt sich aus der Differentialgleichung (4.07) mit $x_M = 1$:

$$T_f^2 y_M'' + b_b y_M = 1. \tag{4.11}$$

Die Lösung von Gl. (4.11) lautet (vgl. Ziff. 1.22):

$$y_{Mü}(t) = \frac{1}{b_b} + C_1 e^{+j\sqrt{b_b}\frac{t}{T_f}} + C_2 e^{-j\sqrt{b_b}\frac{t}{T_f}}. \tag{4.12}$$

Aus den Randbedingungen:

für $t = 0$ sind:

$y_{Mü}(0) = 0$ die Muffe ist noch in der Beharrungslage,

$y'_{Mü}(0) = 0$ die Muffe ist noch in Ruhe,

folgen:

$$C_1 = C_2 = -\frac{1}{2 b_b}.$$

Die Übergangsfunktion eines P-Fliehkraftpendels ohne Dämpfung lautet somit:

$$y_{Mü}(t) = \frac{1}{b_b}\left[1 - \frac{1}{2}\left(e^{+j\sqrt{b_b}\frac{t}{T_f}} + e^{-j\sqrt{b_b}\frac{t}{T_f}}\right)\right] = \frac{1}{b_b}\left[1 - \cos\left(\frac{\sqrt{b_b}}{T_f}t\right)\right]. \tag{4.13}$$

$y_{Mü}(t)$ stellt eine harmonische Schwingung mit gleichbleibender Amplitude dar (Abb. 4.12).

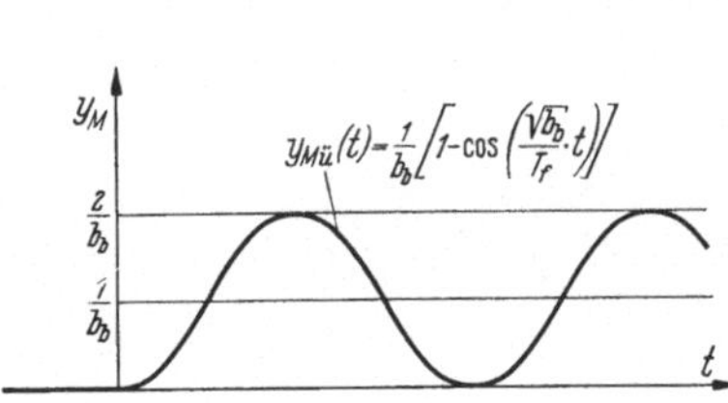

Abb. 4.12. Übergangsfunktion $y_{Mü}(t)$ des Pendels nach Abb. 4.07.

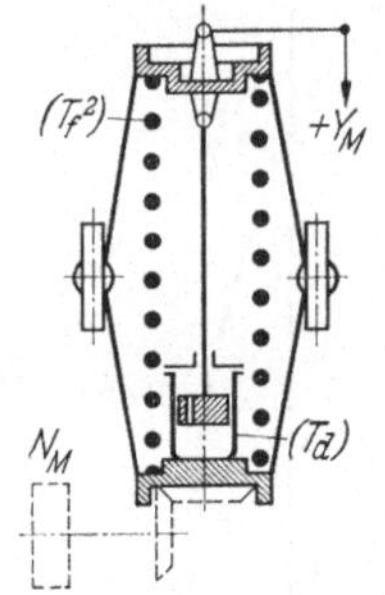

Abb. 4.13. P-Fliehkraftpendel mit starr angekuppelter Ölbremse.

4.22 P-Fliehkraftpendel mit starr angekuppelter Ölbremse

Wird am Pendel nach Abb. 4.07 eine Ölbremse mit im Raum feststehendem Zylinder angeordnet (Abb. 4.13) und ihr Kolben durch ein starres Gestänge mit der Pendelmuffe verbunden, so kommt zu den Kräften P_n und P_y die Bremskraft P_b dazu. P_b kann der Geschwindigkeit des Kolbens im Zylinder, also der Muffengeschwindigkeit Y'_M proportional angenommen werden; sie wirkt auf die Muffe in entgegengesetzter Richtung von Y'_M:

$$P_b = C_k Y'_M. \tag{4.14}$$

Aus der Bewegungsgleichung der Pendelmuffe:

$$\begin{aligned} M_M Y''_M &= P_n - P_y - P_b \\ &= 2\, P_{MN} x_M - 2\, P_{MN} b_b y_M - C_k y'_M \end{aligned} \tag{4.15}$$

ergibt sich mit $\frac{M_M Y_{Mh}}{2\, P_{MN}} = T_f^2$ und $\frac{C_k Y_{Mh}}{2 P_{MN}} = T_d$ die Differentialgleichung dieses Pendels:

$$T_f^2 y''_M + T_d y'_M + b_b y_M = x_M. \tag{4.16}$$

Der Frequenzgang F_M ergibt sich aus Gl. (4.16) zu:

$$F_M = \frac{1}{T_f^2 (j\omega)^2 + T_d\, j\omega + b_b}. \tag{4.17}$$

Die Ortskurve ist eine halbkreisähnliche Kurve im IV. und III. Quadrant (Abb. 4.14); sie beginnt für $\omega = 0$ im Punkt $\left(+\frac{1}{b_b}, 0\right)$ und endet für $\omega = \infty$ im Koordinatenursprung.

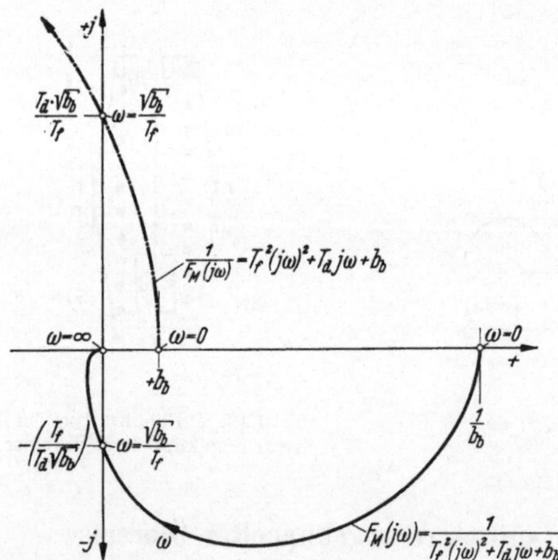

Abb. 4.14. Ortskurve $F_M(j\omega)$ und inverse Ortskurve $\frac{1}{F_M(j\omega)}$ des Pendels nach Abb. 4.13.

Die inverse Ortskurve ist eine Kurve 2. Grades im I. und II. Quadrant (Abb. 4.14); sie beginnt für $\omega = 0$ im Punkt $(+\, b_b, 0)$ und endet für $\omega = \infty$ im Punkt $(-\infty, +\infty)$.

Die Übergangsfunktion ergibt sich aus der Differentialgleichung (4.16) mit $x_M = 1$:

$$T_f^2 y_M'' + T_d y_M' + b_b y_M = 1. \tag{4.18}$$

Die Lösung von Gl. (4.18) lautet:

$$y_{Mü}(t) = \frac{1}{b_b} + C_1 e^{p_1 t} + C_2 e^{p_2 t} \tag{4.19}$$

mit:

$$p_1 = \frac{-T_d + \sqrt{T_d^2 - 4\,b_b\,T_f^2}}{2\,T_f^2}, \qquad p_2 = \frac{-T_d - \sqrt{T_d^2 - 4\,b_b\,T_f^2}}{2\,T_f^2}.$$

Aus den Randbedingungen:

für $t = 0$ sind:

$y_{Mü}(0) = 0$ die Muffe ist noch in der Beharrungslage,

$y'_{Mü}(0) = 0$ die Muffe ist noch in Ruhe,

folgen:

$$C_1 = \frac{-T_d - \sqrt{T_d^2 - 4 b_b\,T_f^2}}{2\,b_b \sqrt{T_d^2 - 4\,b_b\,T_f^2}},$$

$$C_2 = \frac{-T_d + \sqrt{T_d^2 - 4\,b_b\,T_f^2}}{2\,b_b \sqrt{T_d^2 - 4\,b_b\,T_f^2}}.$$

Es können dabei zwei Fälle auftreten:

Fall 1: $T_d^2 > 4 b_b T_f^2$; die Wurzeln p_1 und p_2 sind reell. $y_{Mü}(t)$ stellt einen aperiodischen Vorgang dar, der für $t = \infty$ den Endwert $y_{Mü}(\infty) = \frac{1}{b_b}$ erreicht (Abb. 4.15).

Fall 2: $T_d^2 < 4 b_b T_f^2$; die Wurzeln p_1 und p_2 sind konjugiert komplex. $y_{Mü}(t)$ stellt eine harmonische, abklingende Schwingung dar, die für $t = \infty$ den Endwert $y_{Mü}(\infty) = \frac{1}{b_b}$ erreicht (Abb. 4.15).

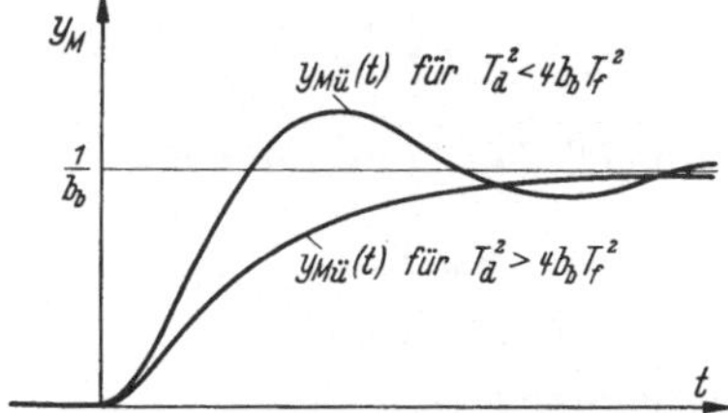

Abb. 4.15. Übergangsfunktionen $y_{Mü}(t)$ des Pendels nach Abb. 4.13.

4.23 *P*-Fliehkraftpendel mit unter Zwischenschaltung einer Feder angekuppelter Ölbremse

Wird am Pendel nach Abb. 4.07 eine Ölbremse mit im Raum feststehendem Zylinder angeordnet und ihr Kolben unter Zwischenschaltung einer Feder mit der Pendelmuffe verbunden (Abb. 4.16), so kommt zu den Kräften P_n und P_y die zusätzliche Federkraft P_k dazu. P_k läßt sich einerseits aus der Federdeformation $(Y_M - U)$ und andererseits

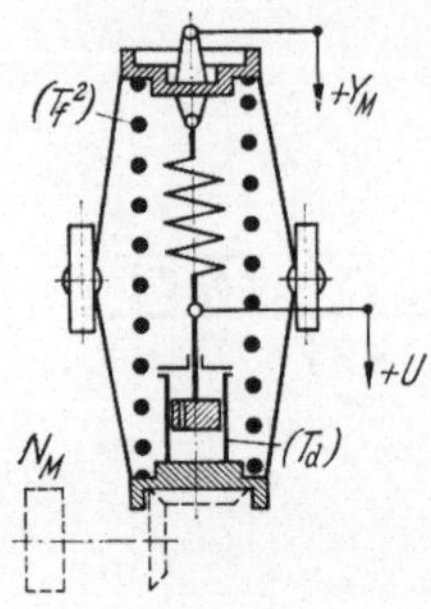

Abb. 4.16. *P*-Fliehkraftpendel mit unter Zwischenschaltung einer Feder angekuppelter Ölbremse.

aus der Geschwindigkeit U' des Kolbens im Bremsenzylinder bestimmen; sie wirkt auf die Muffe in entgegengesetzter Richtung von Y_M. Es ist also:

$$P_k = C_f(Y_M - U) = C_k U', \tag{4.20}$$

oder mit $\frac{C_k}{C_f} = T_d$ und $U_h = Y_{Mh}$

$$T_d u' + u = y_M. \tag{4.21}$$

Da ein Befestigungspunkt der Zusatzfeder, der Kolben der Ölbremse, im Raum nicht festgehalten wird und somit unter der Wirkung von P_k ausweichen kann, verschwindet mit der Zeit die zu Beginn der Muffenbewegung auftretende Zusatzkraft P_k wieder.

Aus der Bewegungsgleichung der Pendelmuffe:

$$\begin{aligned} M_M Y_M'' &= P_n - P_y - P_k \\ &= 2\,P_{MN} x_M - 2\,P_{MN} b_b\, y_M - C_f\, Y_{Mh}(y_M - u) \end{aligned} \tag{4.22}$$

folgt mit Gl. (4.21) und mit den Abkürzungen:

$$\frac{M_M\, Y_{Mh}}{2\,P_{MN}} = T_f^2 \quad \text{und} \quad \frac{P_{k\,\max}}{2\,P_{MN}} = \frac{C_f\, Y_{Mh}}{2\,P_{MN}} = b_v$$

die Beziehung:

$$T_f^2 y_M'' + (b_b + b_v) y_M = x_M + b_v u. \tag{4.23}$$

Der Beiwert b_v wird *vorübergehender P-Grad des Meßwerkes* genannt. Durch Eliminieren von u und u' aus den Gln. (4.21) und (4.23) ergibt sich die Differentialgleichung dieses Pendels zu:

$$T_f^2 T_d y_M''' + T_f^2 y_M'' + T_d(b_b + b_v)\, y_M' + b_b\, y_M = T_d x_M' + x_M. \tag{4.24}$$

Während die Differentialgleichung (4.16) des Pendels mit starr angekuppelter Ölbremse 2. Ordnung war, ist die vorstehende Differentialgleichung des Pendels mit unter Zwischenschaltung einer Feder angekuppelter Ölbremse 3. Ordnung; außerdem enthält die rechte Seite neben der Eingangsgröße x_M auch ihre 1. Ableitung nach der Zeit, x'_M, also ein Glied, das die Winkelbeschleunigung berücksichtigt. Das Pendel ist ein PD-Meßwerk.

Der Frequenzgang F_M ergibt sich aus Gl. (4.24) zu:

$$F_M = \frac{T_d\, j\omega + 1}{T_f^2 T_d (j\omega)^3 + T_f^2 (j\omega)^2 + T_d (b_b + b_v)\, j\omega + b_b}. \tag{4.25}$$

Die Ortskurve ist eine im IV. und III. Quadrant verlaufende halbkreisähnliche Kurve; sie beginnt für $\omega = 0$ im Punkt $\left(+\frac{1}{b_b}, 0\right)$ und endet für $\omega = \infty$ im Koordinatenursprung.

Die inverse Ortskurve verläuft im I. und II. Quadrant; sie beginnt für $\omega = 0$ im Punkt $(+b_b, 0)$ und endet für $\omega = \infty$ im Punkt $(-\infty, 0)$.

Die Übergangsfunktion ergibt sich aus der Differentialgleichung (4.24) mit $x_M = 1$ und somit $x'_M = 0$:

$$T_f^2 T_d\, y'''_M + T_f^2 y''_M + T_d (b_b + b_v)\, y'_M + b_b y_M = 1. \tag{4.26}$$

Bei der Lösung dieser Differentialgleichung können dabei zwei Fälle auftreten:

Fall 1: Alle drei Wurzeln p_1, p_2 und p_3 sind reell. $y_{M\ddot{u}}(t)$ stellt einen aperiodischen Vorgang dar, der für $t = \infty$ den Endwert $y_{M\ddot{u}}(\infty) = \frac{1}{b_b}$ erreicht (Abb. 4.17).

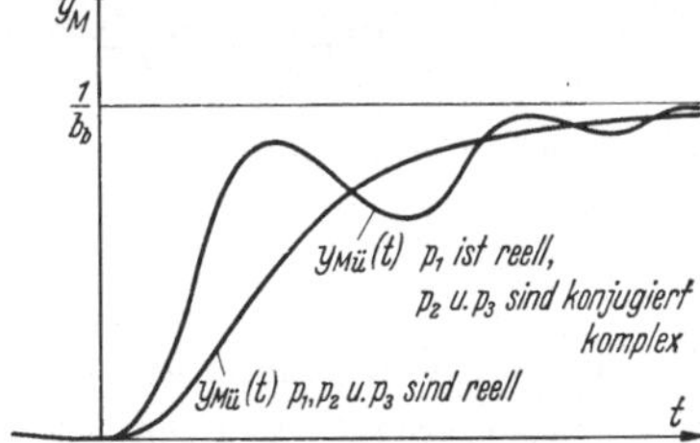

Abb. 4.17. Übergangsfunktionen $y_{M\ddot{u}}(t)$ des Pendels nach Abb. 4.16.

Fall 2: Die Wurzel p_1 ist reell, die beiden Wurzeln p_2 und p_3 sind konjugiert komplex. $y_{M\ddot{u}}(t)$ stellt eine harmonische, abklingende Schwingung dar, die für $t = \infty$ den Endwert $y_{M\ddot{u}}(\infty) = \frac{1}{b_b}$ erreicht (Abb. 4.17).

4.24 *P*-Fliehkraftpendel mit verstellbarer (rückführbarer) Zusatzfeder

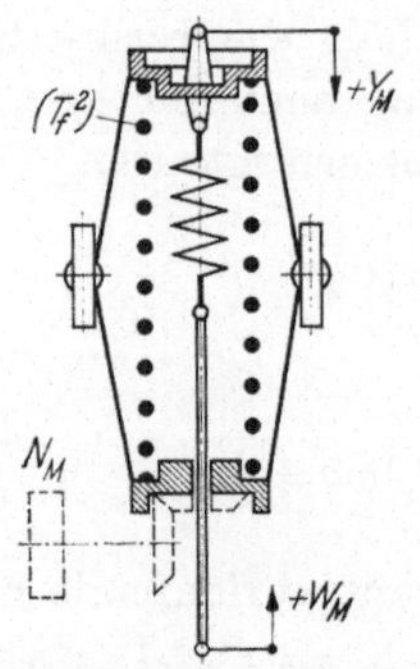

Abb. 4.18. *P*-Fliehkraftpendel mit verstellbarer Zusatzfeder.

Wird am Pendel nach Abb. 4.07 eine Zusatzfeder angeordnet, die einerseits an der Muffe und andererseits an einem starren Gestänge befestigt ist (Abb. 4.18), so kommt zu den Kräften P_n und P_y eine zusätzliche Kraft P_w dazu. P_w läßt sich aus der Deformation der Zusatzfeder, $[(Y_M - Y_{M1}) + (W_M - W_{M1})]$, bestimmen; sie wirkt auf die Muffe in entgegengesetzter Richtung von Y_M. Es ist, unter Berücksichtigung, daß $W_{Mh} = Y_{Mh}$ ist:

$$P = C_{fw}[(Y_M - Y_{M1}) + (W_M - W_{M1})] = C_{fw}\, Y_{Mh}(y_M + w_M). \quad (4.27)$$

Aus der Bewegungsgleichung der Pendelmuffe:

$$M_M\, Y_M'' = P_n - P_y - P_w$$
$$= 2\, P_{MN}\, x_M - 2\, P_{MN}\, b_b\, y_M - C_{fw}\, Y_{Mh}(y_M + w_M) \quad (4.28)$$

ergibt sich mit Gl. (4.27) und mit den Abkürzungen:

$$\frac{M_M\, Y_{Mh}}{2\, P_{MN}} = T_f^2 \quad \text{und} \quad \frac{P_{w\max}}{2\, P_{MN}} = \frac{C_{fw}\, Y_{Mh}}{2 P_{MN}} = b_w,$$

die Differentialgleichung dieses Pendels:

$$T_f^2\, y_M'' + (b_b + b_w)\, y_M = x_M - b_w w_M. \quad (4.29)$$

Diese Gleichung unterscheidet sich von der Differentialgleichung (4.07) nur durch die Glieder $b_w y_M$ und $b_w w_M$, die die Verschiebung des beweglichen Federendpunktes darstellen.

Um die Gl. (4.29) allgemein lösen zu können, muß w_M durch x_M oder durch y_M ausgedrückt werden. Es können aber angegeben werden:

a) der Frequenzgang F_{Mx} des Pendels für $w_M = 0$, also für das im Raum festgehaltene Ende der Zusatzfeder:

$$F_{Mx} = \frac{y_M}{x_M} = \frac{1}{T_f^2\,(j\omega)^2 + (b_b + b_w)}. \quad (4.30)$$

Die Ortskurve fällt mit der reellen Koordinatenachse zusammen; sie beginnt für $\omega = 0$ im Punkt $\left(+\frac{1}{b_b + b_w}, 0\right)$ und läuft über die Punkte $(+\infty, 0)$, $(-\infty, 0)$ für $\omega = \infty$ in den Koordinatenursprung.

Die inverse Ortskurve fällt mit der reellen Koordinatenachse zusammen; sie beginnt für $\omega = 0$ im Punkt $[+(b_b + b_w), 0]$ und läuft durch den Koordinatenursprung für $\omega = \infty$ nach $(-\infty, 0)$.

b) der Frequenzgang F_{Mw} der Pendelrückführung für $x_M = 0$, also für gleichbleibende Drehzahl:

$$F_{Mw} = \frac{y_M}{w_M} = \frac{-b_w}{T_f^2 (j\omega)^2 + (b_b + b_w)}. \qquad (4.31)$$

Die Ortskurve fällt mit der reellen Koordinatenachse zusammen; sie beginnt für $\omega = 0$ im Punkt $\left(-\frac{b_w}{b_b + b_w}, 0\right)$ und läuft über die Punkte $(-\infty, 0)$, $(+\infty, 0)$ für $\omega = \infty$ in den Koordinatenursprung.

Die inverse Ortskurve fällt mit der reellen Koordinatenachse zusammen; sie beginnt für $\omega = 0$ im Punkt $\left(-\frac{b_b + b_w}{b_w}, 0\right)$ und läuft über den Koordinatenursprung für $\omega = \infty$ nach $(+\infty, 0)$.

4.25 *P*-Fliehkraftpendel mit unter Zwischenschaltung einer Feder angekuppelter Ölbremse mit verstellbarem Bremsenzylinder

Wird am Pendel nach Abb. 4.07 eine Ölbremse mit verstellbarem Zylinder angeordnet und ihr Kolben unter Zwischenschaltung einer Feder mit der Pendelmuffe verbunden (Abb. 4.19), so kommt zu den Kräften P_n und P_y die zusätzliche Federkraft P_s dazu. P_s läßt sich einerseits aus der Federdeformation $(Y_M - U)$ und andererseits aus der Relativgeschwindigkeit $(U' - S')$ des Kolbens im Bremsenzylinder bestimmen; sie wirkt auf die Muffe in entgegengesetzter Richtung von Y_M. Es ist:

$$P_s = C_f(Y_M - U) = C_k(U' - S') \qquad (4.32)$$

oder mit $\frac{C_k}{C_f} = T_d$ und $S_h = U_h = Y_{Mh}$:

$$T_d u' + u = y_M + T_d s'. \qquad (4.33)$$

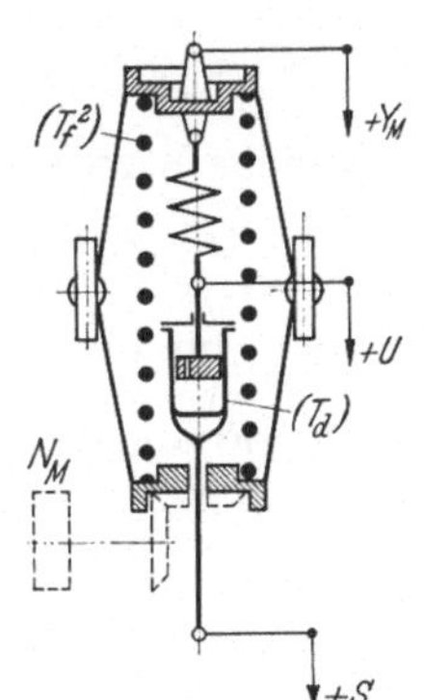

Abb. 4.19. P-Fliehkraftpendel mit unter Zwischenschaltung einer Feder angekuppelter Ölbremse mit verstellbarem Bremsenzylinder.

Aus der Bewegungsgleichung der Pendelmuffe:

$$M_M Y''_M = P_n - P_y - P_s = 2\,P_{MN} x_M - 2\,P_{MN} b_b y_M - C_f Y_{Mh}(y_M - u) \quad (4.34)$$

folgt mit Gl. (4.33) und mit den Abkürzungen:

$$\frac{M_M Y_{Mh}}{2P_{MN}} = T_f^2, \quad \frac{C_k}{C_f} = T_d \quad \text{und} \quad \frac{P_{s\max}}{2\,P_{MN}} = \frac{C_f Y_{Mh}}{2\,P_{MN}} = b_v$$

die Beziehung:

$$T_f^2 y''_M + (b_b + b_v) y_M = x + b_v u. \quad (4.35)$$

Durch Eliminieren von u und u' aus den Gln. (4.33) und (4.35) ergibt sich die Differential-Gleichung dieses Pendels zu:

$$T_f^2 T_d y'''_M + T_f^2 y''_M + T_d (b_b + b_v) y'_M + b_b y_M = T_d x'_M + x_M + T_d b_v s'. \quad (4.36)$$

Diese Gleichung unterscheidet sich von der Differentialgleichung (4.24) nur durch das Glied $T_d b_v s'$, das die Bewegung des Bremsenzylinders darstellt.

Um die Gleichung allgemein lösen zu können, muß s durch x_M oder y_M ausgedrückt werden. Es können aber angegeben werden:

a) der Frequenzgang F_{Mx} des Pendels für $s = 0$, also für im Raum feststehenden Bremsenzylinder; er ist identisch mit dem Frequenzgang F_{Mx} nach Gl. (4.25) eines Pendels mit unter Zwischenschaltung einer Feder angekuppelter Bremse:

$$F_{Mx} = \frac{y_M}{x_M} = \frac{T_d j\omega + 1}{T_f^2 T_d (j\omega)^3 + T_f^2 (j\omega)^2 + T_d (b_b + b_v) j\omega + b_b}. \quad (4.25)$$

Die Ortskurve ist eine im IV. und III. Quadrant verlaufende, halbkreisähnliche Kurve; sie beginnt für $\omega = 0$ im Punkt $\left(+\frac{1}{b_b}, 0\right)$ und endet für $\omega = \infty$ im Koordinatenursprung.

Die inverse Ortskurve verläuft im I. und II. Quadrant; sie beginnt für $\omega = 0$ im Punkt $(+\,b_b, 0)$ und läuft für $\omega = \infty$ nach $(-\infty, 0)$;

b) der Frequenzgang F_{Ms} der Pendelrückführung für $x_M = 0$, also für gleichbleibende Drehzahl:

$$F_{Ms} = \frac{y_M}{s} = \frac{T_d b_v j\omega}{T_f^2 T_d (j\omega)^3 + T_f^2 (j\omega)^2 + T_d (b_b + b_v) j\omega + b_b}. \quad (4.37)$$

Die Ortskurve verläuft im I., IV. und III. Quadrant; sie beginnt für $\omega = 0$ und endet für $\omega = \infty$ im Koordinatenursprung.

Die inverse Ortskurve verläuft im IV., I. und II. Quadrant; sie beginnt für $\omega = 0$ im Punkt $\left(+\frac{b_b + b_v}{b_v}, -\infty\right)$ und endet für $\omega = \infty$ im Punkt $(-\infty, +\infty)$.

4.26 P-Fliehkraftpendel mit verstellbarer Pendelfeder und mit unter Zwischenschaltung einer Feder angekuppelter Ölbremse mit verstellbarem Bremsenzylinder

Ein Fliehkraftpendel (Abb. 4.20) mit einer im Betrieb verstellbaren Federspannung der Pendelfeder (ähnlich der Ausführung nach Abb. 4.18) und mit einer Zusatzfeder mit Ölbremse und verstellbarem Bremsenzylinder (nach Abb. 4.19) stellt die allgemeinste Ausführung eines P-Pendels dar. Die Pendelfeder ist einerseits an der Pendelmuffe und

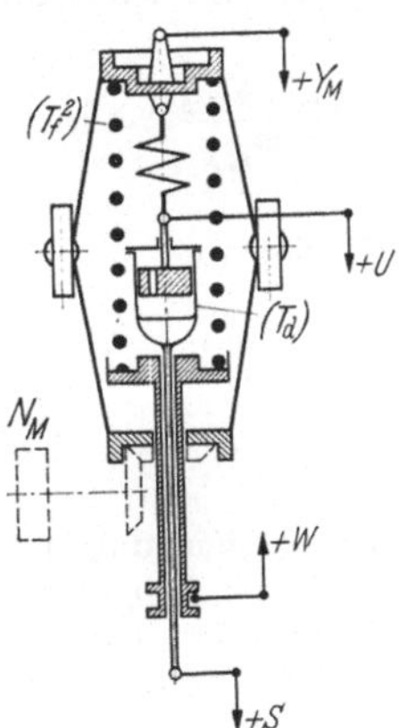

Abb. 4.20. P-Fliehkraftpendel mit verstellbarer Feder und mit unter Zwischenschaltung einer Feder angekuppelter Ölbremse mit verstellbarem Bremsenzylinder.

andererseits am Ausgangspunkt eines starren Gestänges befestigt; ihre Deformation wird somit nicht nur durch die Muffenabweichung $y_M = \frac{Y_M - Y_{M1}}{Y_{Mh}}$, sondern auch durch die Abweichung $w_M = \frac{W_M - W_{M1}}{W_{Mh}} = \frac{W_M - W_{M1}}{Y_{Mh}}$ des Befestigungspunktes am Gestänge bestimmt. Die positive Richtung von w_M wird dabei so festgelegt, daß einer Verschiebung $(+w_M)$ eine Drehzahlzunahme, also ein $(+x_M)$ entspricht. Die Federkraft P_y ergibt sich dann zu:

$$P_y = 2\,P_{MN} b_b (y_M + w_M)\,. \tag{4.38}$$

Die von der Zusatzfeder der Ölbremse erzeugte Kraft P_s wird nach Gl. (4.32) einerseits aus der Deformation $(Y_M - U)$ und andererseits aus der Relativgeschwindigkeit $(U' - S')$ des Kolbens im Bremsenzylinder bestimmt; sie wirkt auf die Muffe in entgegengesetzter Richtung von Y_M:

$$P_s = C_f(Y_M - U) = C_k(U' - S') \qquad (4.32)$$

oder mit $\frac{C_k}{C_f} = T_d$ und $S_h = U_h = Y_{Mh}$:

$$T_d u' + u = y_M + T_d s'. \qquad (4.33)$$

Aus der Bewegungsgleichung der Pendelmuffe:

$$M_M Y''_M = P_n - P_y - P_s$$
$$= 2 P_{MN} x_M - 2 P_{MN} b_b (y_M + w_M) - C_f Y_{Mh} (y_M - u) \qquad (4.39)$$

folgt mit Gl. (4.33) und mit den Abkürzungen:

$$\frac{M_M Y_{Mh}}{2 P_{MN}} = T_f^2, \qquad \frac{C_k}{C_f} = T_d \quad \text{und} \quad \frac{P_{s\max}}{2 P_{MN}} = \frac{C_f Y_{Mh}}{2 P_{MN}} = b_v$$

die Beziehung:

$$T_f^2 T_d y'''_M + T_f^2 y''_M + T_d (b_b + b_v) y'_M + b_b y_M$$
$$= T_d x'_M + x + T_d b_v s' - T_d b_b w'_M - b_b w_M. \qquad (4.40)$$

Diese Gleichung unterscheidet sich von Gl. (4.36) nur durch die Glieder der rechten Seite $T_d b_b w'_M$ und $b_b w_M$, die die Verstellung des beweglichen Endes der Pendelfeder darstellen; diese Verstellung, also Änderung der Pendelfederspannung, dient oft zur Sollwerteinstellung des Meßwerkes. w_M ist dann die Führungsgröße w.

Um Gl. (4.40) allgemein lösen zu können, müssen s und w_M durch x_M oder durch y_M ausgedrückt werden. Es können aber angegeben werden:

a) Der Frequenzgang F_{Mx} des Pendels für $s = 0$ und $w_M = 0$, also für im Raum feststehenden Bremsenzylinder und unveränderliche Sollwerteinstellung; er ist identisch mit dem Frequenzgang F_{Mx} nach Gl. (4.25) eines Pendels mit unter Zwischenschaltung einer Feder angekuppelter Ölbremse:

$$F_{Mx} = \frac{y_M}{x_M} = \frac{T_d j\omega + 1}{T_f^2 T_d (j\omega)^3 + T_f^2 (j\omega)^2 + T_d (b_b + b_v) j\omega + b_b}. \qquad (4.25)$$

Die Ortskurve ist eine im IV. und III. Quadrant verlaufende, halbkreisähnliche Kurve; sie beginnt für $\omega = 0$ im Punkt $\left(+\frac{1}{b_b}, 0\right)$ und endet für $\omega = \infty$ im Koordinatenursprung.

Die inverse Ortskurve verläuft im I. und II. Quadrant; sie beginnt für $\omega = 0$ im Punkt $(+b_b, 0)$ und läuft für $\omega = \infty$ nach $(-\infty, 0)$.

b) Der Frequenzgang F_{Ms} der Pendelrückführung für $x_M = 0$ und $w_M = 0$, also für gleichbleibende Drehzahl und unveränderliche Sollwerteinstellung; er ist identisch mit dem Frequenzgang F_{Ms} nach Gl. (4.37) eines Pendels mit unter Zwischenschaltung einer Feder angekuppelter Ölbremse mit verstellbarem Bremsenzylinder:

$$F_{Ms} = \frac{y_M}{s} = \frac{T_d b_v j\omega}{T_f^2 T_d (j\omega)^3 + T_f^2 (j\omega)^2 + T_d (b_b + b_v) j\omega + b_b}. \quad (4.37)$$

Die Ortskurve verläuft im I., IV. und III. Quadrant; sie beginnt für $\omega = 0$ und endet für $\omega = \infty$ im Koordinatenursprung.

Die inverse Ortskurve verläuft im IV., I. und II. Quadrant; sie beginnt für $\omega = 0$ im Punkt $\left(+\frac{b_b + b_v}{b_v}, -\infty\right)$ und läuft für $\omega = \infty$ nach $(-\infty, +\infty)$.

c) Der Frequenzgang F_{Mw} der Sollwerteinstellung für $x_M = 0$ und $s = 0$, also für gleichbleibende Drehzahl und für im Raum feststehenden Bremsenzylinder:

$$F_{Mw} = \frac{y_M}{w_M} = \frac{-T_d b_b j\omega - b_b}{T_f^2 T_d (j\omega)^3 + T_f^2 (j\omega)^2 + T_d (b_b + b_v) j\omega + b_b}. \quad (4.41)$$

Die Ortskurve verläuft im II. und I. Quadrant; sie beginnt für $\omega = 0$ im Punkt $(-1, 0)$ und endet für $\omega = \infty$ im Koordinatenursprung.

Die inverse Ortskurve verläuft im III. und IV. Quadrant; sie beginnt für $\omega = 0$ im Punkt $(-1, 0)$ und läuft für $\omega = \infty$ nach $(+\infty, 0)$.

4.3 *I*-Drehzahlmeßwerke

Geht bei einem P-Pendel nach Abb. 4.07 der P-Bereich $x_{Mp} \to 0$, so werden der Beiwert $b_b = 0$ und die Kraft $P_y = 0$. Die $P_F(Y_M)$-Gerade fällt im ganzen Bereich von $Y_M = 0$ bis $Y_M = Y_{Mh}$ mit der $P_M(N_N, Y_M)$-Geraden für die Solldrehzahl N_N zusammen.

Wie bereits erwähnt wurde, werden I-Drehzahlmeßwerke für Drehzahlregler nicht verwendet.

4.4 Beschleunigungsmeßwerke

4.41 Beschleunigungspendel ohne Dämpfung

Bei manchen Turbinenreglern wird außer einem Drehzahlmeßwerk ein Beschleunigungsmeßwerk, das $x'_M = \frac{1}{\omega_{MN}} \frac{d\omega}{dt} = \frac{1}{N_N} \frac{dN}{dt}$ mißt, verwendet. Ein mechanisches Beschleunigungsmeßwerk besteht in der Regel aus einem Schwungring, der unter Zwischenschaltung eines Drehmomentenmessers, z. B. in Form von Federspeichen oder eines Torsionsstabes, von der Antriebswelle des Fliehkraftpendels angetrieben wird.

Im Beharrungszustand ist die Winkelgeschwindigkeit $\omega_{R1} = \varphi'_{R1}$ des Schwungringes gleich der Winkelgeschwindigkeit $\omega_{A1} = \varphi'_{A1}$ der Antriebswelle und das Federzwischenglied hat dabei nur das vernach-

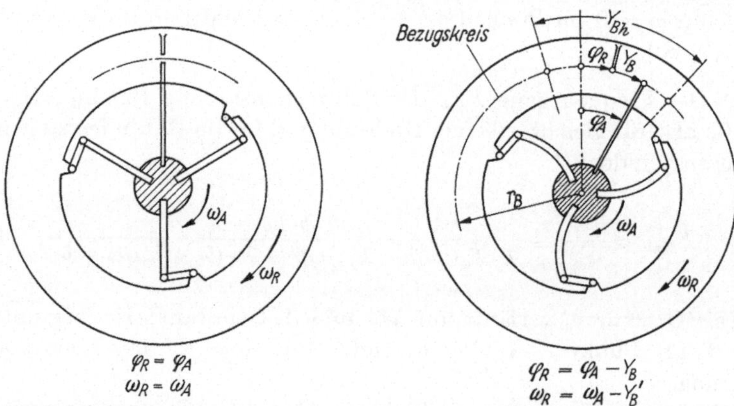

Abb. 4.21 u. 4.22. Beschleunigungspendel im Beharrungszustand und während eines Regelvorganges.

lässigbar kleine, von der Luftreibung am Schwungring herrührende Drehmoment zu übertragen; der Schwungring ist in seiner Mittellage gegenüber der Antriebswelle (Abb. 4.21); das von der Antriebswelle auf den Schwungring übertragene Beschleunigungsmoment $M_B = 0$.

Wird die Winkelgeschwindigkeit ω_{A1} geändert, z. B. um $+d\omega$ auf $\omega_A = \omega_{A1} + d\omega$ erhöht, so muß auch der Schwungring auf die Winkelgeschwindigkeit $\omega_R = \omega_A = \omega_{A1} + d\omega$ des neuen Zustandes beschleunigt werden; das dafür erforderliche Beschleunigungsmoment M_B ermittelt sich mit dem polaren Trägheitsmoment I_p des Schwungringes und seiner Winkelbeschleunigung ω'_R zu:

$$M_B = I_p \omega'_R. \qquad (4.42)$$

Die Momentenübertragung von der Antriebswelle auf den Schwungring bewirkt eine Deformation der Federspeichen und eine Änderung der Ausgangsgröße um $(\varphi_A - \varphi_R) = Y_B$. Kann im ganzen Meßbereich des Beschleunigungspendels von $Y_B = 0$ bis $Y_B = Y_{Bh}$ die $M_B(Y_B)$-Kurve durch eine Gerade (oder in einzelnen Teilabschnitten davon durch mehrere Geraden) ersetzt werden (Abb. 4.23), so ergibt sich das Beschleunigungsmoment M_B aus dem Auslenkungsgrad $y_B = \frac{Y_B}{Y_{Bh}}$ der Antriebswelle gegenüber dem Schwungring zu:

$$M_B = M_{B\max}\, y_B. \tag{4.43}$$

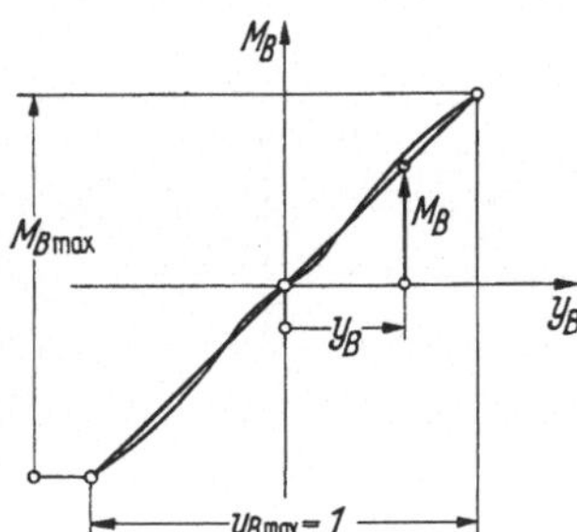

Abb. 4.23.
$M_B(y_B)$-Kurve und ihre Ersatzgrade.

Die Winkelbeschleunigung $\omega_R' = \varphi_R''$ des Schwungringes während eines Regelungsvorganges berechnet sich aus $\varphi_R = \varphi_A - Y_B$ (Abb. 4.22) zu:

$$\omega_R' = \omega_A' - Y_B'', \tag{4.44}$$

oder in dimensionslosen, auf die Nennwinkelgeschwindigkeit ω_N bezogenen Werten:

$$\frac{\omega_R'}{\omega_N} = \frac{\omega_A'}{\omega_N} - \frac{Y_B''}{Y_{Bh}}\,\frac{Y_{Bh}}{\omega_N} = x_M' - \frac{Y_{Bh}}{\omega_N}\, y_B''. \tag{4.45}$$

Durch Eliminieren von M_B und ω_R' aus den Gl. (4.42), (4.43) und (4.45) ergibt sich mit $\frac{I_P Y_{Bh}}{M_{B\max}} = T_{fB}^2$ und $\frac{I_P \omega_N}{M_{B\max}} = T_n$ die Differentialgleichung des Beschleunigungspendels zu:

$$T_{fB}^2\, y_B'' + y_B = T_n x_M'. \tag{4.46}$$

Der Frequenzgang F_B ergibt sich aus Gl. (4.46) zu:

$$F_B = \frac{T_n\, j\omega}{T_{fB}^2 (j\omega)^2 + 1} = \frac{T_n\, j\omega}{1 - T_{fB}^2\, \omega^2}. \tag{4.47}$$

Da in der Differentialgleichung (4.46) das Glied x_M bzw. im Zähler des Frequenzganges (4.47) das Glied $(j\omega)^\circ = 1$ fehlt, ist das Beschleunigungspendel ein *D-Regelkreisglied* (vgl. Ziff. 1.3).

Die Ortskurve fällt mit der imaginären Koordinatenachse zusammen (Abb. 4.24); sie beginnt für $\omega = 0$ im Koordinatenursprung und läuft über $(0, +\infty)$, $(0, -\infty)$ $\left(\text{bei } \omega_e = \frac{1}{T_{fB}}\right)$ für $\omega = \infty$ in den Koordinatenursprung.

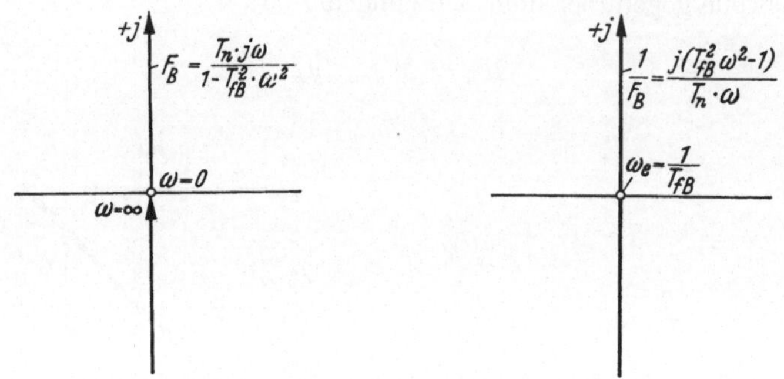

Abb. 4.24 u. 4.25. Ortskurve $F_B(j\omega)$ und inverse Ortskurve $\frac{1}{F_B(j\omega)}$ eines Beschleunigungspendels ohne Dämpfung.

Die inverse Ortskurve fällt ebenfalls mit der imaginären Koordinatenachse zusammen (Abb. 4.25); sie beginnt für $\omega = 0$ im Punkt $(0, -\infty)$ und läuft durch den Koordinatenursprung $\left(\text{bei } \omega_e = \frac{1}{T_{fB}}\right)$ für $\omega = \infty$ nach $(0, +\infty)$.

4.42 Beschleunigungspendel mit Dämpfung

Auch ein Beschleunigungspendel nach Abb. 4.21 kann, in ähnlicher Weise wie ein Drehzahlpendel, mit einer Dämpfungseinrichtung versehen werden, die ein genügend großes, der jeweiligen Relativbewegung y_B entgegenwirkendes, sich proportional mit y'_B änderndes Drehmoment erzeugt.

Die Differentialgleichung eines solchen Beschleunigungspendels mit Dämpfung hat dann die Form:

$$T_{fB}^2 \, y''_B + T_{dB} y'_B + y_B = T_n x'_M. \tag{4.48}$$

Der Frequenzgang F_B ergibt sich aus Gl. (4.48) zu:

$$F_B = \frac{y_B}{x_M} = \frac{T_n \, j\omega}{T_{fB}^2 (j\omega)^2 + T_{dB} \, j\omega + 1}. \tag{4.49}$$

Die Ortskurve ist ein Kreis im I. und IV. Quadrant mit dem Mittelpunkt auf der positiven reellen Koordinatenachse (Abb. 4.26); sie beginnt für $\omega = 0$ im Koordinatenursprung, schneidet die reelle Koordinatenachse bei $\omega_e = \dfrac{1}{T_{fB}}$ und endet für $\omega = \infty$ im Koordinatenursprung.

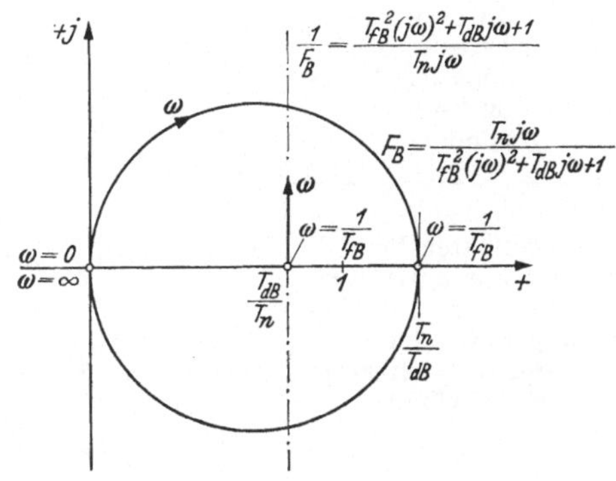

Abb. 4.26. Ortskurve $F_B(j\omega)$ und inverse Ortskurve $\dfrac{1}{F_B(j\omega)}$ eines Beschleunigungspendels mit Dämpfung.

Die inverse Ortskurve ist eine Parallele zur imaginären Koordinatenachse im IV. und I. Quadrant (Abb. 4.26); sie beginnt für $\omega = 0$ im Punkt $\left(+\dfrac{T_{dB}}{T_n}, -\infty\right)$ und läuft für $\omega = \infty$ nach $\left(+\dfrac{T_{dB}}{T_n}, +\infty\right)$.

4.5 Zusammenfassung

Eingangsgröße = Drehzahlabweichung x_M

Ausgangsgröße:

bei Drehzahlmeßwerken = Pendelmuffenabweichung y_M,

bei Beschleunigungsmeßwerken = Schwungringabweichung y_B.

Fliehkraftpendel

ohne Dämpfung	$F_M = \dfrac{1}{T_f^2 (j\omega)^2 + b_b}$
mit starr angekuppelter Ölbremse und mit im Raum feststehendem Bremsenzylinder	$F_M = \dfrac{1}{T_f^2 (j\omega)^2 + T_d j\omega + b_b}$
mit unter Zwischenschaltung einer Feder angekuppelter Ölbremse, mit im Raum feststehendem Bremsenzylinder	$F_M = \dfrac{T_d j\omega + 1}{T_f^2 T_d (j\omega)^3 + T_f^2 (j\omega)^2 + T_d (b_b + b_v) j\omega + b_b}$

mit verstellbarer (rückführbarer) Zusatzfeder	$F_{Mx} = \frac{1}{T_j^2 (j\omega)^2 + (b_b + b_w)}$ $F_{Mw} = \frac{- b_w}{T_j^2 (j\omega)^2 + (b_b + b_w)}$
mit unter Zwischenschaltung einer Feder angekuppelter Ölbremse, mit verstellbarem Bremsenzylinder	$F_{Mx} = \frac{T_d j\omega + 1}{T_j^2 T_d (j\omega)^3 + T_j^2 (j\omega)^2 + T_d (b_b + b_v) j\omega + b_b}$ $F_{Ms} = \frac{T_d b_v j\omega}{T_j^2 T_d (j\omega)^3 + T_j^2 (j\omega)^2 + T_d (b_b + b_v) j\omega + b_b}$
mit verstellbarer Pendelfeder und mit unter Zwischenschaltung einer Feder angekuppelter Ölbremse, mit verstellbarem Bremsenzylinder	$F_{Mx} = \frac{T_d j\omega + 1}{T_j^2 T_d (j\omega)^3 + T_j^2 (j\omega)^2 + T_d (b_b + b_v) j\omega + b_b}$ $F_{Ms} = \frac{T_d b_v j\omega}{T_j^2 T_d (j\omega)^3 + T_j^2 (j\omega)^2 + T_d (b_b + b_v) j\omega + b_b}$ $F_{Mw} = \frac{- T_d b_b j\omega - b_b}{T_j^2 T_d (j\omega)^3 + T_j^2 (j\omega)^2 + T_d (b_b + b_v) j\omega + b_b}$

Beschleunigungspendel

ohne Dämpfung	$F_B = \frac{T_n j\omega}{T_{jB}^2 (j\omega)^2 + 1}$
mit Dämpfung	$F_B = \frac{T_n j\omega}{T_{jB}^2 (j\omega)^2 + T_{dB} j\omega + 1}$

5. Verstärker

5.1 Arten von Verstärkern

Der *Verstärker* hat die Aufgabe, die Bewegungen des Ausgangspunktes des Meßwerkes auf das Stellglied der Regelstrecke zu übertragen. Es müssen dabei, je nach Größe der *Regulierarbeit* und somit der benötigten *Stellkräfte*, die verhältnismäßig kleine Stellkraft und das geringe Arbeitsvermögen des Meßwerkes in einem *ein-*, *zwei-* oder *mehrstufigen Verstärker* entsprechend vervielfacht werden. Für diese Verstärkung muß eine eigene (fremde) *Hilfsenergiequelle* benutzt werden. Als Hilfsenergie wird benutzt:

a) Drucköl,

b) Druckluft,

c) elektrische Energie.

Für große Stellkräfte und kleine Stellzeiten, wie sie bei Drehzahlreglern von Wasserturbinen verlangt werden, eignen sich am besten mit Drucköl betriebene Verstärker, die nachstehend näher erläutert werden sollen.

Ein *Verstärker-Element* für Drucköl als Hilfsenergie besteht aus einem *Kraftschalter* und einem *Stellmotor*[1]; durch Hintereinanderschalten (Reihenschalten) einiger Verstärker-Elemente wird die gewünschte Stellkraft erreicht. Es können dabei zwischen einzelnen Elementen Rückführungen angeordnet werden, d. h. verschiedene Gestänge, als Regelkreisglieder, gegengeschaltet werden. Die Pendelmuffe wird mit dem Steuerschieber des ersten Verstärker-Elementes verbunden. Die Auslenkung $x_V = \frac{X_V - X_{V1}}{X_{Vh}}$ des Steuerschiebers aus seiner Beharrungslage, die in der Regel seine Mittellage ist, stellt die Eingangsgröße, die Abweichung $y_V = \frac{Y_V - Y_{V1}}{Y_{Vh}}$ des Stellkolbens des Stellmotors aus seiner jeweiligen Beharrungslage, die Ausgangsgröße dar. Es bedeuten dabei: X_{Vh} den Hub des Steuerschiebers, Y_{Vh} den Hub des Stellmotors.

[1] Früher auch Servomotor genannt.

5.2 Einstufige Verstärker mit Drucköl als Hilfsenergie

5.21 Verstärker-Element ohne Rückführung

Das einfachste Verstärker-Element besteht aus einem *Doppelkolbenschieber mit 4 Steuerkanten* als Kraftschalter und einem *doppelt wirkenden Kolbenmotor* als Stellmotor (Abb. 5.01). Durch Verstellen des Steuerschiebers aus seiner Mittellage werden in der Steuerhülse Durchflußspalte freigegeben, durch die das Drucköl auf die eine Seite des Stellmotorkolbens geleitet wird und der Ölabfluß aus dem Arbeitsraum der anderen Seite des Stellmotorkolbens ermöglicht wird. Die $Q(X_V)$-Kurve,

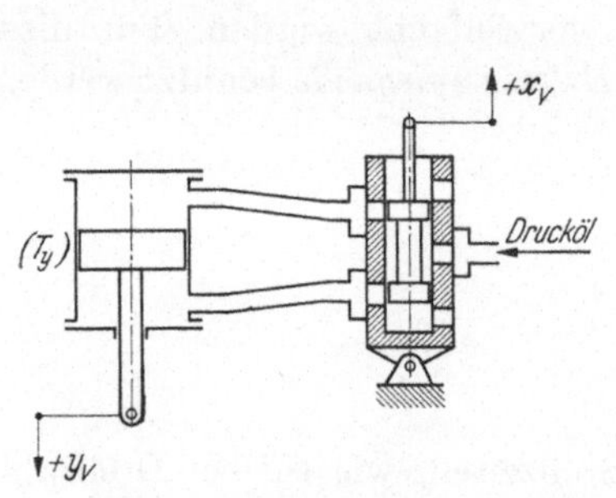

Abb. 5.01. Verstärker-Element ohne Rückführung.

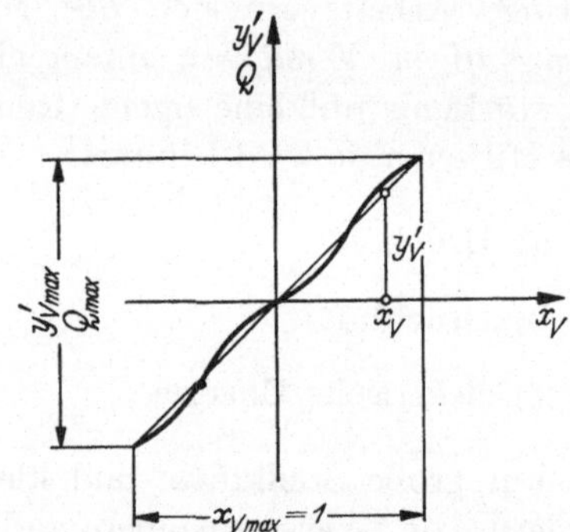

Abb. 5.02. $(y'_V x_V)$-Kurve und ihre Ersatzgrade.

die den Zusammenhang zwischen der Steuerschieber-Abweichung X_V und dem Druckölstrom Q darstellt, wird dabei entweder im ganzen Bereich zwischen $X_V = -\frac{1}{2} X_{Vh}$ und $X_V = +\frac{1}{2} X_{Vh}$ durch eine Gerade[1] oder in einzelnen Teilabschnitten davon durch mehrere Geraden ersetzt (Abb. 5.02). Da andererseits nach der Kontinuitätsgleichung die

[1] Bei Verstärkern für sehr lange Schließzeiten, wie sie z. B. bei Wasserkraftanlagen mit langen Druckrohrleitungen verlangt werden, wird die Stellgeschwindigkeit oft durch Einbau von Drosselscheiben in die Steuerleitungen begrenzt. Der Zusammenhang zwischen der Kraftschalterauslenkung x_V und der Stellgeschwindigkeit y'_V ist durch die in Abb. 6.23 dargestellte Kurve gegeben. Linearität besteht nur für den mehr oder weniger schmalen Streifen $\pm x_{VL}$, der gewöhnlich um so schmäler ist, je kleiner die tatsächliche größte Stellgeschwindigkeit gewählt wurde. Für Stabilitätsuntersuchungen, bei denen es sich immer um die Betrachtung kleiner Schwingungen handelt, muß die Steigung der $y'_V(x_V)$-Kurve im Koordinatenursprung dieses Diagramms für die Bestimmung von $T_y = \frac{1}{y'_{\max}}$ herangezogen werden.

Geschwindigkeit Y'_V des Stellkolbens bzw. ihre bezogene Größe $y'_V = \frac{Y'_V}{Y_{Vh}}$ dem Druckölstrom proportional ist, ergibt sich der Zusammenhang zwischen y'_V und x_V zu:

$$y'_V = \frac{y'_{V\max}}{x_{V\max}} x_V. \tag{5.01}$$

Aus Gl. (5.01) folgt mit

$$\frac{1}{y'_{V\max}} = \frac{Y_{Vh}}{Y'_{V\max}} = T_y \quad \text{und} \quad x_{V\max} = 1$$

die Differentialgleichung dieses Verstärker-Elements zu:

$$T_y y'_V = x_V. \tag{5.02}$$

Der Frequenzgang ergibt sich aus Gl. (5.02) zu:

$$F_V = \frac{1}{T_y j\omega}. \tag{5.03}$$

Die Ortskurve fällt mit der negativen, imaginären Koordinatenachse zusammen; sie beginnt für $\omega = 0$ im Punkt $(0, -\infty)$ und endet für $\omega = \infty$ im Koordinatenursprung.

Die inverse Ortskurve fällt mit der positiven, imaginären Koordinatenachse zusammen; sie beginnt für $\omega = 0$ im Koordinatenursprung und läuft für $\omega = \infty$ nach $(0, +\infty)$.

Die Übergangsfunktion ergibt sich als Lösung der Differentialgleichung (5.02) mit $x_V = 1$:

$$y_{V\ddot{u}}(t) = \frac{1}{T_y} t + C_1. \tag{5.04}$$

Aus der Randbedingung:

für $t = 0$ ist $y_{V\ddot{u}}(0) = 0$ der Stellkolben ist noch in der Beharrungslage

folgt:

$$C_1 = 0.$$

Die Übergangsfunktion für dieses Verstärker-Element lautet somit:

$$y_{V\ddot{u}}(t) = \frac{1}{T_y} t. \tag{5.05}$$

$y_{V\ddot{u}}(t)$ stellt eine gegen die Abszisse geneigte Gerade dar.

Die $Q(x_V)$-Kurve des beschriebenen Kraftschalters kann oft mit ausreichender Genauigkeit mit Hilfe der Beziehung:

$$Q = \frac{1}{\sqrt{\zeta}} A_N \sqrt{\frac{2 P_{e,a}}{\varrho}} \qquad \mathrm{m^3 s^{-1}} \tag{5.06}$$

berechnet werden.

Darin sind:

ϱ die Dichte des Drucköles in kg m^{-3},

A_N der Nenndurchflußquerschnitt des Kraftschalters bei voller Öffnung in m^2,

$P_{e,a}$ der Druckabfall im Kraftschalter in kg m^{-1} s^{-2},

$\frac{1}{\sqrt{\zeta}}$ die Durchflußzahl des Kraftschalters, eine Funktion des Öffnungsgrades $x_V = \frac{X_V}{X_{Vh}}$.

Für einen Kraftschalter nach Abb. 5.04 mit rechteckigem Durchflußquerschnitt $A_N = 2B\,\frac{X_{Vh}}{2} = BX_{Vh}$ ist die Durchflußzahl $\frac{1}{\sqrt{\zeta}}$ als Funktion des Öffnungsgrades x_V im Diagramm, Abb. 5.03 wiedergegeben. Zwecks leichterer und genauerer Herstellung sind die Durchflußöffnungen in die Kraftschalterhülse von außen eingefräst.

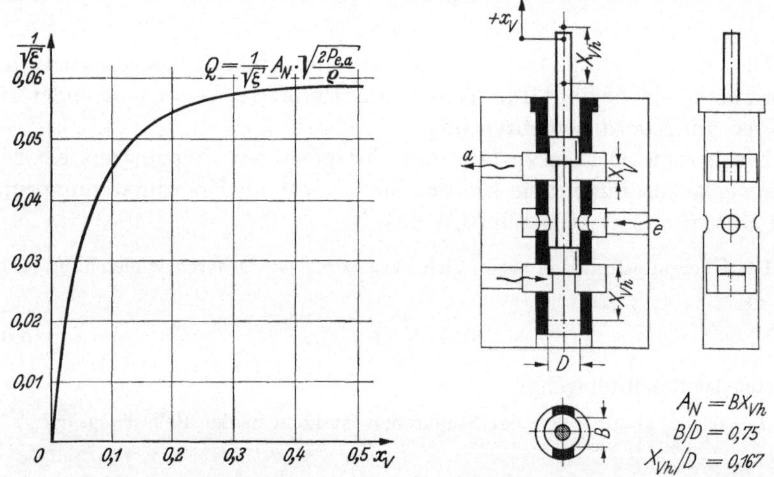

Abb. 5.03 u. 5.04. Durchflußzahl $\frac{1}{\sqrt{\zeta}}$ für einen Kraftschalter mit rechteckigem Durchflußquerschnitt. $A_N = B \cdot X_{Vh}$; $B/D = 0{,}75$; $X_{Vh}/D = 0{,}167$.

Außer der beschriebenen Konstruktion für das Verstärker-Element ohne Rückführung werden unter anderen noch folgende Ausführungen verwendet.

5.211 Strahlrohr-Kraftschalter in der Druckölzuleitung und doppeltwirkender Stellkolben (Askania-Rohr). Der Kraftschalter ist als ein sehr leicht bewegliches *Strahlrohr* ausgebildet, durch das ständig ein konstanter Ölstrom Q_z fließt (Abb. 5.05). In der Mittellage des Strahlrohres sind beiden Arbeitsräumen des Stellmotors gleiche Zuflußquerschnitte und gleiche Abflußquerschnitte zugeordnet; der durch das Strahlrohr einem Arbeitsraum zugeleitete Ölstrom fließt dabei durch den Abflußquerschnitt wieder ab und der Stellkolben bleibt in Ruhe. Wird das Strahlrohr z. B. um $+x_V$ aus der Mittellage ausgelenkt, so wird einer Stellkolbenseite mehr Öl zugeleitet und gleichzeitig ihr Abflußquerschnitt verringert, was mit einem Rückgang des Abflußstromes verbunden ist. Der anderen Stellkolbenseite wird weniger Öl zugeleitet, während der Abflußstrom infolge Vergrößerung des Abflußquerschnittes größer wird. Der Stellkolben bewegt sich nun mit der Geschwindigkeit y_V', die proportional x_V ist. Mit $y_V' \sim x_V$ ergibt sich Gl. (5.02).

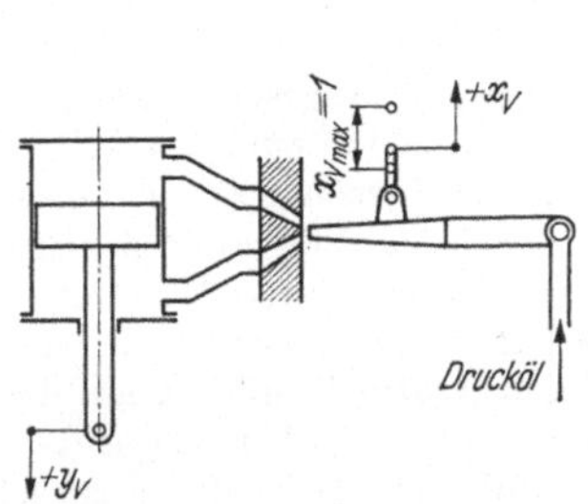

Abb. 5.05. Strahlrohr-Kraftschalter (Askania-Strahlrohr) in der Druckölzuleitung eines doppeltwirkenden Stellkolbens.

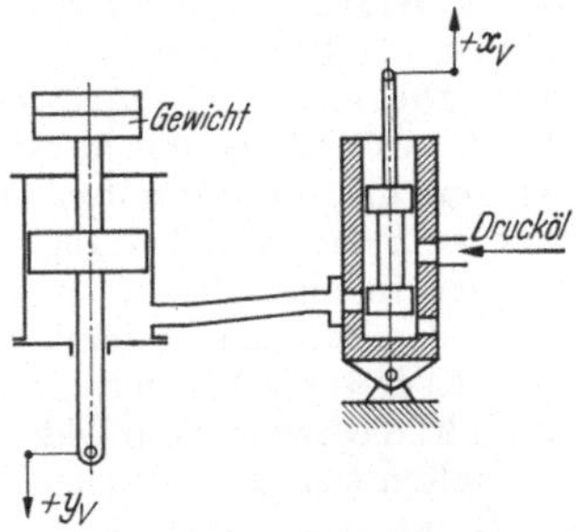

Abb. 5.06. Kraftschalter in der Druckölzuleitung eines einfachwirkenden Stellkolbens mit Gewicht.

5.212 Kraftschalter in der Druckölzuleitung und einfach wirkender Stellkolben. Der einfach wirkende Stellkolben wird durch Drucköl geöffnet und durch eine konstante Kraft — ein Gewicht, eine weiche Feder oder Wasserdruck aus der Druckleitung — geschlossen (Abb. 5.06). Die Stellkolbengeschwindigkeit y_V' ist dem in den Arbeitsraum fließenden bzw. aus dem Arbeitsraum abfließenden Ölstrom Q proportional. Mit der Annahme $Q \sim x_V$ und somit $y_V' \sim x_V$ ergibt sich Gl. (5.02).

5.213 Kraftschalter in der Abflußleitung und einfach wirkender Stellkolben. Der einfach wirkende Stellkolben wird durch Drucköl geöffnet und durch eine konstante Kraft — ein Gewicht, eine weiche Feder oder Wasserdruck aus der Druckrohrleitung — geschlossen (Abb. 5.07). In den Arbeitsraum fließt ständig ein

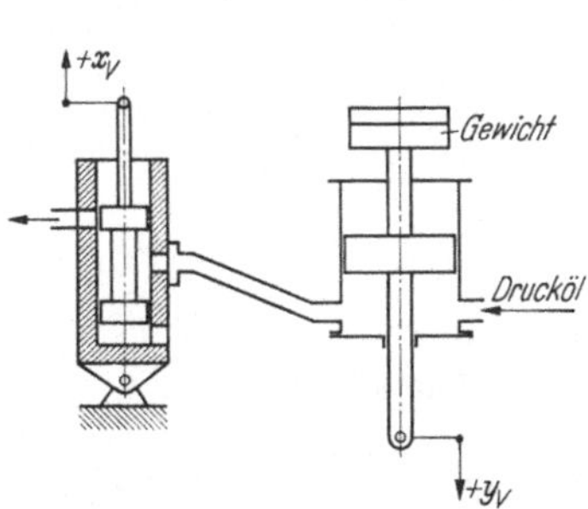

Abb. 5.07. Kraftschalter in der Ölabflußleitung eines einfachwirkenden Stellkolbens mit Gewicht.

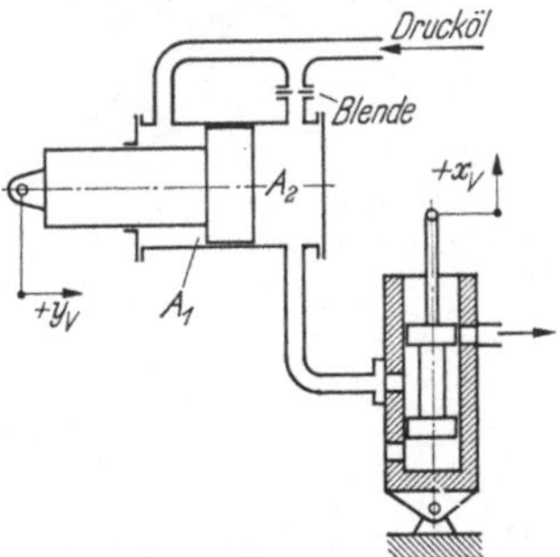

Abb. 5.08. Kraftschalter in der Ölabflußleitung eines Stufenstellkolbens.

konstanter Ölstrom Q_z; der Kraftschalter ist in der Abflußleitung angeordnet. Im Beharrungszustand steht der Steuerschieber in der Mittellage und seine Drosselwirkung ist gerade so groß, daß der Abflußstrom Q_a gleich dem Zuflußstrom Q_z ist, also daß $(Q_z - Q_a) = 0$ ist. Wird durch Verschieben des Steuerschiebers aus der Mittellage z. B. um $+x_V$ die Drosselwirkung geändert und der Abflußstrom vergrößert, so wird $(Q_z - Q_a) < 0$ und der Stellkolben bewegt sich in der Schließrichtung mit der Geschwindigkeit y'_V, die proportional $(Q_z - Q_a)$ gesetzt werden kann. Mit der Annahme $(Q_z - Q_a) \sim x_V$ und somit $y'_V \sim x_V$ ergibt sich Gl. (5.02).

5.214 Kraftschalter in der Abflußleitung und Stufenkolben. Der Stellkolben ist als Stufenkolben mit einem Flächenverhältnis $A_1 : A_2 = 1:2$ ausgebildet (Abb. 5.08). Beide Arbeitsräume sind durch eine gemeinsame Druckleitung an eine Druckölpumpe mit konstantem Förderstrom Q_z angeschlossen; in die Zuleitung zum größeren Arbeitsraum *2* ist eine Drosselblende eingebaut. Der Kraftschalter ist in der Abflußleitung, die ebenfalls am Arbeitsraum *2* angeschlossen ist, angeordnet. In einem Beharrungszustand steht der Steuerschieber in der Mittellage und gibt den für den Durchfluß des gesamten Förderstromes Q_z erforderlichen Querschnitt frei; die Drosselverluste im Kraftschalter und in der Blende sind dabei gleich groß; die beiden vom Öldruck herrührenden Kräfte P_1 und P_2 auf den Stellkolben halten sich das Gleichgewicht. Wird der Steuerschieber aus seiner Mittellage z. B. um $+x_V$ verschoben, so wird der Abflußquerschnitt des Kraftschalters vergrößert und seine Drosselwirkung herabgesetzt; aus dem Arbeitsraum *2* fließt nunmehr mehr Öl ab als zu, was eine Abnahme von P_2 zur Folge hat. Unter der Wirkung der frei gewordenen Kraft $(P_1 - P_2)$ bewegt sich der Stellkolben nach rechts (Abb. 5.08); seine Geschwindigkeit y'_V kann dabei proportional der Zunahme des Ölabflusses gesetzt werden. Mit $y'_V \sim x_V$ ergibt sich dann Gl. (5.02).

5.215 Regelbare Ölpumpe als Kraftschalter (Escher-Wyss-Rollenpumpe). Der Ölförderstrom einer regelbaren Rotationspumpe nach Abb. 5.09 kann im ganzen Bereich von $Q = 0$ bis $Q = Q_N$, oder in einzelnen Teilabschnitten davon, proportional der Auslenkung x_V der Einrichtung angenommen werden, mit der die Exzentrizität des Pumpenläufers im Gehäuse verstellt und der Förderstrom geändert wird. Mit $Q \sim x_V$ und somit $y'_V \sim x_V$ ergibt sich Gl. (5.02).

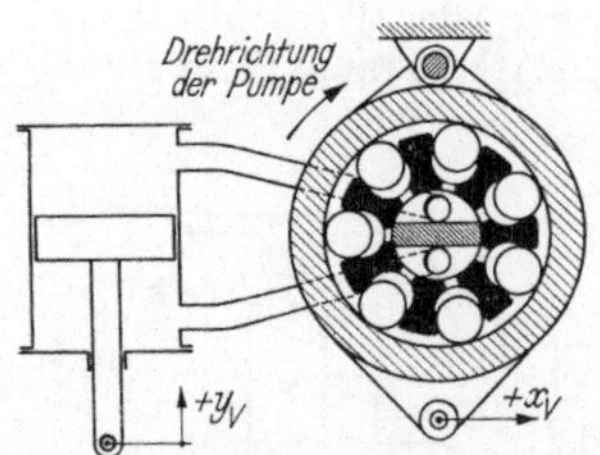

Abb. 5.09. Regelbare Ölpumpe als Kraftschalter (Escher-Wyss-Rollenpumpe).

5.22 Verstärker-Element mit Rückführung

Wird am Verstärker-Element nach Abb. 5.01 die Steuerhülse des Kraftschalters beweglich ausgeführt und z. B. durch ein starres Gestänge mit dem Stellkolben verbunden (Abb. 5.10), so wird der Durchflußspalt, der den Ölstrom Q bestimmt, nicht nur von der Steuerschieberabweichung x_V, sondern auch von der Steuerhülsenauslenkung u gebildet; es ist dann $Q = Q(x_V + u)$. Dabei sind der Steuerhülsenhub $U_h = X_{Vh}$ und die positive Richtung von u so gewählt, daß eine Abweichung um $(+u)$ die gleiche Wirkung hat wie eine Auslenkung des Steuerschiebers um $(+x_V)$.

Wird wiederum die $Q(x_V + u)$-Kurve und somit die $y'_V(x_V + u)$-Kurve im ganzen Bereich von $X_V = 0$ bis $X_V = X_{Vh}$ durch eine Gerade oder in Teilabschnitten davon durch einige Geraden ersetzt, so ergibt sich mit $\frac{1}{y'_{V\max}} = T_y$ die Differentialgleichung dieses Verstärker-Elements zu:

$$T_y y'_V = x_V + u. \tag{5.07}$$

Um Gl. (5.07) allgemein lösen zu können, muß u durch y_V oder durch x_V ausgedrückt werden. Es können aber der Frequenzgang F_{Vx} für $u = 0$, also für eine im Raum feststehende Steuerhülse, und der Frequenzgang F_{Vu} für $x_V = 0$, also für einen im Raum feststehenden Steuerschieber, angegeben werden. F_{Vx} ist dabei gleich F_{Vu} und identisch mit dem Frequenzgang F_V nach Gl. (5.03):

$$F_{Vx} = F_{Vu} = F_V = \frac{1}{T_y\, j\omega}. \tag{5.03}$$

5.23 Verstärker-Element mit starrer Rückführung

Wird am Verstärker-Element nach Abb. 5.10 die Rückführung vom Stellkolben als starres Gestänge mit einer verstellbaren Übersetzung b_r ausgebildet, so ist der Zusammenhang zwischen y_V und u nach Gl. (3.03) unter Berücksichtigung des Vorzeichens:

$$u = -b_r y_V. \tag{5.08}$$

Die Differentialgleichung dieses Verstärker-Elements ergibt sich aus den Gln. (5.07) und (5.08) durch Eliminieren von u zu:

$$T_y y'_V + b_r y_V = x_V. \tag{5.09}$$

Der Frequenzgang F_V ergibt sich aus Gl. (5.09) zu:

$$F_V = \frac{1}{T_y\, j\omega + b_r}. \tag{5.10}$$

F_V kann auch nach Gl. (2.20) aus dem Frequenzgang F_a des Verstärkerelements ohne Rückführung:

$$F_a = \frac{1}{T_y\, j\omega} \tag{5.03}$$

und dem Frequenzgang F_{ru} des starren Rückführgestänges mit Übersetzung nach Gl. (3.04) für $b_r < 0$:

$$F_{ru} = -b_r \tag{3.04}$$

ermittelt werden (Abb. 5.11):

$$F_V = \frac{1}{\frac{1}{F_a} - F_{ru}} = \frac{1}{T_y\, j\omega + b_r}. \tag{5.10}$$

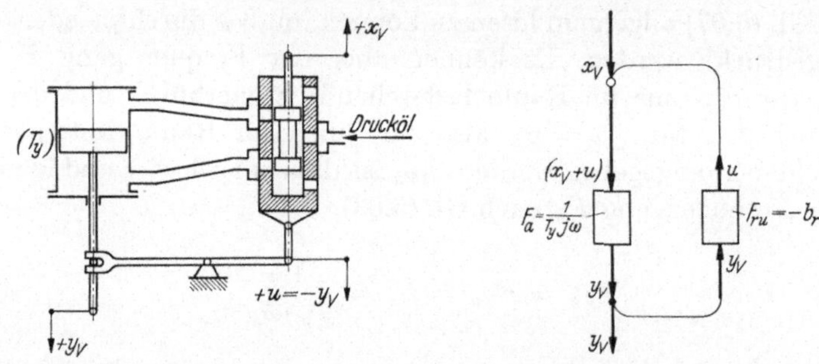

Abb. 5.10 u. 5.11. Verstärker-Element mit starrer Rückführung und sein Blockschaltbild.

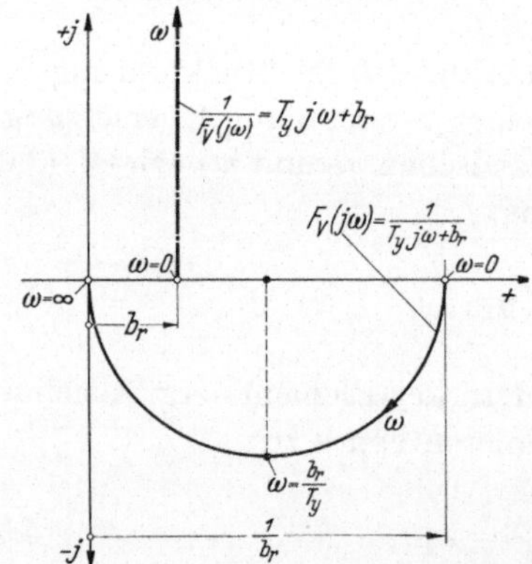

Abb. 5.12. Ortskurve $F_V(j\omega)$ und inverse Ortskurve $\frac{1}{F_V(j\omega)}$ des Verstärker-Elements nach Abb. 5.10.

Die Ortskurve ist ein Halbkreis im IV. Quadrant (Abb. 5.12); sie beginnt für $\omega = 0$ im Punkt $\left(+\frac{1}{b_r}, 0\right)$ und endet für $\omega = \infty$ im Koordinatenursprung.

Die inverse Ortskurve ist eine Parallele zur positiven, imaginären Koordinatenachse im Abstand $(+b_r)$ (Abb. 5.12); sie beginnt für $\omega = 0$ im Punkt $(+b_r, 0)$ und endet für $\omega = \infty$ im Punkt $(+b_r, +\infty)$.

Die Übergangsfunktion ergibt sich als Lösung der Differentialgleichung (5.09) mit $x_V = 1$:

$$y_{V\ddot{u}}(t) = \frac{1}{b_r} + C_1 e^{-\frac{b_r}{T_v}t}. \tag{5.11}$$

Aus der Randbedingung:

für $t = 0$ ist $y_{V\ddot{u}}(0) = 0$ der Stellkolben ist noch in der Beharrungslage

folgt:

$$C_1 = -\frac{1}{b_r}.$$

Die Gleichung der Übergangsfunktion lautet somit:

$$y_{V\ddot{u}}(t) = \frac{1}{b_r} \cdot \left[1 - e^{-\frac{b_r}{T_v}t}\right]. \tag{5.12}$$

$y_{V\ddot{u}}(t)$ stellt eine nach der e-Potenz gegen den Endwert $y_{V\ddot{u}}(\infty) = \frac{1}{b_r}$ verlaufende Kurve dar.

Außer der beschriebenen Konstruktion für das Verstärker-Element mit starrer Rückführung werden unter anderen noch folgende Ausführungen verwendet.

5.231 Kraftschalter in der Abflußleitung und einfach wirkender Stellkolben mit steifer Feder. Der einfach wirkende Stellkolben wird durch Drucköl geöffnet und durch eine mit der Stellung des Stellkolbens veränderlichen Kraft, z. B. durch eine steife Feder mit $\frac{P_{F\max}}{P_{F\min}} > 1$ geschlossen (Abb. 5.13). In den Arbeitsraum

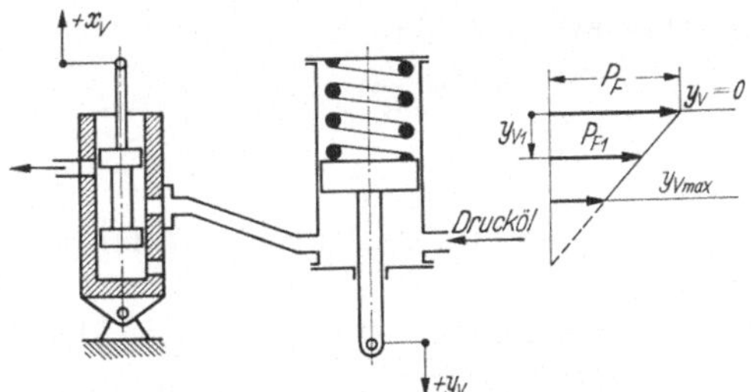

Abb. 5.13. Kraftschalter in der Ölabflußleitung eines einfach wirkenden Stellkolbens mit einer steifen Feder.

fließt ständig ein konstanter Ölstrom Q_z; der Kraftschalter ist in der Abflußleitung angeordnet. Im Beharrungszustand muß die Drosselwirkung des Kraftschalters gerade so groß sein, daß der Abflußstrom Q_a dem Zuflußstrom Q_z gleich ist, daß also $Q_z - Q_a = 0$ ist; der Druck im Arbeitsraum hängt von der Spannung der Schließfeder und somit von der Stellung des Stellkolbens ab. Der Abflußstrom Q_a hängt nicht nur vom Abflußspalt, sondern auch vom Druck im Arbeitsraum ab. Wird durch Verschieben des Steuerschiebers aus der Beharrungslage, z. B. um $(+x_V)$, die Drosselwirkung des Kraftschalters geändert und der Abflußstrom vergrößert, so wird $(Q_z - Q_a) < 0$, und der Kolben setzt sich in der Schließrichtung mit der Geschwindigkeit y_V', die proportional $(Q_z - Q_a)$ gesetzt werden kann, in Bewegung. Durch Verschieben des Stellkolbens in dieser Richtung um $(+y_V)$ wird die Schließfeder entspannt und der Druck im Arbeitsraum nimmt ab. Der Abflußstrom Q_a nimmt, trotz unveränderter Stellung des Steuerschiebers, ebenfalls ab, und zwar bis die Beharrungsstellung mit $Q_a = Q_z$ erreicht ist. Mit den Annahmen: $(Q_z - Q_a) \sim x_V$ und somit $y_V' \sim x_V$ bei konstantem Y_V und mit $(Q_z - Q_a) \sim y_V$ und somit $y_V' \sim y_V$ bei konstantem X_V ergibt sich Gl. (5.08).

5.232 Zwei parallelgeschaltete Kraftschalter in der Abflußleitung und einfach wirkender Stellkolben mit steifer Schließfeder. Bei dieser Ausführung (Abb. 5.14) wird der Abflußspalt durch die Abflußspalte der beiden Kraftschalter und der Abflußstrom aus den beiden Teilströmen Q_{a1} und Q_{a2} gebildet. Es ist somit $x_V = a_1 x_{V1} + a_2 x_{V2}$ und $Q_a = Q_{a1} + Q_{a2}$.

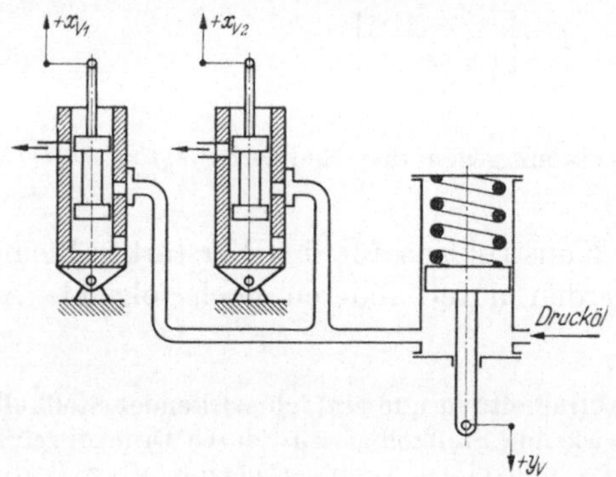

Abb. 5.14. Zwei parallelgeschaltete Kraftschalter in der Ölabflußleitung eines einfachwirkenden Stellkolbens mit einer steifen Feder.

Mit den Annahmen: $y_V' \sim (a_1 x_{V1} + a_2 x_{V2})$ bei konstantem Y_V und mit $y_V' \sim y_V$ bei konstantem $(a_1 x_{V1} + a_2 x_{V2})$ ergibt sich die Differentialgleichung dieses Verstärker-Elements zu:

$$T_y y_V' + b_r y_V = (a_1 x_{V1} + a_2 x_{V2}). \tag{5.13}$$

5.24 Verstärker-Element mit nachgiebiger Rückführung

Wird am Verstärker-Element nach Abb. 5.10 die Rückführung vom Stellkolben als nachgiebiges Gestänge ausgebildet (Abb. 5.15), so ergibt sich der Frequenzgang F_V aus

dem Frequenzgang F_a des Verstärker-Elements ohne Rückführung:

$$F_a = \frac{1}{T_y j\omega} \tag{5.03}$$

und dem Frequenzgang F_{ru} des nachgiebigen Rückführgestänges nach Gl. (3.10) unter Berücksichtigung des Vorzeichens:

$$F_{ru} = -\frac{T_u j\omega}{T_u j\omega + 1} \tag{5.14}$$

zu (Abb. 5.16):

$$F_V = \frac{1}{\frac{1}{F_a} - F_{ru}} = \frac{T_u j\omega + 1}{T_y T_u (j\omega)^2 + (T_y + T_u) j\omega}. \tag{5.15}$$

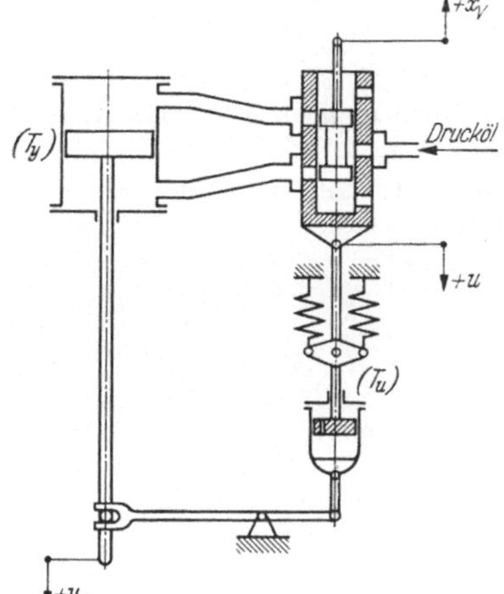

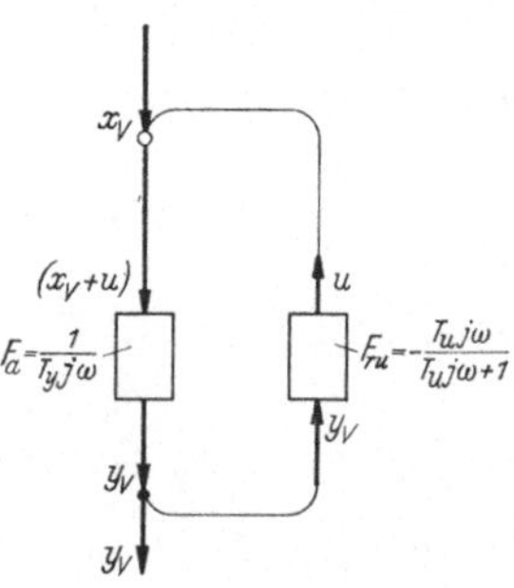

Abb. 5.15 u. 5.16. Verstärker-Element mit nachgiebiger Rückführung und sein Blockschaltbild.

Die Ortskurve verläuft im IV. Quadrant (Abb. 5.17); sie beginnt für $\omega = 0$ im Punkt $\left(\frac{T_u^2}{(T_y + T_u)^2}, -\infty\right)$ und endet für $\omega = \infty$ im Koordinatenursprung.

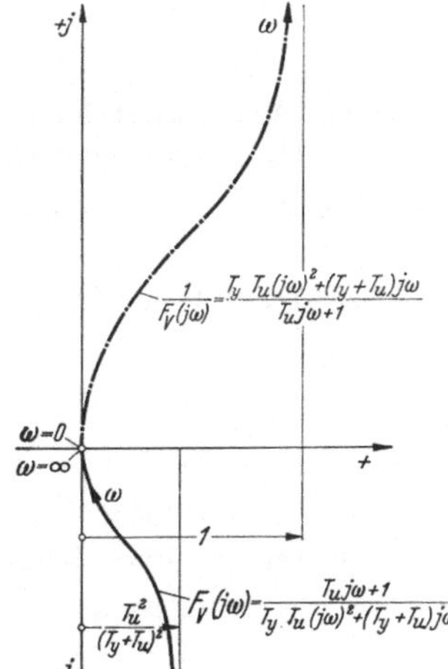

Abb. 5.17. Ortskurve $F_V(j\omega)$ und inverse Ortskurve $\frac{1}{F_V(j\omega)}$ des Verstärker-Elements nach Abb. 5.15.

Die inverse Ortskurve verläuft im I. Quadrant (Abb. 5.17); sie beginnt für $\omega = 0$ im Koordinatenursprung und endet für $\omega = \infty$ im Punkt $(+1, +\infty)$.

Die Übergangsfunktion ergibt sich als Lösung der Differentialgleichung mit $x_V = 1$ und $x_V' = 0$:

$$y_{V\ddot{u}}(t) = \frac{1}{T_y + T_u}\, t + C_1 e^{-\frac{T_y + T_u}{T_y T_u} t} + C_2. \tag{5.16}$$

Aus den Randbedingungen:

für $t = 0$ sind: $y_{V\ddot{u}}(0) = 0$ der Stellkolben ist noch in der Beharrungslage,

$y_{V\ddot{u}}'(0) = y_{V\,\max}' = \frac{1}{T_y}$ der Stellkolben setzt sich mit der größten Geschwindigkeit in Bewegung,

folgen:

$$C_1 = -\frac{T_u^2}{(T_y + T_u)^2} \quad \text{und} \quad C_2 = +\frac{T_u^2}{(T_y + T_u)^2}.$$

Die Gleichung der Übergangsfunktion lautet somit:

$$y_{V\ddot{u}}(t) = \frac{1}{T_y + T_u}\left[t - \frac{T_u^2}{T_y + T_u}\left(e^{-\frac{T_y + T_u}{T_y T_u} t} - 1\right)\right]. \tag{5.17}$$

$y_{V\ddot{u}}(t)$ stellt eine nach der e-Potenz gegen den Endwert $y_{V\ddot{u}}(\infty) = \infty$ verlaufende Kurve dar.

5.25 Verstärker-Element mit verzögerter Rückführung

Wird am Verstärker-Element nach Abb. 5.10 die Rückführung vom Stellkolben als verzögertes Gestänge ausgebildet (Abb. 5.18), so ergibt sich der Frequenzgang F_V aus

dem Frequenzgang F_a des Verstärker-Elements ohne Rückführung

$$F_a = \frac{1}{T_y j\omega} \tag{5.03}$$

und dem Frequenzgang F_{ru} des verzögerten Rückführgestänges nach Gl. (3.18) unter Berücksichtigung des Vorzeichens,

$$F_{ru} = -\frac{1}{T_y j\omega + 1} \tag{5.18}$$

zu (Abb. 5.19):

$$F_V = \frac{1}{\frac{1}{F_a} - F_{ru}} = \frac{T_u j\omega + 1}{T_y T_u (j\omega)^2 + T_y j\omega + 1}. \tag{5.19}$$

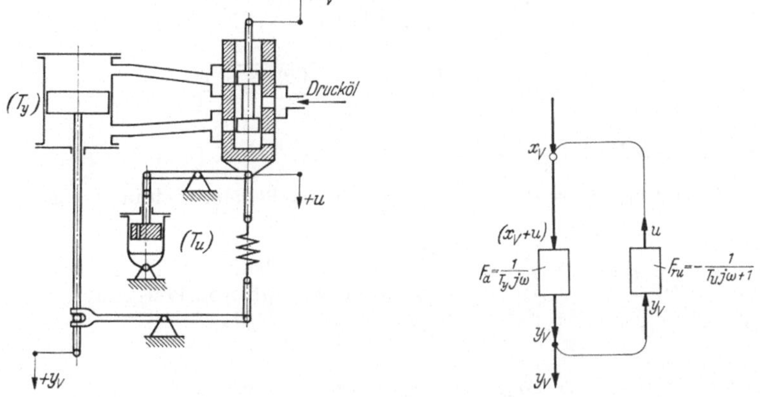

Abb. 5.18 u. 5.19. Verstärker-Element mit verzögerter Rückführung und sein Blockschaltbild.

Die Ortskurve verläuft im I. und IV. Quadrant (Abb. 5.20); sie beginnt für $\omega = 0$ im Punkt $(+1, 0)$ und endet für $\omega = \infty$ im Koordinatenursprung.

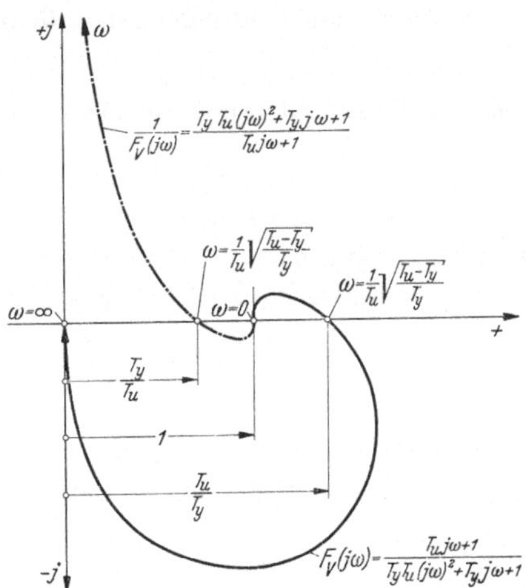

Abb. 5.20. Ortskurve $F_V(j\omega)$ und inverse Ortskurve $\frac{1}{F_V(j\omega)}$ des Verstärker-Elements nach Abb. 5.18.

Die inverse Ortskurve verläuft im IV. und I. Quadrant (Abb. 5.20); sie beginnt für $\omega = 0$ im Punkt $(+1, 0)$ und endet für $\omega = \infty$ im Punkt $(0, +\infty)$.

Die Übergangsfunktion ergibt sich als Lösung der Differentialgleichung mit $x_V = 1$ und $x'_V = 0$:

$$y_{V\ddot{u}}(t) = 1 + C_1 e^{p_1 t} + C_2 e^{p_2 t} \tag{5.20}$$

mit

$$p_1 = \frac{-T_y + \sqrt{T_y^2 - 4\,T_y T_u}}{2\,T_y T_u}$$

und

$$p_2 = \frac{-T_y - \sqrt{T_y^2 - 4\,T_y T_u}}{2\,T_y T_u}.$$

Aus den Randbedingungen:

für $t = 0$ sind $y_{V\ddot{u}}(0) = 0$ — der Stellkolben ist noch in der Beharrungslage,

$y'_{V\ddot{u}}(0) = y'_{V\max} = \dfrac{1}{T_y}$ — der Stellkolben setzt sich mit der größten Geschwindigkeit in Bewegung,

folgen:

$$C_1 = \frac{\dfrac{1}{T_y} + p_2}{p_1 - p_2} \quad \text{und} \quad C_2 = -\frac{\dfrac{1}{T_y} + p_1}{p_1 - p_2}.$$

Es können dabei zwei Fälle auftreten:

Fall 1: $T_y > 4\,T_u$: beide Wurzeln p_1 und p_2 sind reell. $y_{V\ddot{u}}(t)$ stellt einen aperiodischen Vorgang dar, der den Endwert $y_{V\ddot{u}}(\infty) = 1$ erreicht.

Fall 2: $T_y < 4\,T_u$: Die Wurzeln p_1 und p_2 sind konjugiert komplex. $y_{V\ddot{u}}(t)$ stellt eine abklingende Schwingung dar, die den Endwert $y_{V\ddot{u}}(\infty) = 1$ erreicht.

5.26 Verstärker-Element mit starrer und nachgiebiger Rückführung

Wird am Verstärker-Element nach Abb. 5.10 die Rückführung vom Stellkolben als starres und nachgiebiges Doppelgestänge ausgebildet (Abb. 5.21), so ergibt sich der Frequenzgang F_V aus:
dem Frequenzgang F_a des Verstärker-Elements ohne Rückführung

$$F_a = \frac{1}{T_y\, j\omega} \tag{5.03}$$

und dem Frequenzgang F_{ru} des starren und nachgiebigen Doppelgestänges nach Gl. (3.22) unter Berücksichtigung des Vorzeichens

$$F_{ru} = -\frac{T_u (1 + b_r)\, j\omega + b_r}{T_u\, j\omega + 1} \tag{5.21}$$

zu (Abb. 5.22):

$$F_V = \frac{1}{\dfrac{1}{F_a} - F_{ru}} = \frac{T_u\, j\omega + 1}{T_y T_u\, (j\omega)^2 + [T_y + T_u\,(1 + b_r)]\, j\omega + b_r}. \tag{5.22}$$

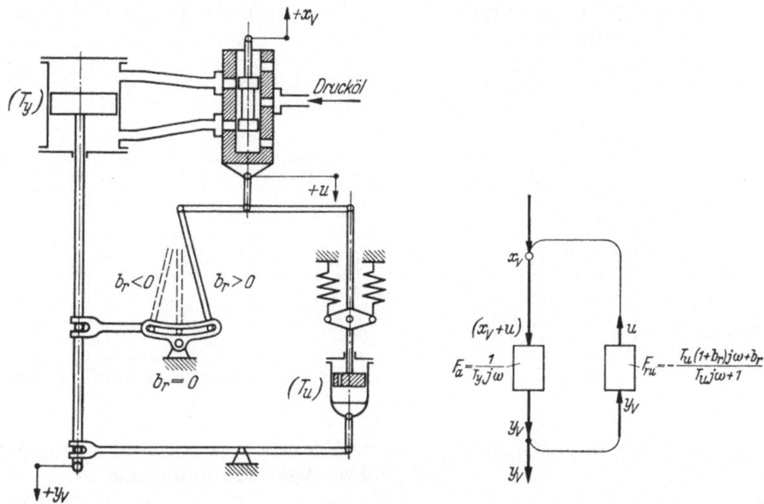

Abb. 5.21 u. 5.22. Verstärker-Element mit einer starren und mit einer nachgiebigen Rückführung und sein Blockschaltbild.

Die Ortskurve ist eine halbkreisähnliche Kurve im IV. Quadrant (Abb. 5.23); sie beginnt für $\omega = 0$ im Punkt $\left(+\frac{1}{b_r}, 0\right)$ und endet für $\omega = \infty$ im Koordinatenursprung.

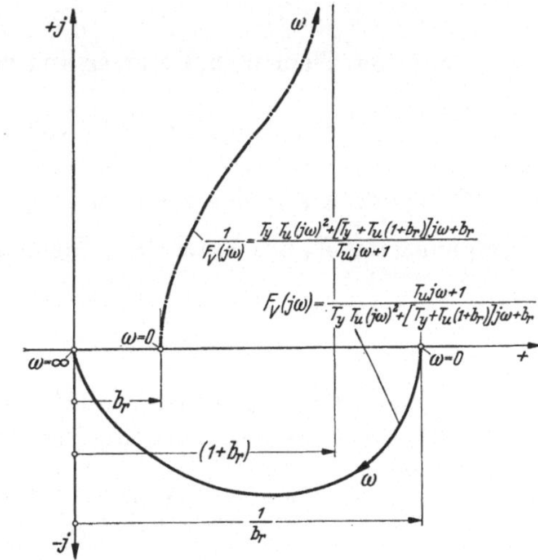

Abb. 5.23. Ortskurve $F_V(j\omega)$ und inverse Ortskurve $\frac{1}{F_V(j\omega)}$ des Verstärker-Elements nach Abb. 5.21.

Die inverse Ortskurve verläuft im I. Quadrant (Abb. 5.23); sie beginnt für $\omega = 0$ im Punkt $(+b_r, 0)$ und endet für $\omega = \infty$ im Punkt $[+(1 + b_r), +\infty]$.

Die Übergangsfunktion ergibt sich als Lösung der Differentialgleichung mit $x_V = 1$ und $x'_V = 0$:

$$y_{V\ddot{u}}(t) = \frac{1}{b_r} + C_1\, e^{p_1 t} + C_2\, e^{p_2 t}. \tag{5.23}$$

mit

$$p_1 = \frac{-[T_y + T_u(1+b_r)] + \sqrt{T_y^2 + 2\, T_y T_u(1-b_r) + T_u^2(1+b_r)^2}}{2\, T_y T_u}$$

$$p_2 = \frac{-[T_y + T_u(1+b_r)] - \sqrt{T_y^2 + 2\, T_y T_u(1-b_r) + T_u^2(1+b_r)^2}}{2\, T_y T_u}.$$

Aus den Randbedingungen:

für $t = 0$ sind $y_{V\ddot{u}}(0) = 0$ der Stellkolben ist noch in der Beharrungslage,

$y'_{V\ddot{u}}(0) = y'_{V\,\max} = \dfrac{1}{T_y}$ der Stellkolben setzt sich mit der größten Geschwindigkeit in Bewegung

folgen:

$$C_1 = \frac{\dfrac{1}{T_y} + \dfrac{p_2}{b_r}}{p_1 - p_2} \quad \text{und} \quad C_2 = -\frac{\dfrac{1}{T_y} + \dfrac{p_1}{b_r}}{p_1 - p_2}.$$

Da $-1 < b_r < 1$ ist, sind beide Wurzeln p_1 und p_2 reell. $y_{V\ddot{u}}(t)$ stellt einen aperiodischen Vorgang dar, der den Endwert $y_{V\ddot{u}}(\infty) = \dfrac{1}{b_r}$ erreicht.

5.27 Verstärker-Element mit starrer und verzögerter Rückführung

Wird am Verstärker-Element nach Abb. 5.10 die Rückführung vom Stellkolben als starres und verzögertes Doppelgestänge ausgebildet (Abb. 5.24), so ergibt sich der Frequenzgang F_v aus

dem Frequenzgang F_a des Verstärker-Elements ohne Rückführung

$$F_a = \frac{1}{T_y\, j\omega} \tag{5.03}$$

und dem Frequenzgang F_{ru} des starren und verzögerten Doppelgestänges nach Gl. (3.26) unter Berücksichtigung des Vorzeichens

$$F_{ru} = -\frac{T_u b_r\, j\omega + (1+b_r)}{T_u\, j\omega + 1} \tag{5.24}$$

zu (Abb. 5.25):

$$F_V = \frac{1}{\dfrac{1}{F_a} - F_{ru}} = \frac{T_u\, j\omega + 1}{T_y T_u (j\omega)^2 + (T_y + T_u b_r)\, j\omega + (1+b_r)}. \tag{5.25}$$

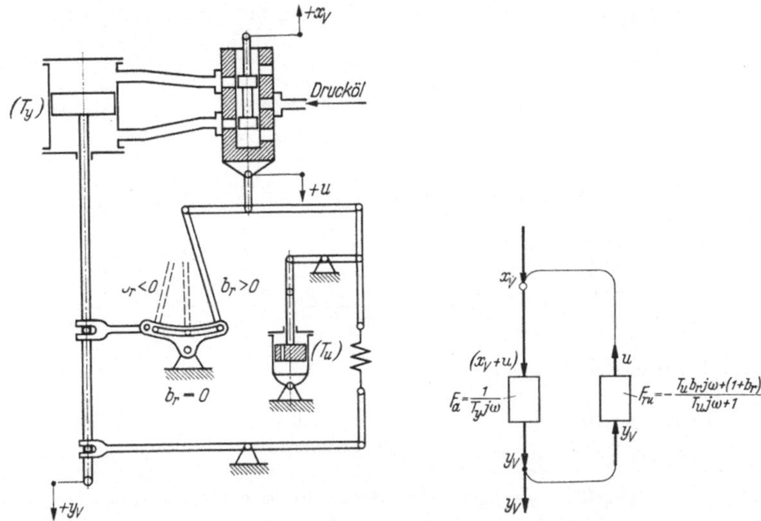

Abb. 5.24 u. 5.25. Verstärker-Element mit einer starren und mit einer verzögerten Rückführung und sein Blockschaltbild.

Die Ortskurve verläuft im I. und IV. Quadrant (Abb. 5.26); sie beginnt für $\omega = 0$ im Punkt $\left(+ \frac{1}{1 + b_r}, 0\right)$ und endet für $\omega = \infty$ im Koordinatenursprung.

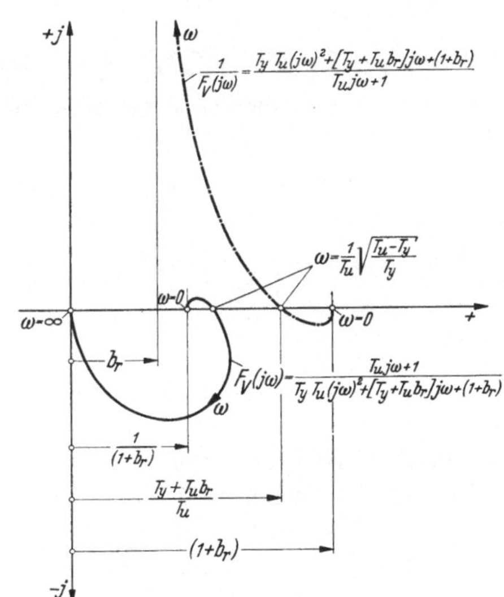

Abb. 5.26. Ortskurve $F_V(j\omega)$ und inverse Ortskurve $\frac{1}{F_V(j\omega)}$ des Verstärker-Elements nach Abb. 5.24.

Die inverse Ortskurve verläuft im IV. und I. Quadrant (Abb. 5.26); sie beginnt für $\omega = 0$ im Punkt $[+(1 + b_r), 0]$ und endet für $\omega = \infty$ im Punkt $(+b_r, +\infty)$.

Die Übergangsfunktion ergibt sich als Lösung der Differentialgleichung mit $x_V = 1$ und $x'_V = 0$:

$$y_{V\ddot{u}}(t) = \frac{1}{1 + b_r} + C_1 e^{p_1 t} + C_2 e^{p_2 t} \tag{5.26}$$

mit

$$p_1 = \frac{-(T_y + T_u b_r) + \sqrt{(T_y + T_u b_r)^2 - 4\,T_y T_u (1 + b_r)}}{2\,T_y T_u}$$

$$p_2 = \frac{-(T_y + T_u b_r) - \sqrt{(T_y + T_u b_r)^2 - 4\,T_y T_u (1 + b_r)}}{2\,T_y T_u},$$

Aus den Randbedingungen:

für $t = 0$ sind $y_{V\ddot{u}}(0) = 0$ der Stellkolben ist noch in der Beharrungslage,

$y'_{V\ddot{u}}(0) = y'_{V\max} = \dfrac{1}{T_y}$ der Stellkolben setzt sich mit der größten Geschwindigkeit in Bewegung,

folgen:

$$C_1 = \frac{\dfrac{1}{T_y} + \dfrac{p_2}{1 + b_r}}{p_1 - p_2} \quad \text{und} \quad C_2 = -\frac{\dfrac{1}{T_y} + \dfrac{p_1}{1 + b_r}}{p_1 - p_2}.$$

Es können dabei zwei Fälle auftreten:

Fall 1: $(T_y + T_u b_r)^2 > 4 T_y T_u (1 + b_r)$; beide Wurzeln p_1 und p_2 sind reell. $y_{V\ddot{u}}(t)$ stellt einen aperiodischen Vorgang dar, der den Endwert $y_{V\ddot{u}}(\infty) = \dfrac{1}{1 + b_r}$ erreicht.

Fall 2: $(T_y + T_u b_r)^2 < 4 T_y T_u (1 + b_r)$; die Wurzeln p_1 und p_2 sind konjugiert komplex. $y_{V\ddot{u}}(t)$ stellt einen abklingenden Schwingungsvorgang dar, der den Endwert $y_{V\ddot{u}}(\infty) = \dfrac{1}{1 + b_r}$ erreicht.

5.3 Mehrstufige Verstärker

Durch Reihenschalten von mehreren Verstärker-Elementen wird ein mehrstufiger Verstärker mit einem entsprechend größeren Arbeitsvermögen erhalten; seine Eingangsgröße ist die Abweichung x_V des Steuerschiebers der 1. Stufe, seine Ausgangsgröße die Abweichung y_V des Stellkolbens der letzten Stufe. Die Abweichung des Stellkolbens der 1. Stufe, also des Steuerschiebers der 2. Stufe des Verstärkers, wird mit y_{Va}, die Steuerschieberabweichungen der nachfolgenden Zwischenstufen werden mit y_{Vb}, y_{Vc} usw. bezeichnet.

5.31 Zweistufiger Verstärker ohne Rückführung

Die Differentialgleichung eines zweistufigen Verstärkers ohne Rückführung (Abb. 5.27) kann gewonnen werden aus:
der Differentialgleichung des 1. Verstärker-Elements

$$T_{ya} y'_{Va} = x_V \tag{5.26}$$

und der Differentialgleichung des 2. Verstärker-Elements

$$T_{yb} y'_V = y_{Va} \tag{5.27}$$

durch Eliminieren von y_{Va} und y'_{Va}:

$$T_{ya} T_{yb} y''_V = x_V . \tag{5.28}$$

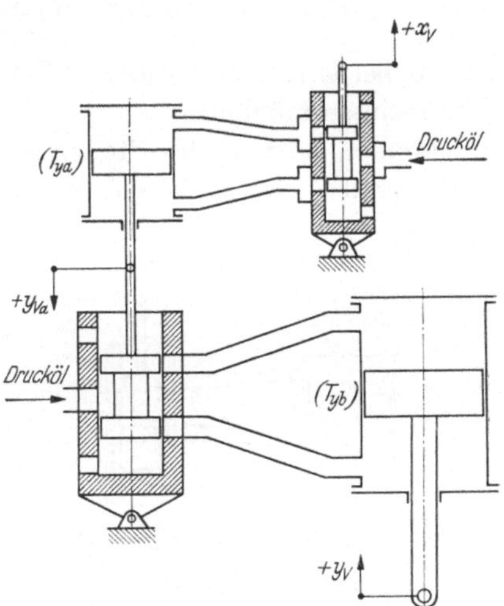

Abb. 5.27. Zweistufiger Verstärker ohne Rückführung.

Der Frequenzgang F_V ergibt sich aus Gl. (5.28) zu:

$$F_V = \frac{1}{T_{ya} T_{yb} (j\omega)^2} = -\frac{1}{T_{ya} T_{yb} \omega^2} . \tag{5.29}$$

Die Ortskurve fällt mit der negativen, reellen Koordinatenachse zusammen; sie beginnt für $\omega = 0$ im Punkt $(-\infty, 0)$ und endet für $\omega = \infty$ im Koordinatenursprung.

Die inverse Ortskurve fällt mit der negativen, reellen Koordinatenachse zusammen; sie beginnt für $\omega = 0$ im Koordinatenursprung und endet für $\omega = \infty$ im Punkt $(-\infty, 0)$.

Die Übergangsfunktion ergibt sich als Lösung der Differentialgleichung (5.28) mit $x_V = 1$:

$$y_{V\ddot{u}}(t) = \frac{1}{2\,T_{ya}T_{yb}}\,t^2 + C_1 t + C_2. \tag{5.30}$$

Aus den Randbedingungen:

für $t = 0$ sind $y_{V\ddot{u}}(0) = 0$ der Stellkolben ist noch in der Beharrungslage,

$y'_{V\ddot{u}}(0) = 0$ der Stellkolben ist noch in Ruhe,

folgen:

$$C_1 = 0 \quad \text{und} \quad C_2 = 0\,.$$

Die Gleichung der Übergangsfunktion lautet somit:

$$y_{V\ddot{u}}(t) = \frac{1}{2\,T_{ya}\,T_{yb}}\,t^2.$$

$y_{V\ddot{u}}(t)$ stellt eine Parabel mit dem Scheitel im Koordinatenursprung dar.

5.32 Zweistufiger Verstärker mit Rückführung

Schon bei einem zweistufigen Verstärker sind zahlreiche Arten von Rückführungen möglich:

Es können sowohl die Steuerhülse des 1. Kraftschalters wie auch die Steuerhülse des 2. Kraftschalters beweglich ausgebildet werden

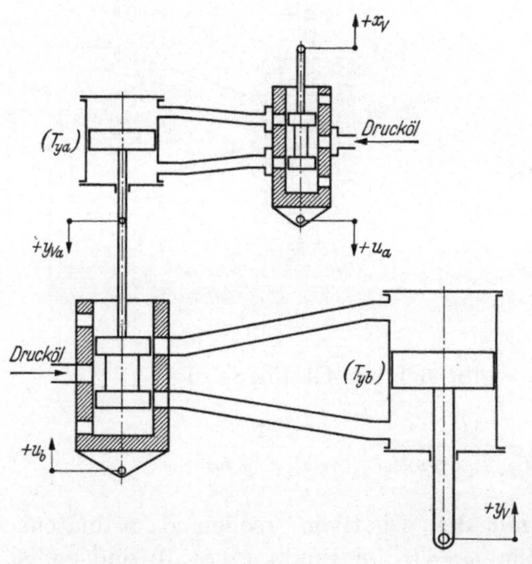

Abb. 5.28. Zweistufiger Verstärker mit Rückführungsmöglichkeiten zum ersten und zum zweiten Kraftschalter.

(Abb. 5.28). Die Differentialgleichung eines solchen Verstärkers kann gewonnen werden aus der Differentialgleichung der 1. Stufe:

$$T_{ya}\,y'_{Va} = x_V + u_a \tag{5.31}$$

und der Differentialgleichung der 2. Stufe:

$$T_{yb} y'_V = y_{Va} + u_b \tag{5.32}$$

durch Eliminieren von y_{Va} und y'_{Va}:

$$T_{ya} T_{yb} y''_V = x_V + u_a + T_{ya} u'_b . \tag{5.33}$$

Von den zahlreichen Kombinationsmöglichkeiten sollen im folgenden nur Ausführungen mit feststehender Steuerhülse der 2. Stufe, also für $u_b = 0$, kurz erläutert werden.

Aus der Differentialgleichung (5.33) ergibt sich die Differentialgleichung eines solchen Verstärkers mit $u_b = 0$ und somit $u'_b = 0$ zu:

$$T_{ya} T_{yb} y''_V = x_V + u_a . \tag{5.34}$$

Die Rückführung kann dabei erfolgen:

a) vom Stellkolben der letzten Stufe, also von y_V,

b) vom Stellkolben der Zwischenstufe, also von y_{Va}, und

c) sowohl von y_V wie auch von y_{Va}.

Dabei kann das Rückführgestänge:

als Einfachgestänge: starr; — nachgiebig; — verzögert
oder als Doppelgestänge: starr und nachgiebig; — starr und verzögert ausgeführt werden.

5.33 Zweistufiger Verstärker mit starrer Rückführung von y_V

Wird am Verstärker nach Abb. 5.28 die Rückführung vom Stellkolben, y_V, als starres Gestänge mit einer festen Übersetzung ausgebildet (Abb. 5.29), so ergibt sich der Frequenzgang F_V aus:
dem Frequenzgang F_a des zweistufigen Verstärkers ohne Rückführung:

$$F_a = \frac{1}{T_{ya} T_{yb} (j\omega)^2} \tag{5.29}$$

dem Frequenzgang F_{ru} der starren Rückführung unter Berücksichtigung des Vorzeichens:

$$F_{ru} = -1 \tag{5.35}$$

zu (Abb. 5.30):

$$F_V = \frac{1}{\dfrac{1}{F_a} - F_{ru}} = \frac{1}{T_{ya} T_{yb} (j\omega)^2 + 1} . \tag{5.36}$$

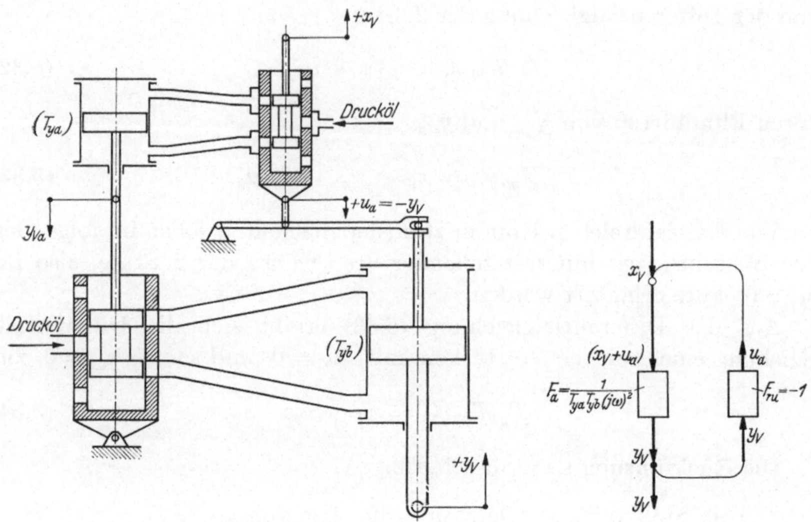

Abb. 5.29 u. 5.30. Zweistufiger Verstärker mit starrer Rückführung von y_V und sein Blockschaltbild.

Die Ortskurve fällt mit der reellen Koordinatenachse zusammen; sie beginnt für $\omega = 0$ im Punkt $(+1, 0)$ und läuft über $(+\infty, 0)$, $(-\infty, 0)$ $\left(\text{bei } \omega_e = \sqrt{\frac{1}{T_{ya} T_{yb}}}\right)$ für $\omega = \infty$ in den Koordinatenursprung.

Die inverse Ortskurve fällt mit der reellen Koordinatenachse zusammen; sie beginnt für $\omega = 0$ im Punkt $(+1, 0)$ und läuft durch den Koordinatenursprung $\left(\text{bei } \omega_e = \sqrt{\frac{1}{T_{ya} T_{yb}}}\right)$ für $\omega = \infty$ nach $(-\infty, 0)$.

Die Übergangsfunktion ergibt sich als Lösung der Differentialgleichung mit $x_V = 1$:

$$y_{V\ddot{u}}(t) = 1 + C_1 e^{p_1 t} + C_2 e^{p_2 t}, \tag{5.37}$$

mit

$$p_1 = +j \sqrt{\frac{1}{T_{ya} T_{yb}}} \quad \text{und} \quad p_2 = -j \sqrt{\frac{1}{T_{ya} T_{yb}}}.$$

Aus den Randbedingungen:

für $t = 0$ sind $y_{V\ddot{u}}(0) = 0$ der Stellkolben ist noch in der Beharrungslage,

$y'_{V\ddot{u}}(0) = 0$ der Stellkolben ist noch in Ruhe,

folgt:

$$C_1 = C_2 = -\frac{1}{2}.$$

Die Gleichung der Übergangsfunktion lautet somit:

$$y_{V\ddot{u}}(t) = 1 - \frac{1}{2}\left(e^{+j\sqrt{\frac{1}{T_{ya}T_{yb}}}t} + e^{-j\sqrt{\frac{1}{T_{ya}T_{yb}}}t}\right) \tag{5.38}$$

$y_{V\ddot{u}}(t)$ stellt eine harmonische Schwingung mit gleichbleibender Amplitude dar.

5.34 Zweistufiger Verstärker mit starrer Rückführung von y_{Va}

Wird am Verstärker nach Abb. 5.28 die Rückführung vom Kolben der Zwischenstufe als starres Gestänge mit einer festen Übersetzung ausgebildet (Abb. 5.31), so ergibt sich der Frequenzgang F_V aus:

dem Frequenzgang F_a des 1. Verstärker-Elements ohne Rückführung:

$$F_a = \frac{1}{T_{ya}\, j\omega} \tag{5.39}$$

dem Frequenzgang F_{ru} der starren Rückführung von y_{Va}:

$$F_{ru} = -1, \tag{5.40}$$

dem Frequenzgang F_b des 2. Verstärker-Elements ohne Rückführung:

$$F_b = \frac{1}{T_{yb}\, j\omega} \tag{5.41}$$

zu (Abb. 5.32):

$$F_V = \frac{1}{\frac{1}{F_a} - F_{ru}} F_b = \frac{1}{T_{ya}\, T_{yb}\, (j\omega)^2 + T_{yb}\, j\omega}\,. \tag{5.42}$$

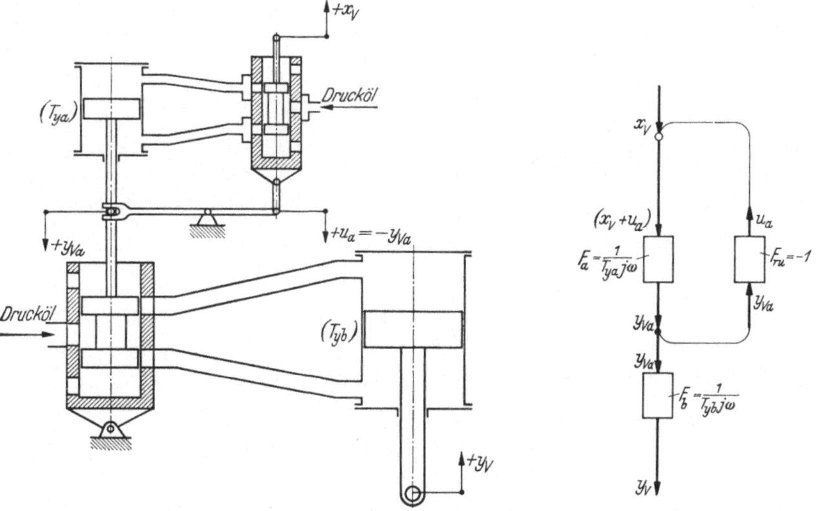

Abb. 5.31 u. 5.32. Zweistufiger Verstärker mit starrer Rückführung von y_{Va} und sein Blockschaltbild.

Die Ortskurve verläuft im III. Quadrant (Abb. 5.33); sie beginnt für $\omega = 0$ im Punkt $\left(-\infty, -\frac{T_{ya}}{T_{yb}}\right)$ und endet für $\omega = \infty$ im Koordinatenursprung.

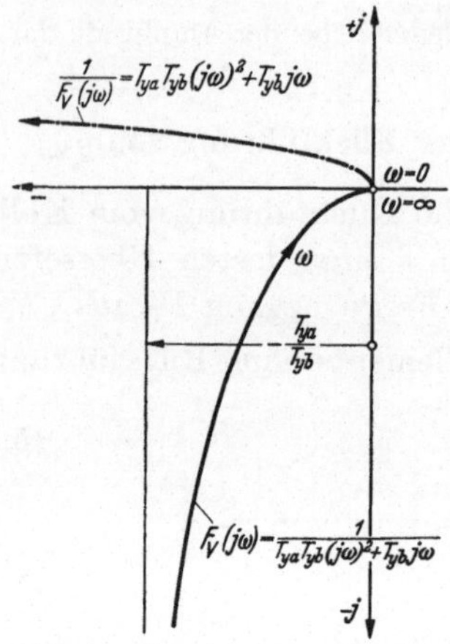

Abb. 5.33. Ortskurve $F_V(j\omega)$ und inverse Ortskurve $\frac{1}{F_V(j\omega)}$ eines Verstärkers nach Abb. 5.31.

Die inverse Ortskurve ist eine Parabel im II. Quadrant (Abb. 5.33); sie beginnt für $\omega = 0$ im Koordinatenursprung und endet für $\omega = \infty$ im Punkt $(-\infty, +\infty)$.

Die Übergangsfunktion ergibt sich als Lösung der Differentialgleichung mit $x_V = 1$:

$$y_{V\ddot{u}}(t) = \frac{1}{T_{yb}}\, t + C_1\, e^{p_1 t} + C_2\, e^{p_2 t}, \tag{5.43}$$

mit

$$p_1 = 0 \quad \text{und} \quad p_2 = -\frac{1}{T_{ya}}.$$

Aus den Randbedingungen:

für $t = 0$ sind $y_{V\ddot{u}}(0) = 0$ der Stellkolben ist noch in der Beharrungslage,

$y'_{V\ddot{u}}(0) = 0$ der Kolben ist noch in Ruhe,

folgen:

$$C_1 = -\frac{T_{ya}}{T_{yb}} \quad \text{und} \quad C_2 = \frac{T_{ya}}{T_{yb}}.$$

Die Gleichung der Übergangsfunktion lautet somit:

$$y_{V\ddot{u}}(t) = \frac{1}{T_{yb}}\, t + \frac{T_{ya}}{T_{yb}} \left(e^{-\frac{1}{T_{ya}} t} - 1\right). \tag{5.44}$$

$y_{V\ddot{u}}(t)$ stellt einen aperiodischen Vorgang dar, der dem Endwert $y_{V\ddot{u}}(\infty) = \infty$ zustrebt.

Außer der beschriebenen Konstruktion wird die erste Verstärkerstufe ausgeführt als:

5.341 Kraftschalter mit Vorsteuerstift und Folgekolben. Die Steuerhülse und der Stellkolben der 1. Stufe sowie der Steuerschieber der 2. Stufe sind zu einem Teil, *dem Folgekolben*, zusammengefaßt (Abb. 5.34); der 1. Steuerschieber, *Vorsteuerstift* genannt, ist mit dem Folgekolben in einem Gehäuse untergebracht. Wird der Vorsteuerstift z. B. um $(+\,x_V)$ nach oben verschoben, so gibt seine untere Steuerkante einen Abflußspalt für den oberen Arbeitsraum des Folgekolbens frei; der

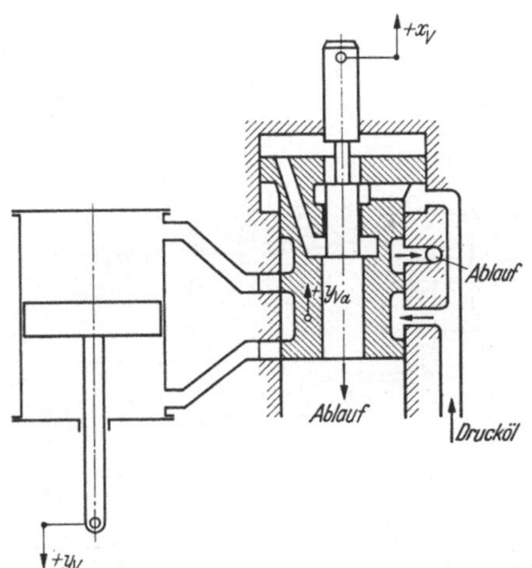

Abb. 5.34. Zweistufiger Verstärker mit Vorsteuerstift und Folgekolben.

Öldruck in diesem Raum sinkt und der Folgekolben wird durch das Drucköl im unteren ringförmigen Arbeitsraum mit der Geschwindigkeit y'_{Va} nach oben bewegt. Dadurch wird der vom Vorsteuerstift freigegebene Abflußspalt wieder verkleinert. Die neue Beharrungsstellung ist erreicht, wenn der Abflußspalt vom 1. Steuerschieber wieder ganz verdeckt ist, wenn also der Folgekolben den Vorsteuerstift eingeholt hat. Die Größe des Abflußspaltes und somit die Geschwindigkeit y'_{Va} des Folgekolbens hängt nicht nur vom Steuerschieberweg x_V, sondern auch von der Abweichung y_{Va} des Folgekolbens ab; mit den Annahmen: $y'_{Va} \sim (x_V + y_{Va})$ und $y'_V \sim y_{Va}$ ergibt sich Gl. (5.42).

5.35 Zweistufiger Verstärker mit starren Rückführungen von y_{Va} und y_V

Werden am Verstärker nach Abb. 5.28 die Rückführungen vom Kolben der Zwischenstufe und vom Stellkolben als starre Gestänge mit festen Übersetzungen ausgebildet (Abb. 5.35), so ergibt sich der Frequenzgang F_V aus:

dem Frequenzgang F_a des 1. Verstärker-Elements ohne Rückführung:

$$F_a = \frac{1}{T_{ya} j\omega} \tag{5.39}$$

dem Frequenzgang F_{rua} der starren Rückführung von y_{Va}:

$$F_{rua} = -1\,, \tag{5.45}$$

dem Frequenzgang F_b des 2. Verstärker-Elements ohne Rückführung:

$$F_b = \frac{1}{T_{yb}\,j\omega} \tag{5.41}$$

dem Frequenzgang F_{rub} der starren Rückführung von y_V:

$$F_{rub} = -1\,. \tag{5.46}$$

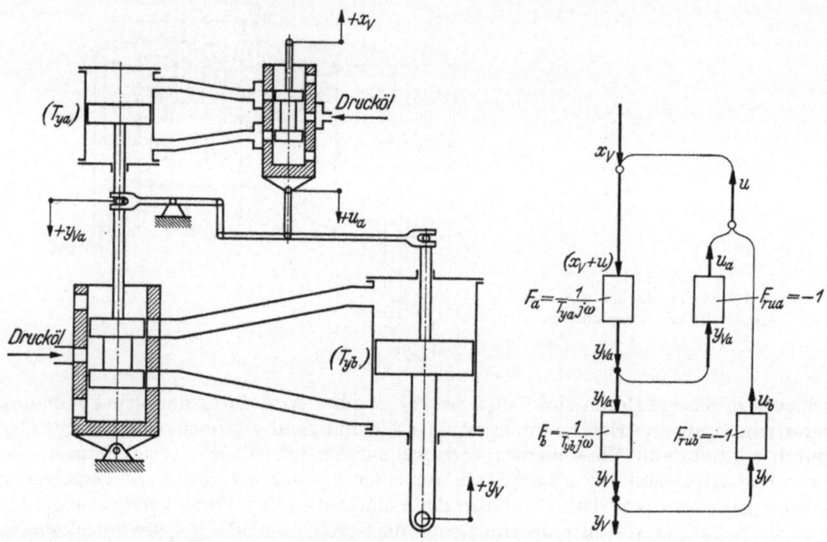

Abb. 5.35 u. 5.36. Zweistufiger Verstärker mit starren Rückführungen von y_{Va} und y_V und sein Blockschaltbild.

Aus dem Blockschaltbild 5.36 folgt:

$$F_V = \frac{y_V}{x_V} = \frac{y_{Va}}{x_V} F_b = \frac{x_V + u}{x_V} F_b F_a = F_a F_b \left(1 + \frac{y_{Va} F_{rua} + y_V F_{rub}}{x_V}\right)$$

$$= F_a F_b \left[1 + \frac{y_V}{x_V}\left(\frac{F_{rua}}{F_b} + F_{rub}\right)\right]$$

und daraus:

$$F_V = \frac{F_a F_b}{1 - F_a F_b\left(\dfrac{F_{rua}}{F_b} + F_{rub}\right)} = \frac{1}{T_{ya} T_{yb}\,(j\omega)^2 + T_{yb}\,j\omega + 1}\,. \tag{5.47}$$

Die Ortskurve verläuft im IV. und III. Quadrant (Abb. 5.37); sie beginnt für $\omega = 0$ im Punkt $(+1, 0)$ und endet für $\omega = \infty$ im Koordinatenursprung.

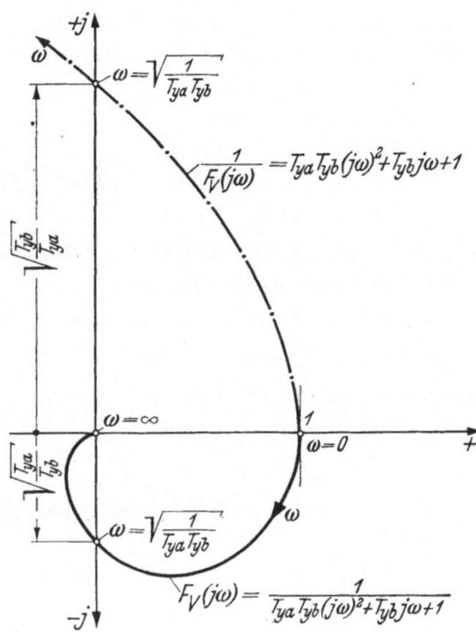

Abb. 5.37. Ortskurve $F_V(j\omega)$ und inverse Ortskurve $\frac{1}{F_V(j\omega)}$ eines Verstärkers nach Abb. 5.35.

Die inverse Ortskurve verläuft im I. und II. Quadrant (Abb. 5.37); sie beginnt für $\omega = 0$ im Punkt $(+1, 0)$ und endet für $\omega = \infty$ im Punkt $(-\infty, +\infty)$.

Die Übergangsfunktion ergibt sich als Lösung der Differentialgleichung mit $x_V = 1$:

$$y_{V\ddot{u}}(t) = 1 + C_1 e^{p_1 t} + C_2 e^{p_2 t}, \tag{5.48}$$

mit

$$p_1 = \frac{-T_{yb} + \sqrt{T_{yb}^2 - 4\,T_{ya}T_{yb}}}{2\,T_{ya}T_{yb}}$$

$$p_2 = \frac{-T_{yb} - \sqrt{T_{yb}^2 - 4\,T_{ya}T_{yb}}}{2\,T_{ya}T_{yb}}.$$

Aus den Randbedingungen:

für $t = 0$ sind $y_{V\ddot{u}}(0) = 0$ der Stellkolben ist noch in der Beharrungslage,

$y'_{V\ddot{u}}(0) = 0$ der Stellkolben ist noch in Ruhe,

folgen:

$$C_1 = \frac{p_2}{p_1 - p_2} \quad \text{und} \quad C_2 = -\frac{p_1}{p_1 - p_2}.$$

Es können dabei zwei Fälle auftreten:

Fall 1: $T_{yb} > 4\,T_{ya}$; beide Wurzeln p_1 und p_2 sind reell. $y_{Vü}(t)$ stellt einen aperiodischen Vorgang dar, der den Endwert $y_{Vü}(\infty) = +1$ erreicht.

Fall 2: $T_{yb} < 4\,T_{ya}$; beide Wurzeln p_1 und p_2 sind konjugiert komplex. $y_{Vü}(t)$ stellt eine abklingende Schwingung dar, die den Endwert $y_{Vü}(\infty) = +1$ erreicht.

5.36 Andere Verstärker

Die erläuterten Verfahren für die Aufstellung des Zusammenhanges zwischen der Eingangsgröße x_V und der Ausgangsgröße y_V können sinngemäß auch bei anderen zweistufigen Verstärkern (siehe Ziff. 5.4 „Zusammenfassung") und bei Verstärkern mit mehr als zwei Verstärkerstufen angewendet werden.

5.4 Zusammenfassung

Eingangsgröße = Steuerschieber-Abweichung x_V,

Ausgangsgröße = Stellkolben-Abweichung y_V.

Einstufige Verstärker

Rückführung		Frequenzgang
keine		$F_V = \dfrac{1}{T_y\, j\omega}$
von y_V	starr	$F_V = \dfrac{1}{T_y\, j\omega + b_r}$
	nachgiebig	$F_V = \dfrac{T_u\, j\omega + 1}{T_y T_u (j\omega)^2 + (T_y + T_u)\, j\omega}$
	verzögert	$F_V = \dfrac{T_u j\omega + 1}{T_y T_u (j\omega)^2 + T_y j\omega + 1}$
	starr + nachgiebig	$F_V = \dfrac{T_u j\omega + 1}{T_y T_u\, (j\omega)^2 + [T_y + T_u\,(1 + b_r)]\, j\omega + b_r}$
	starr + verzögert	$F_V = \dfrac{T_u j\omega + 1}{T_y T_u (j\omega)^2 + (T_y + T_u\, b_r)\, j\omega + (1 + b_r)}$

Zweistufige Verstärker

Rückführung		Frequenzgang
keine		$F_V = \dfrac{1}{T_{ya} T_{yb} (j\omega)^2}$
von y_V	starr	$F_V = \dfrac{1}{T_{ya} T_{yb} (j\omega)^2 + 1}$
	nachgiebig	$F_V = \dfrac{T_u j\omega + 1}{T_{ya} T_{yb} T_u (j\omega)^3 + T_{ya} T_{yb} (j\omega)^2 + T_u j\omega}$
	verzögert	$F_V = \dfrac{T_u j\omega + 1}{T_{ya} T_{yb} T_u (j\omega)^3 + T_{ya} T_{yb} (j\omega)^2 + 1}$
von y_{Va}	starr	$F_V = \dfrac{1}{T_{ya} T_{yb} (j\omega)^2 + T_{yb} j\omega}$
	nachgiebig	$F_V = \dfrac{T_u j\omega + 1}{T_{ya} T_{yb} T_u (j\omega)^3 + T_{yb} (T_{ya} + T_u) (j\omega)^2}$
	verzögert	$F_V = \dfrac{T_u j\omega + 1}{T_{ya} T_{yb} T_u (j\omega)^3 + T_{ya} T_{yb} (j\omega)^2 + T_{yb} j\omega}$
von y_V und von y_{Va}:	starr	$F_V = \dfrac{1}{T_{ya} T_{yb} (j\omega)^2 + T_{yb} j\omega + 1}$
	nachgiebig	$F_V = \dfrac{T_u j\omega + 1}{T_{ya} T_{yb} T_u (j\omega)^3 + T_{yb} (T_{ya} + T_u) (j\omega)^2 + T_u j\omega}$
	verzögert	$F_V = \dfrac{T_u j\omega + 1}{T_{ya} T_{yb} T_u (j\omega)^3 + T_{ya} T_{yb} (j\omega)^2 + T_{yb} j\omega + 1}$

6. Regler

6.1 Arten von Reglern

Ein *Regler* besteht im einfachsten Fall aus einem Meßwerk; reicht das Arbeitsvermögen des Meßwerks nicht aus, um das Stellglied der Regelstrecke zu verstellen, so wird dem Meßwerk ein einstufiger oder ein mehrstufiger Verstärker mit Hilfsenergie nachgeschaltet. Dabei können Rückführungen vom Verstärker zum Meßwerk als gegengeschaltete Regelkreisglieder angeordnet werden.

Die auf die Pendelmuffe reduzierte Masse aller, bei der Verstellung der Meßwerkmuffe sich bewegenden Teile setzt sich zusammen aus:

der Masse der Teile des Meßwerks und

der Masse des Kraftschalters mit dem dazugehörigen Gestänge.

An Stelle des Pendelbeiwerts T_f^2 ist somit beim Regler der Beiwert $T_f^2 b_M > T_f^2$ einzuführen (vgl. Ziff. 4.21).

Drehzahlregler von Wasserturbinen werden gewöhnlich mit Drucköl als Hilfsenergie betrieben; sie werden für Arbeitsvermögen von über $10^6\,\mathrm{kg\,m^2\,s^{-2}}$ ausgeführt. Die Eingangsgröße des Reglers ist die Drehzahlabweichung $x_R = x$, seine Ausgangsgröße die Stellabweichung $y_R = y$. Einer Drehzahlzunahme $(+x)$ entspricht dabei die Schließbewegung $(+y)$ des Reglers. Von außen kann der Regler durch die Führungsgröße W bzw. ihre Abweichung $w = \frac{W - W_1}{W_h}$ von der ursprünglichen Größe W_1 im Beharrungszustand beeinflußt werden.

Die Führungsgröße W dient beim:

a) *Festwertregler* zum Einstellen der gewünschten, konstant oder in engen Grenzen zu haltenden Solldrehzahl; es ist also $W = \text{const}$ und $w = 0$;

b) *Zeitplanregler* zum Ändern des Sollwerts nach einem bestimmten Zeitplan; es ist also $W = W(t)$ und $w = w(t)$;

c) *Folgeregler* zum Ändern des Sollwerts in Abhängigkeit von einer mit dem Regelkreis nicht zusammenhängenden Größe v; es ist also $W = W(v)$ und $w = w(v)$.

Der Zusammenhang zwischen der Eingangsgröße x und der Ausgangsgröße y soll in nachfolgenden Ausführungen gewonnen werden als Frequenzgang $F_R = \frac{y}{x}$ aus:

dem Frequenzgang F_M des Meßwerks,

dem Frequenzgang F_V des Verstärkers und

den Frequenzgängen F_r der Rückführungen zwischen Meßwerk und Verstärker.

Das Verstehen der Wirkungsweise eines Reglers wird wesentlich erleichtert, wenn die einzelnen Regelkreiselemente und -glieder im Reglerschema durch einheitliche, von ihrer *Konstruktion unabhängige* und nur ihre Wirkungsweise wiedergebende Kurzbilder dargestellt werden, also zum Beispiel:

Drehzahlmeßwerke als Blattfederpendel,

Kraftschalter als Doppelkolbenschieber in feststehender oder in beweglicher Steuerhülse,

Stellmotoren als doppeltwirkende Kolbenmotoren,

nachgiebige Gestänge als Gestänge mit Rückstellfeder und Ölbremse, usw.

Nachstehend sollen einige Beispiele ausgeführter Turbinenregler näher erläutert und ihre Frequenzgänge und Gleichungen aufgestellt werden. Dabei sollen neben dem Schema der Herstellerfirma das Reglerschema mit den oben vorgeschlagenen Kurzbildern und das dazugehörige Blockschaltbild wiedergegeben werden. Zwecks Vereinfachung der Schreibweise soll der Faktor b_M weggelassen werden, also für $T_f^2 b_M$ nur T_f^2 geschrieben werden.

Um die Wirkungsweise eines Reglers aus dem Reglerschema leichter verstehen zu können, wurden alle zusätzlichen Einrichtungen, wie: Handverstellung, Umschalten von Handbetrieb auf Reglerbetrieb, Öffnungsbegrenzung, Sicherheitseinrichtungen und Blockierungen usw., weggelassen.

Die Differentialgleichung eines mechanischen Drehzahlmeßwerks ist oft 3. Ordnung (vgl. Abschn. 4.); jede dem Meßwerk nachgeschaltete, mit Drucköl als Hilfsenergie betriebene Verstärkerstufe erhöht die Ordnungszahl um eine Einheit, so daß die Differentialgleichung des Turbinenreglers mindestens 4. Ordnung sein wird. Die Differentialgleichung des Regelkreises wird dann noch höherer Ordnung sein. Zwecks Vereinfachung der Stabilitätsuntersuchung und anderer regeltechnischer Untersuchungen wird die Reglergleichung (und damit der rechnerisch ermittelte Frequenzgang) oft durch Weglassen Glieder höherer Ordnung vereinfacht. Es muß dabei in jedem einzelnen Fall entschieden werden, ob eine solche Näherung für die betreffende Untersuchung zulässig ist oder nicht. Meistens können Glieder höherer Ordnung bei Schwingungsfrequenzen $\omega < 1$ weggelassen werden.

In den nachstehenden Beispielen wird neben der „vollständigen“ Differentialgleichung auch die vereinfachte Differentialgleichung des Reglers für feste Sollwerteinstellung, also für $w = 0$, angegeben.

6.2 Regler mit einem Meßwerk

Als Meßwerk wird entweder ein mechanisches Drehzahlmeßwerk, also ein Fliehkraftpendel, oder ein elektrisches Drehzahlmeßwerk angenommen.

6.21 Regler der Maschinenfabrik Escher-Wyss, Zürich und Ravensburg

Es stellen dar:

Abb. 6.01 das Reglerschema des Herstellers (vereinfacht),
Abb. 6.02 das Schema mit einheitlichen Kurzbildern,
Abb. 6.03 das Blockschaltbild.

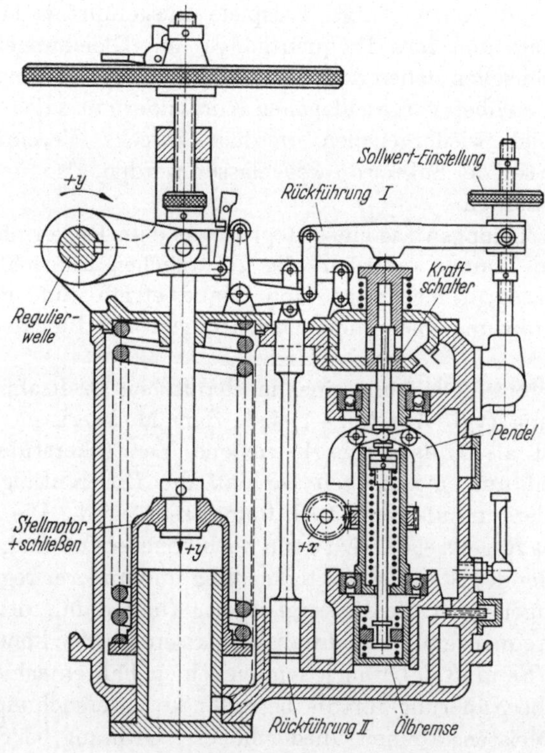

Abb. 6.01. Reglerschema des Herstellers (vereinfacht).

Nach Abb. 6.02 besteht der Regler aus 4 Regelkreiselementen:

1. einem P-Fliehkraftpendel mit unter Zwischenschaltung einer Feder angekuppelter Ölbremse mit verstellbarem Bremsenzylinder s:

$$F_{Mx} = \frac{y_{Mx}}{x} = \frac{T_d j\omega + 1}{T_f^2 T_d (j\omega)^3 + T_f^2 (j\omega)^2 + T_d (b_b + b_v) j\omega + b_b} \tag{4.25}$$

$$F_{Ms} = \frac{y_{Ms}}{s} = \frac{T_d b_v j\omega}{T_f^2 T_d (j\omega)^3 + T_f^2 (j\omega)^2 + T_d (b_b + b_v) j\omega + b_b}; \tag{4.37}$$

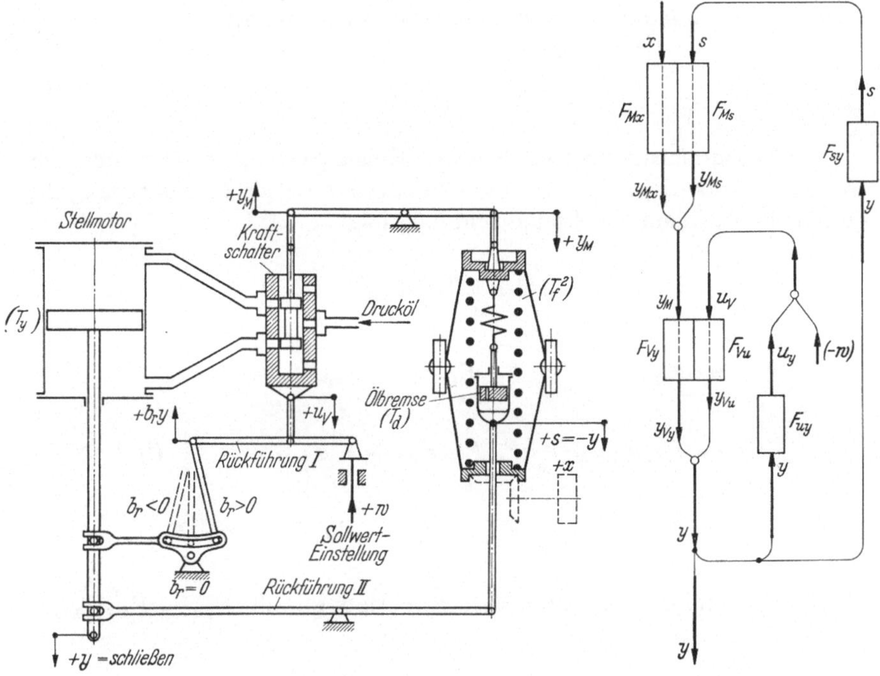

Abb. 6.02 u. 6.03. Reglerschema von Abb. 6.01 mit einheitlichen Kurzbildern und Blockschaltbild.

2. einem einstufigen Verstärker[1] mit rückgeführter Steuerhülse u_V:

$$F_{Vx} = \frac{y_{Vx}}{x_V} = \frac{1}{T_y j\omega} \tag{5.03}$$

$$F_{Vu} = \frac{y_{Vu}}{u_V} = \frac{1}{T_y j\omega} = F_{Vx}; \tag{6.01}$$

[1] Es wird $x_{V\,\max} = 1 = y_{M\,\max}$ angenommen.

3. einem Hebel zwischen der Steuerhülse u_V und dem Ausgangspunkt der starren Rückführung von y, mit veränderlicher Übersetzung für die P-Gradeinstellung, b_p, und mit verstellbarem Drehpunkt für die Sollwerteinstellung w (gebildet mit $W_h = U_{Vh}$):

$$u_V = u_y - w = -b_r y - w, \tag{6.02}$$

$$F_{uy} = \frac{u_y}{y} = -b_r; \tag{6.03}$$

4. einer starren Rückführung von y zum verstellbaren Bremsenzylinder s im Fliehkraftpendel, mit fester Übersetzung:

$$F_{sy} = \frac{s}{y} = -1. \tag{6.04}$$

Der Zusammenhang zwischen der Eingangsgröße $x_R = x$ und der Ausgangsgröße $y_R = y$ wird zweckmäßigerweise als Frequenzgang F_R ermittelt. Aus dem Blockschaltbild 6.03 folgt:

$$\begin{aligned} F_R = \frac{y}{x} &= \frac{y_{Vy} + y_{Vu}}{x} = \frac{y_{Mx} + y_{Ms}}{x} F_{Vy} + \frac{u_V}{x} F_{Vu} \\ &= F_{Mx} F_{Vy} + \frac{s}{x} F_{Ms} F_{Vy} + \frac{y}{x} F_{uy} F_{Vu} - \frac{w}{x} F_{Vu} \\ &= F_{Mx} F_{Vy} + \frac{y}{x} F_{sy} F_{Ms} F_{Vy} + \frac{y}{x} F_{uy} F_{Vu} - \frac{w}{x} F_{Vu} \\ &= F_{Mx} F_{Vy} - \frac{w}{x} F_{Vu} + F_R (F_{sy} F_{Ms} F_{Vy} + F_{uy} F_{Vu}). \end{aligned} \tag{6.05}$$

Daraus ergibt sich, unter Berücksichtigung, daß $F_{Vu} = F_{Vy}$ ist:

$$F_R = \frac{F_{Mx} F_{Vy} - \frac{w}{x} F_{Vy}}{1 - F_{Vy}(F_{Ms} F_{sy} + F_{uy})}. \tag{6.06}$$

Mit obigen Werten für F_{Mx}, F_{Ms}, F_{Vy}, F_{sy} und F_{uy}, sowie mit den Abkürzungen: $b_b b_r = b_p =$ *bleibender (permanenter) P-Grad des Reglers* und $(1 + b_r)\, b_v = b_t =$ *vorübergehender (temporärer) P-Grad des Reglers*, berechnet sich der Frequenzgang F_R aus Gl. (6.06) zu:

Zähler von F_R

$$T_d j\omega + 1 - \frac{w}{x} [T_f^2 T_d (j\omega)^3 + T_f^2 (j\omega)^2 + T_d (b_b + b_v)\, j\omega + b_b].$$

Nenner von F_R:

$$\begin{aligned}
&(j\omega)^4 \cdot T_f^2 T_d T_y \\
&+ (j\omega)^3 \cdot T_f^2 (T_d b_r + T_y) \\
&+ (j\omega)^2 \cdot [T_f^2 b_r + T_d T_y (b_b + b_v)] \\
&+ j\omega \cdot [T_d (b_p + b_t) + T_y b_b] \\
&+ b_p. \qquad (6.07)
\end{aligned}$$

Ein Beispiel für den Verkauf der Ortskurve für $w = 0$ und der inversen Ortskurve für $w = 0$ ist in Abb. 6.04 wiedergegeben.

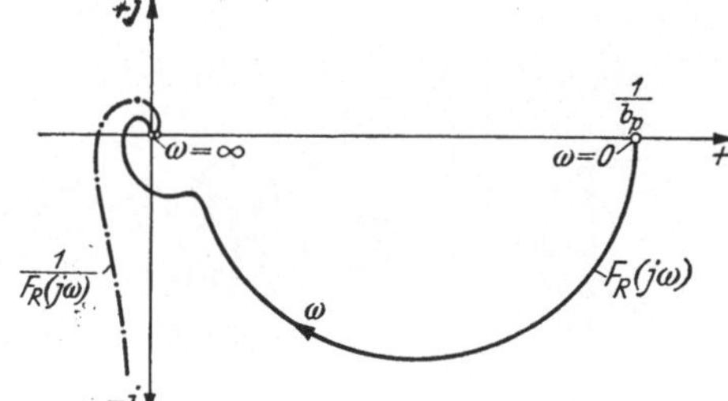

Abb. 6.04. Beispiel für den Verlauf der Ortskurve $F_R(j\omega)$ und der inversen Ortskurve $\frac{1}{F_R(j\omega)}$ eines Reglers 4. Ordnung.

Beim Anschreiben der Differentialgleichung aus Gl. (6.07) ist zu beachten, daß bei allen Gliedern des Zählers mit dem Faktor $\frac{w}{x}$ die Eingangsgröße die Führungsabweichung w ist.

Die Differentialgleichung dieses Reglers lautet somit:

$$\begin{aligned}
&y^{IV} \cdot T_f^2 T_d T_y \\
&+ y''' \cdot T_f^2 (T_d b_r + T_y) \\
&+ y'' \cdot [T_f^2 b_r + T_d T_y (b_b + b_v)] \\
&+ y' \cdot [T_d (b_p + b_t) + T_y b_b] \\
&+ y \cdot b_p = T_d x' + x \\
&- [T_f^2 T_d w''' + T_f^2 w'' + T_d (b_b + b_v) w' + b_b w]. \qquad (6.08)
\end{aligned}$$

Wie bereits erwähnt wurde, wird in manchen Fällen die vereinfachte Differentialgleichung verwendet:

$$T_d T_y (b_b + b_v) y'' + [T_d (b_p + b_t) + T_y b_b] y' + b_p y = T_d x' + x. \qquad (6.09)$$

6.22 Regler der Maschinenfabrik J. M. Voith, Heidenheim

Es stellen dar:

Abb. 6.05 das Reglerschema des Herstellers (vereinfacht),
Abb. 6.06 das Schema mit einheitlichen Kurzbildern,
Abb. 6.07 das Blockschaltbild.

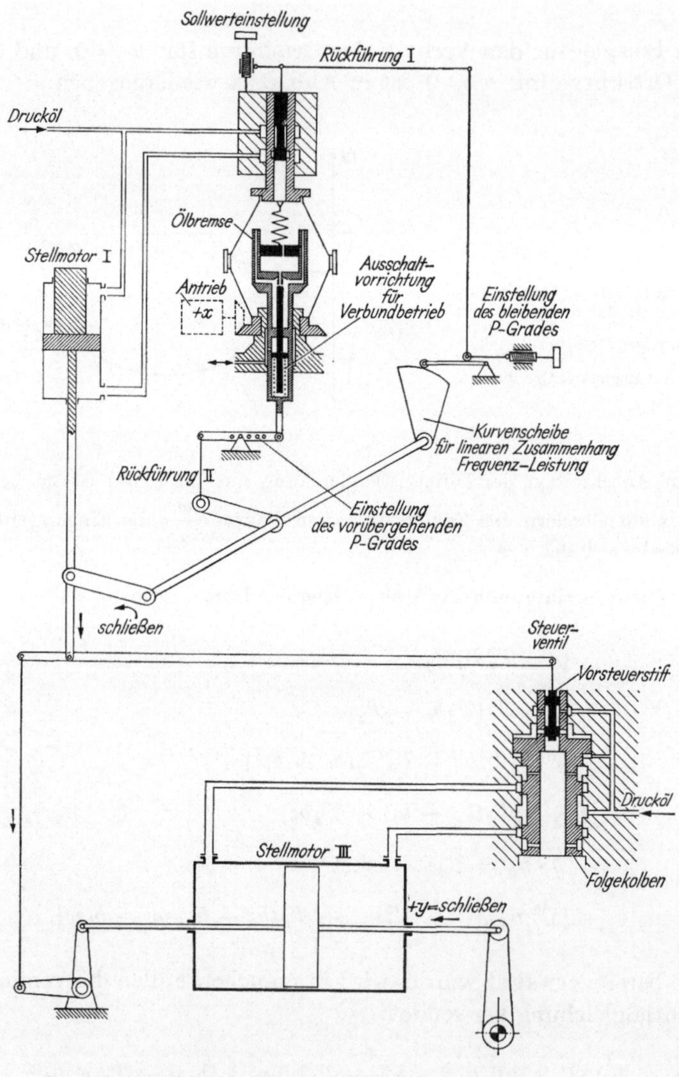

Abb. 6.05. Reglerschema des Herstellers (vereinfacht).

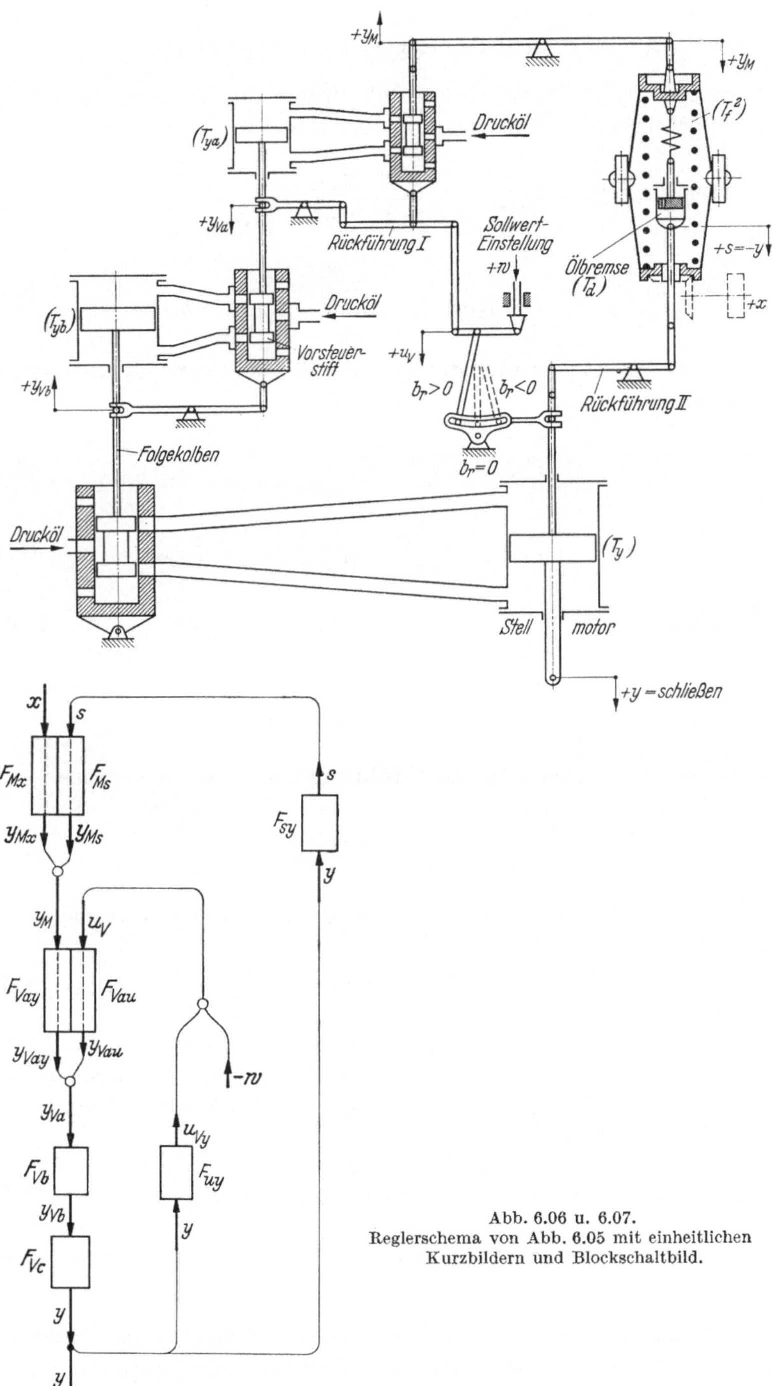

Abb. 6.06 u. 6.07.
Reglerschema von Abb. 6.05 mit einheitlichen Kurzbildern und Blockschaltbild.

Nach Abb. 6.06 besteht der Regler aus 6 Regelkreiselementen:

1. einem P-Fliehkraftpendel mit unter Zwischenschaltung einer Feder angekuppelter Ölbremse mit verstellbarem Bremsenzylinder s:

$$F_{Mx} = \frac{y_{Mx}}{x} = \frac{T_d j\omega + 1}{T_j^2 T_d (j\omega)^3 + T_j^2 (j\omega)^2 + T_d (b_b + b_v) j\omega + b_b} \tag{4.25}$$

$$F_{Ms} = \frac{y_{Ms}}{s} = \frac{T_d b_v j\omega}{T_j^2 T_d (j\omega)^3 + T_j^2 (j\omega)^2 + T_d (b_b + b_v) j\omega + b_b}; \tag{4.37}$$

2. einem Verstärker mit starrer Rückführung von y_{Va} und von u_V als 1. Verstärkerstufe:

$$F_{Vay} = \frac{y_{Vay}}{x_{Va}} = \frac{1}{T_{ya} j\omega + 1}, \tag{6.10}$$

$$F_{Vau} = \frac{y_{Vau}}{u_V} = \frac{1}{T_{ya} j\omega + 1} = F_{Vay}; \tag{6.11}$$

3. einem Verstärker mit starrer Rückführung von y_{Vb} als 2. Verstärkerstufe:

$$F_{Vb} = \frac{y_{Vb}}{y_{Va}} = \frac{1}{T_{yb} j\omega + 1}; \tag{6.12}$$

4. einem Verstärker ohne Rückführung als 3. Verstärkerstufe:

$$F_{Vc} = \frac{y}{y_{Vb}} = \frac{1}{T_{yc} j\omega}; \tag{6.13}$$

5. einer starren Rückführung von y zum Bremsenzylinder s im Fliehkraftpendel:

$$F_{sy} = -1; \tag{6.14}$$

6. einer starren Rückführung von y zur Steuerhülse u_V des 1. Verstärkers mit veränderlicher Übersetzung b_r für die P-Gradeinstellung und einem verstellbaren Hebeldrehpunkt für die Sollwerteinstellung w (gebildet mit $W_h = U_{Vh}$):

$$u_V = u_{Vy} - w = -b_r y - w, \tag{6.15}$$

$$F_{uy} = \frac{u_{Vy}}{y} = -b_r. \tag{6.16}$$

Der Zusammenhang zwischen der Eingangsgröße $x_R = x$ und der Ausgangsgröße $y_R = y$ wird zweckmäßigerweise als Frequenzgang F_R

ermittelt. Aus dem Blockschaltbild (Abb. 6.07) folgt:

$$F_R = \frac{y}{x} = \frac{y_{Va}}{x} F_{Vb} F_{Vc} = \frac{y_{Vay} + y_{Vau}}{x} F_{Vb} F_{Vc}$$

$$= \left(\frac{y_M}{x} F_{Vay} + \frac{u_V}{x} F_{Vau}\right) F_{Vb} F_{Vc}$$

$$= \left(\frac{y_{Mx} + y_{Ms}}{x} F_{Vay} + \frac{u_{Vy} - w}{x} F_{Vau}\right) F_{Vb} F_{Vc}$$

$$= \left(F_{Mx} F_{Vay} + \frac{y}{x} F_{Vay} F_{Ms} F_{sy} + \frac{y}{x} F_{Vau} F_{uy} - \frac{w}{x} F_{Vau}\right) F_{Vb} F_{Vc}. \tag{6.17}$$

Daraus ergibt sich, unter Berücksichtigung, daß $F_{Vau} = F_{Vay}$ ist:

$$F_R = \frac{F_{Mx} F_{Vay} F_{Vb} F_{Vc} - \frac{w}{x} F_{Vay} F_{Vb} F_{Vc}}{1 - F_{Vay} F_{Vb} F_{Vc} (F_{Ms} F_{sy} + F_{uy})}. \tag{6.18}$$

Mit obigen Werten für F_{Mx}, F_{Ms}, F_{Vay}, F_{Vb}, F_{Vc}, F_{sy} und F_{uy}, sowie mit den Abkürzungen: $b_b b_r = b_p$ = *bleibender (permanenter) P-Grad des Reglers* und mit $(1 + b_r)\, b_v = b_t$ = *vorübergehender (temporärer) P-Grad des Reglers*, ergibt sich der Frequenzgang F_R aus Gl. (6.18) zu:

Zähler von F_R:

$$T_d j\omega + 1 - \frac{w}{x} [T_f^2 T_d (j\omega)^3 + T_f^2 (j\omega)^2 + T_d (b_b + b_v)\, j\omega + b_b].$$

Nenner von F_R:

$$\begin{aligned}
&(j\omega)^6 \cdot T_f^2 T_d T_y T_{ya} T_{yb} \\
&+ (j\omega)^5 \cdot T_f^2 T_y [T_d (T_{ya} + T_{yb}) + T_{ya} T_{yb}] \\
&+ (j\omega)^4 \cdot T_y [T_f^2 (T_d + T_{ya} + T_{yb}) + T_d T_{ya} T_{yb} (b_b + b_v)] \\
&+ (j\omega)^3 \cdot [T_f^2 (T_d b_r + T_y) + T_d T_y (T_{ya} + T_{yb})(b_b + b_v) + T_y T_{ya} T_{yb} b_b] \\
&+ (j\omega)^2 \cdot [T_f^2 b_r + T_d T_y (b_b + b_v) + T_y (T_{ya} + T_{yb})\, b_b] \\
&+ j\omega \cdot [T_d (b_p + b_t) + T_m b_b] \\
&+ b_p.
\end{aligned} \tag{6.19}$$

Beim Anschreiben der Differentialgleichung aus Gl. (6.19) ist zu beachten, daß bei allen Gliedern des Zählers mit dem Faktor $\frac{w}{x}$ die Eingangsgröße die Führungsabweichung w ist,

Die Differentialgleichung dieses Reglers lautet somit:

$$
\begin{aligned}
& y^{VI} \cdot T_f^2 T_d T_y T_{ya} T_{yb} \\
& + y^{V} \cdot T_f^2 T_y [T_d (T_{ya} + T_{yb}) + T_{ya} T_{yb}] \\
& + y^{IV} \cdot T_y [T_f^2 (T_d + T_{ya} + T_{yb}) + T_d T_{ya} T_{yb} (b_b + b_v)] \\
& + y''' \cdot [T_f^2 (T_d b_r + T_y) + T_d T_y (T_{ya} + T_{yb})(b_b + b_v) + T_y T_{ya} T_{yb} b_b] \\
& + y'' \cdot [T_f^2 b_r + T_d T_y (b_b + b_v) + T_y (T_{ya} + T_{yb}) b_b] \\
& + y' \cdot [T_d (b_p + b_t) + T_y b_b] \\
& + y \cdot b_p = T_d x' + x \\
& - [T_f^2 T_d w''' + T_f^2 w'' + T_d (b_b + b_v) w' + b_b w]. \qquad (6.20)
\end{aligned}
$$

Wie bereits erwähnt wurde, wird in manchen Fällen die vereinfachte Differentialgleichung verwendet:

$$T_d T_y (b_b + b_v) y'' + [T_d (b_p + b_t) + T_y b_b] y' + b_p y = T_d x' + x. \qquad (6.21)$$

6.23 Elektrischer Regler von Siemens, Erlangen

Es stellen dar:

Abb. 6.08 das Schaltschema des Herstellers (vereinfacht),

Abb. 6.09 das Schema mit einheitlichen Kurzbildern eines mechanischen Reglers mit gleichen regeltechnischen Eigenschaften,

Abb. 6.10 das Blockschaltbild.

Die Drehzahl wird von einer mit der Turbinenwelle rotierenden, an ihrem Umfang mit Magnetstiften versehenen Scheibe von einem Hallgenerator digital abgenommen und in einem am Regler befindlichen Frequenz-Spannungs-Umsetzer in eine, der Drehzahl proportionale Gleichspannung umgeformt. Die aus diesem Eingangssignal und aus dem Sollwert gebildete Spannungdifferenz wird im nachgeschalteten Drehzahlmeßwerk, in einem mit Eingangswiderständen und Rückkopplungswiderständen versehenen Operationsverstärker verstärkt; der aus der Ausgangsspannung und aus der Eingangsspannung gebildete Frequenzgang entspricht dem Frequenzgang eines mechanischen Fliehkraftpendels mit unter Zwischenschaltung einer Feder angekuppelter Ölbremse mit feststehendem Bremsenzylinder, dessen Masse vernachlässigt wurde.

In den nachfolgenden Reglerteilen, in einem elektrischen Verstärker und im Tauchspulenverstärker, wird die Differenz aus der Eingangs-

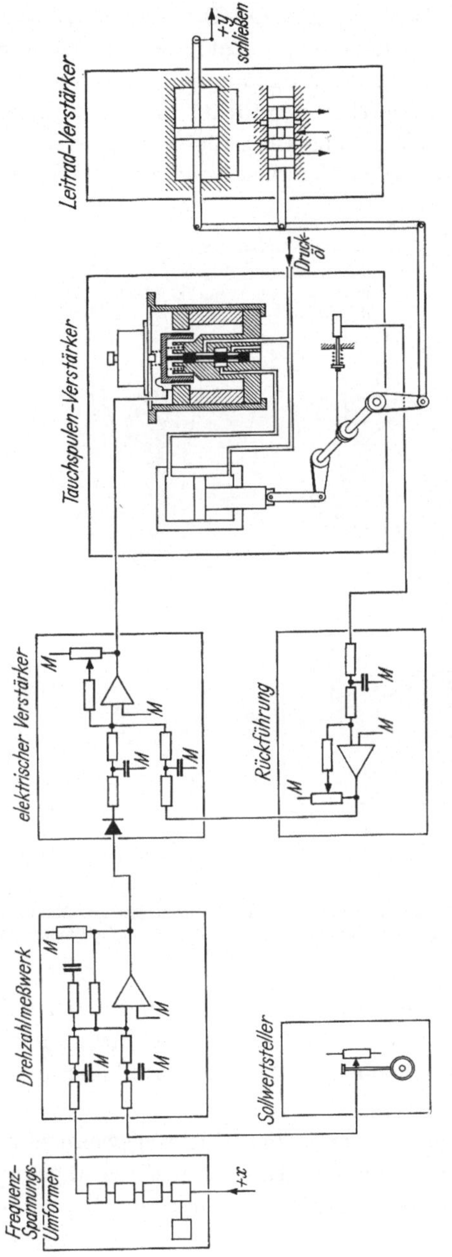

Abb. 6.08. Reglerschema des Herstellers (vereinfacht).

spannung und der Rückführspannung gebildet, verstärkt und in die Bewegung des Stellkolbens eines mit Drucköl als Hilfsenergie betriebenen hydraulischen Verstärkers umgeformt; die Lage dieses Stellkolbens wird von einem Induktivgeber aufgenommen und als Rückführspannung (vorher im Rückverstärker verstärkt) in den elektrischen Verstärker zurückgeführt. Die Wirkungsweise dieses Reglerteiles entspricht einem einstufigen hydraulischen Verstärker mit starrer Rückführung.

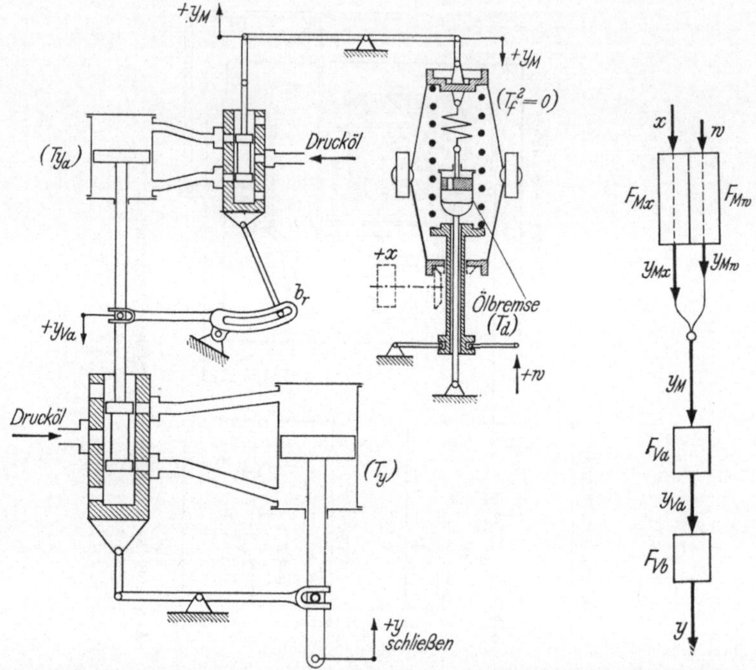

Abb. 6.09 u. 6.10. Reglerschema eines Reglers mit mechanischem Meßwerk mit regeltechnischen Eigenschaften des Reglers von Abb. 6.08, dargestellt mit einheitlichen Kurzbildern und Blockschaltbild.

Dem Tauchspulenverstärker ist im vorliegenden Beispiel ein zweiter hydraulischer Verstärker mit starrer Rückführung nachgeschaltet.

Nach der vorstehenden kurzen Beschreibung und nach Abb. 6.09 besteht der Regler aus:

1. einem Meßwerk, das in der Wirkungsweise einem P-Fliehkraftpendel mit unter Zwischenschaltung einer Feder angekuppelter Ölbremse mit feststehendem Bremsenzylinder, mit um $W_h = Y_{Mh}$[1] verstellbarer

---

[1] Wird w mit $W_h = \frac{1}{b_b} Y_{Mh}$ gebildet, dem die Sollwertänderung N_N entspricht, so tritt im Zähler von Gl. (6.23) an Stelle von b_b der Wert 1.

Zusatzfeder und mit vernachlässigbarer Masse, also nach Gl. (4.40) mit $T_f^2 = 0$ und $s = 0$, entspricht:

$$F_{Mx} = \frac{T_d j\omega + 1}{T_d (b_b + b_v) j\omega + b_b} \tag{6.22}$$

$$F_{Mw} = \frac{-T_d b_b j\omega - b_b}{T_d (b_b + b_v) j\omega + b_b}; \tag{6.23}$$

2. einem einstufigen Verstärker mit starrer Rückführung und verstellbarer Übersetzung b_r, nach Gl. (5.09):

$$F_{Va} = \frac{1}{T_{ya} j\omega + b_r}; \tag{6.24}$$

3. einem einstufigen Verstärker mit starrer Rückführung mit $b_{rb} = 1$ nach Gl. (5.09):

$$F_{Vb} = \frac{1}{T_y j\omega + 1}. \tag{6.25}$$

Der Zusammenhang zwischen der Eingangsgröße $x_R = x$ und der Ausgangsgröße $y_R = y$ wird zweckmäßigerweise als Frequenzgang F_R ermittelt. Aus dem Blockschaltbild 6.10 folgt:

$$F_R = \frac{y}{x} = \frac{y_{Mx} + y_{Mw}}{x} F_{Va} F_{Vb} = \left[F_{Mx} + \frac{w}{x} F_{Mw}\right] F_{Va} F_{Vb}. \tag{6.26}$$

Daraus ergibt sich, unter Berücksichtigung, daß $F_{Mw} = -F_{Mx} b_b$ ist:

$$F_R = \left[1 - \frac{w}{x} b_b\right] F_{Mx} F_{Va} F_{Vb}. \tag{6.27}$$

Mit obigen Werten für F_{Mx}, F_{Va} und F_{Vb}, sowie mit den Abkürzungen: $b_b b_r = b_p$ = bleibender (permanenter) P-Grad des Reglers und $b_v b_r = b_t$ = vorübergehender (temporärer) P-Grad des Reglers, berechnet sich der Frequenzgang F_R aus Gl. (6.27) zu:

Zähler von F_R:

$$(T_d j\omega + 1)\left(1 - \frac{w}{x} b_b\right).$$

Nenner von F_R:

$$\begin{aligned} &(j\omega)^3 \cdot T_d (b_b + b_v) T_{ya} T_y \\ &+ (j\omega)^2 \cdot [T_d (b_b + b_v)(T_{ya} + T_y b_r) + T_{ya} T_y b_b] \\ &+ j\omega \cdot [T_d (b_p + b_t) + (T_{ya} + T_y b_r) b_b] \\ &+ b_p. \end{aligned} \tag{6.28}$$

Beim Anschreiben der Differentialgleichung aus Gl. (6.28) ist zu beachten, daß bei allen Gliedern des Zählers mit dem Faktor $\frac{w}{x}$, die Eingangsgröße die Führungsabweichung w ist.

Die Differentialgleichung des Reglers lautet somit:

$$\begin{aligned} & y''' \cdot T_d(b_b + b_v) T_{ya} T_y \\ & + y'' \cdot [T_d(b_b + b_v)(T_{ya} + T_y b_r) + T_{ya} T_y b_b] \\ & + y' \cdot [T_d(b_p + b_t) + (T_{ya} + T_y b_r) b_b] \\ & + y \cdot b_p = T_d x' + x \\ & \qquad - [T_d b_b w' + b_b w]. \end{aligned} \tag{6.29}$$

Wie bereits erwähnt wurde, wird in manchen Fällen die vereinfachte Differentialgleichung verwendet:

$$T_d T_y (b_p + b_t) y'' + [T_d(b_p + b_t) + T_y b_p] y' + b_p y = T_d x' + x. \tag{6.30}$$

6.3 Regler mit zwei Meßwerken

Als Meßwerke werden verwendet:

1. ein Drehzahlmeßwerk und

2. ein Meßwerk für die Winkelbeschleunigung, also ein Meßwerk für die erste Ableitung der Drehzahl nach der Zeit.

6.31 Regler von Ateliers de Construction Mécanique de Vevey, Vevey

Es stellen dar:

Abb. 6.11 das Reglerschema des Herstellers (vereinfacht),

Abb. 6.12 das Schema mit einheitlichen Kurzbildern,

Abb. 6.13 das Blockschaltbild.

Nach Abb. 6.12 besteht der Regler aus 8 Regelkreiselementen:

1. einem P-Fliehkraftpendel mit verstellbarer Pendelfeder w_M:

$$F_{Mx} = \frac{y_{Mx}}{x} = \frac{1}{T_f^2 (j\omega)^2 + (b_b + b_w)} \tag{4.30}$$

$$F_{Mw} = \frac{y_{Mw}}{w_m} = \frac{b_w}{T_f^2 (j\omega)^2 + (b_b + b_w)}; \tag{4.31}$$

2. einem dem Fliehkraftpendel nachgeschalteten Verstärker mit starrer Rückführung

$$F_{Va} = \frac{y_{Va}}{y_M} = \frac{1}{T_{ya} j\omega + 1}; \tag{6.31}$$

3. einem Beschleunigungspendel ohne Dämpfung:

$$F_B = \frac{y_{Bx}}{x} = \frac{T_n j\omega}{T_{fB}^2 (j\omega)^2 + 1}; \tag{4.48}$$

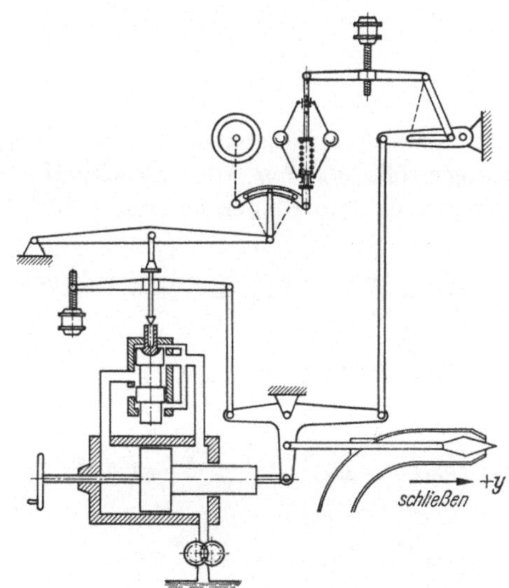

Abb. 6.11. Reglerschema des Herstellers (vereinfacht).

4. einem dem Beschleunigungspendel nachgeschalteten Verstärker mit starrer Rückführung:

$$F_{Vb} = \frac{y_{Vb}}{y_{Bx}} = \frac{1}{T_{yb} j\omega + 1}; \tag{6.32}$$

5. einem Kuppelgestänge mit verstellbaren Übersetzungen b_{ra} und b_{rb} zwischen y_{Va} und y_{Vb} einerseits und x_{Vc} andererseits, zur Einstellung des Einflusses der Drehzahlabweichung x und der Beschleunigung x':

$$F_{Ga} = b_{ra}, \tag{6.33}$$

$$F_{Gb} = b_{rb}; \tag{6.34}$$

6. einem Verstärker mit starrer Rückführung als 2. Verstärkerstufe:

$$F_{Vc} = \frac{1}{T_{yc} j\omega + 1}. \tag{6.35}$$

7. einem Verstärker ohne Rückführung als 3. Verstärkerstufe:

$$F_{Vd} = \frac{1}{T_y j\omega}; \tag{6.36}$$

8. einer starren Rückführung von y zur Pendelfeder, w_M (gebildet mit $W_{Mh} = Y_{Mh}$), mit verstellbarer Übersetzung b_r für die P-Gradeinstellung und mit verstellbarem Drehpunkt für die Sollwerteinstellung:

$$w_M = u_y - w = -b_r y - w, \tag{6.37}$$

$$F_{uy} = -b_r. \tag{6.38}$$

Der Zusammenhang zwischen der Eingangsgröße $x_R = x$ und der Ausgangsgröße $y_R = y$ wird zweckmäßigerweise als Frequenzgang F_R ermittelt. Aus dem Blockschaltbild 6.13 folgt:

$$\begin{aligned} F_R &= \frac{y}{x} = \frac{x_{Vc}}{x} F_{Vc} F_{Vd} = \frac{b_{ra} y_{Va} + b_{rb} y_{Vb}}{x} F_{Vc} F_{Vd} \\ &= \left(\frac{y_{Mx} + y_{Mw}}{x} b_{ra} F_{Va} + b_{rb} F_{Vb} F_B\right) F_{Vc} F_{Vd} \\ &= \left(b_{ra} F_{Va} F_{Mx} + \frac{u_y - w}{x} b_{ra} F_{Va} F_{Mw} + b_{rb} F_{Vb} F_B\right) F_{Vc} F_{Vd} \\ &= \left(b_{ra} F_{Va} F_{Mx} + \frac{y}{x} b_{ra} F_{Va} F_{Mw} F_{uy} - \frac{w}{x} b_{ra} F_{Va} F_{Mw} + b_{rb} F_{Vb} F_B\right) \\ &\quad \times F_{Vc} F_{Vd}. \end{aligned} \tag{6.39}$$

Daraus ergibt sich:

$$F_R = \frac{(b_{ra} F_{Mx} F_{Va} + b_{rb} F_B F_{Vb}) F_{Vc} F_{Vd} - \frac{w}{x} b_{ra} F_{Mw} F_{Va} F_{Vc} F_{Vd}}{1 - b_{ra} F_{Mw} F_{Va} F_{uy} F_{Vc} F_{Vd}}. \tag{6.40}$$

Mit obigen Werten für F_{Mx}, F_{Mw}, F_B, F_{Va}, F_{Vb}, F_{Vc}, F_{Vd} und F_{uy}, sowie mit den Abkürzungen: $b_w b_r = b_p$ = bleibender (permanenter) P-Grad des Reglers, $\frac{b_{rb}}{b_{ra}} = b_n$ = Verhältnis des Einflusses der Winkelbeschleunigung zum Einfluß der Drehzahlabweichung und $\frac{b_b + b_w}{b_{ra}} = b_d$ berechnet sich aus Gl. (6.40) der Frequenzgang des Reglers F_R und mit ihm nach Ziff. 1.23 die Differentialgleichung des Reglers zu:

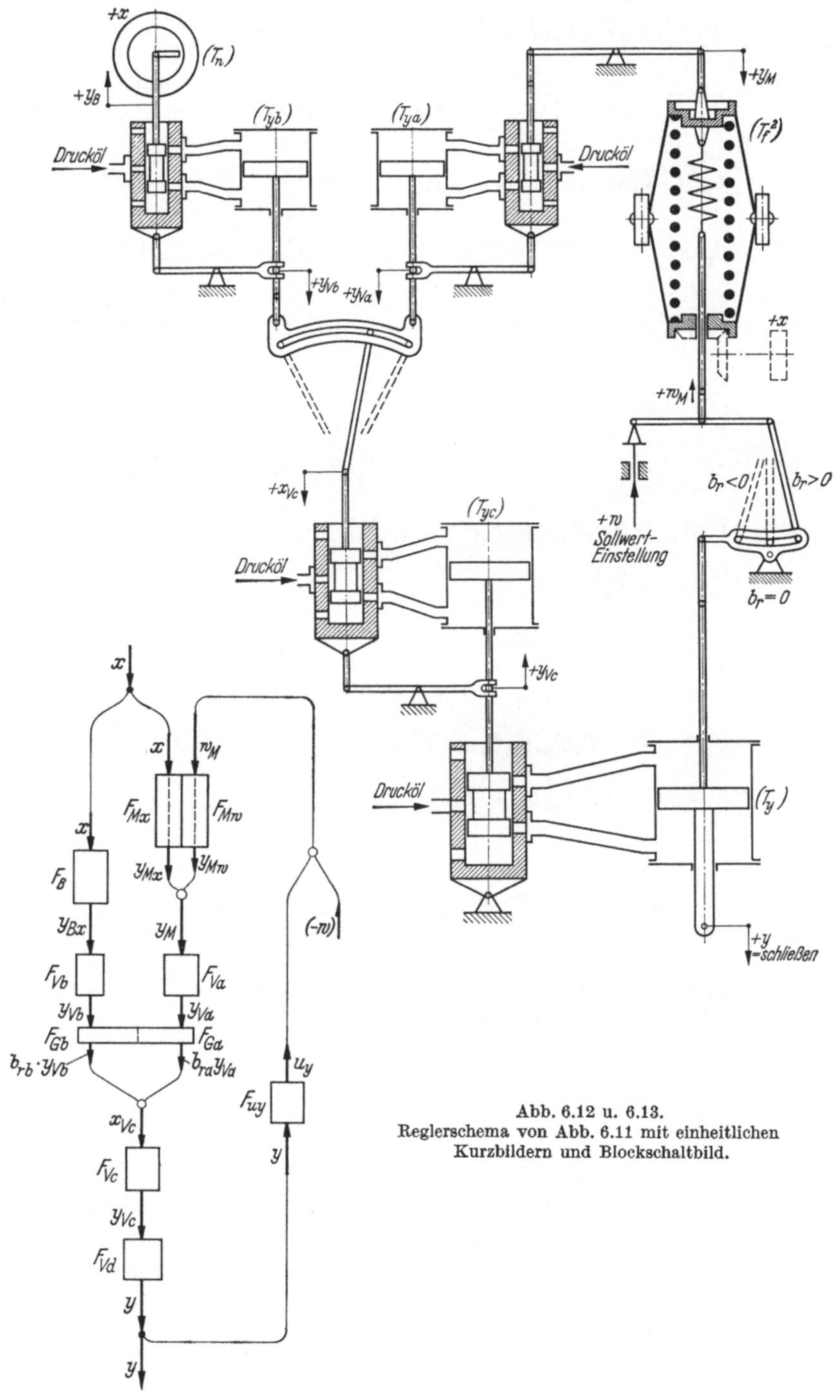

Abb. 6.12 u. 6.13.
Reglerschema von Abb. 6.11 mit einheitlichen Kurzbildern und Blockschaltbild.

$$
\begin{aligned}
&y^{VIII} \cdot T_f^2 T_{fB}^2 T_y T_{ya} T_{yb} T_{yc} \frac{1}{b_{ra}} \\
&+ y^{VII} \cdot T_f^2 T_{fB}^2 T_y [T_{ya} T_{yb} + T_{ya} T_{yc} + T_{yb} T_{yc}] \frac{1}{b_{ra}} \\
&+ y^{VI} \cdot T_y \{T_f^2 T_{fB}^2 (T_{ya} + T_{yb} + T_{yc}) + [T_f^2 + T_{fB}^2 (b_b + b_w)] T_{ya} T_{yb} T_{yc}\} \frac{1}{b_{ra}} \\
&+ y^{V} \cdot T_y \{T_f^2 T_{fB}^2 + [T_f^2 + T_{fB}^2 (b_b + b_w)] (T_{ya} T_{yb} + T_{ya} T_{yc} + T_{yb} T_{yc})\} \frac{1}{b_{ra}} \\
&+ y^{IV} \cdot T_y \{[T_f^2 + T_{fB}^2 (b_b + b_w)] (T_{ya} + T_{yb} + T_{yc}) + T_{ya} T_{yb} T_{yc} (b_b + b_w)\} \frac{1}{b_{ra}} \\
&+ y''' \cdot \Big\{T_{fB}^2 T_{yb} b_p + T_y [T_f^2 + (T_{fB}^2 + T_{ya} T_{yb} + T_{ya} T_{yc} \\
&\qquad\qquad + T_{yb} T_{yc}) (b_b + b_w)] \frac{1}{b_{ra}}\Big\} \\
&+ y'' \cdot [T_{fB}^2 b_p + T_y (T_{ya} + T_{yb} + T_{yc}) b_d] \\
&+ y' \cdot (T_{yb} b_p + T_y b_d) \\
&+ y \cdot b_p = x^{IV} \cdot T_f^2 T_n T_{ya} b_n \\
&\qquad + x''' \cdot (T_f^2 T_n b_n + T_{fB}^2 T_{yb}) \\
&\qquad + x'' \cdot (T_n T_{ya} b_{rb} b_d + T_{fB}^2) \\
&\qquad + x' \cdot (T_n b_{rb} b_d + T_{yb}) \\
&\qquad + x \\
&\qquad - b_w (T_{fB}^2 T_{yb} w''' + T_{fB}^2 w'' + T_{yb} w' + w). \qquad (6.41)
\end{aligned}
$$

Wie bereits erwähnt wurde, wird in manchen Fällen die vereinfachte Differentialgleichung verwendet:

$$T_y T_{yc} b_d y'' + T_y b_d y' + b_p y = T_n b_{rb} b_d x' + x. \qquad (6.42)$$

Auf einen wichtigen Unterschied zwischen den Reglern mit einem Meßwerk und den Reglern mit zwei Meßwerken soll besonders hingewiesen werden. Wie aus den Gln. (6.08), (6.20) und (6.29) für die erstgenannten Regler und aus der Gl. (6.41) für den letztgenannten Regler hervorgeht, wird der Beiwert des Dämpfungsgliedes der Differentialgleichung, des Gliedes mit y', gebildet:

bei Reglern mit einem Meßwerk hauptsächlich mit der Zeitkonstanten der Ölbremse, mit der Dämpfungszeit T_d, die sich normalerweise zwischen 0,5 und 10 s einstellen läßt;

bei Reglern mit zwei Meßwerken mit der Laufzeit des Verstärkers, T_y, die normalerweise 0,05 bis 0,50 s beträgt und die zwecks Erzielung einer ausreichenden Dämpfung für kleine Auslenkungen des Kraftschalters künstlich vergrößert werden muß.

6.4 Überprüfung des Reglers in einem Versuch

Ein Reglerkonstrukteur — aber auch der Betreiber einer geregelten Anlage — wird auf rechnerische Untersuchungen nicht verzichten können, die ihm sowohl die Vorausbestimmung des Verhaltens des Reglers in den Beharrungszuständen und während Regelungsvorgängen, also die Vorausbestimmung des „Umformvorganges der Regelgröße in eine Stellbewegung" ermöglichen wie auch den Einfluß der einzelnen Konstruktionselemente auf dieses Verhalten zu erkennen gestatten. Er wird aber gut tun, seine Berechnungen, wie dies in der Technik allgemein üblich ist, in einem Versuch nachzuprüfen.

Die Versuche an den einzelnen Teilen und am zusammengebauten Regler sollten bereits im Herstellerwerk stattfinden, um etwaige Ausführungsfehler und Montagefehler rechtzeitig erkennen und beheben zu können. Es sollte aber auch die Möglichkeit bestehen, den Regler unter den tatsächlichen Betriebsbedingungen in der Anlage, ohne großen Zeit- und Arbeitsaufwand, in einem Versuch zu überprüfen. Beide Forderungen müssen bei der Konstruktion und bei der Anordnung des Reglers in der Anlage berücksichtigt werden.

Überprüft wird normalerweise das Verhalten des Reglers

a) in Beharrungszuständen und während bestimmter Schaltvorgänge (während großer Regelbewegungen) und

b) während der Regelvorgänge.

In Vorversuchen müssen alle Anzeigegeräte, besonders Einstelleinrichtungen des Reglers, geeicht und alle Begrenzungselemente, wie Drosselblenden und ähnliches mehr, angepaßt werden.

6.41 Versuchsgeräte

Außer den üblichen Geräten für das Messen und das Registrieren der Zeit und der Wege wird ein besonderes Gerät für die stufenweise Änderung der Reglerdrehzahl bei statischen Versuchen und für das Erzeugen von harmonischen Drehzahlschwingungen bei Frequenzgangversuchen gebraucht. Sehr gut hat sich in der Praxis ein mit einem Schaltgetriebe ausgerüstetes Gerät bewährt, das in den nachfolgenden Ausführungen kurz „Sinusgeber" genannt wird[1]. Das Reglermeßwerk wird an einen eigenen Pendelgenerator angeschlossen, der unter Zwischenschaltung eines Differentialgetriebes von einem Reluktanzmotor mit konstanter Drehzahl angetrieben wird[2]. Das drehbar gelagerte, mit einem Zahnkranz versehene Gehäuse des Differentialgetriebes wird von einem zweiten Reluktanzmotor über ein 18stufiges Schaltgetriebe

a) bei statischen Versuchen unter Zwischenschaltung von Zahnrädern mit verschiedenen, in kleinen Stufen einstellbaren Drehzahlen in der einen oder in der anderen Richtung gedreht und damit der Grunddrehzahl des Pendelgenerators genau bestimmte Drehzahlen überlagert;

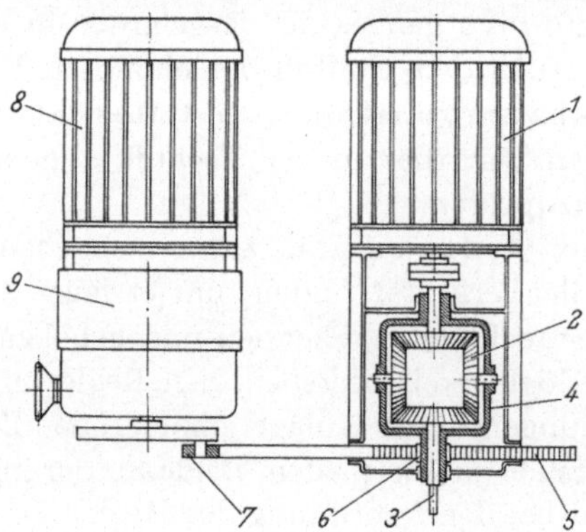

Abb. 6.14. Aufbau und Wirkungsweise eines mechanischen Sinusgebers (schematisch) bei Frequenzgangversuchen.
1 Reluktanzmotor für Grunddrehzahl, *2* Differentialgetriebe, *3* Abtriebswelle, *4* Gehäuse des Differentialgetriebes, *5* Zahnstange an der Kurbelschleife, *6* Ritzel am Gehäuse des Differentialgetriebes, *7* Kurbelschleife mit einstellbarem Radius, *8* Reluktanzmotor für überlagerte Drehzahl, *9* Schaltgetriebe.

b) bei Frequenzgangversuchen unter Zwischenschaltung einer Kurbelschleife mit einstellbarem Kurbelradius, mit verschiedenen Frequenzen harmonisch hin- und hergeschwenkt und damit der Grunddrehzahl des Pendelgenerators genau bestimmte sinusförmige Drehzahlschwingungen überlagert.

Die Wirkungsweise des Gerätes ist schematisch in Abb. 6.14 wiedergegeben. Für Messungen in Anlagen werden transportable Sinusgeber für Schwingungsfrequenzen von $\omega = 0{,}1$ bis $\omega = 7{,}5\ \mathrm{s}^{-1}$ verwendet.

---

[1] Vgl. A. SCHMID: „Ein mechanisches Gerät zur Bestimmung der statischen und dynamischen Kennlinien von Drehzahlreglern für Wasserturbinen" — Diss. T. H. Stuttgart 1960.

[2] Bei einem Meßwerk mit digitaler Erfassung der Drehzahl wird an Stelle eines Pendelgenerators eine rotierende Scheibe verwendet, die am Umfang mit Magnetstiften besetzt ist; die in einem Hallgenerator und im Impulsformer erzeugten elektrischen Impulse werden in das Reglermeßwerk geleitet. (Vgl. Ziff. 6.23.)

Der Antriebsmotor eines solchen Sinusgebers muß von einem Drehstromnetz mit konstanter Frequenz mit Energie versorgt werden. Die elektrische Leitung vom Pendelgenerator der Turbine zum Meßwerk des Reglers wird durch den Sinusgeber durchgeschleift, so daß das Meßwerk des Reglers jederzeit entweder auf den Pendelgenerator der Turbine oder auf den Pendelgenerator des Sinusgebers geschaltet werden kann.

6.42 Überprüfung des Reglers in Beharrungszuständen und während der Schaltvorgänge

In diesem Abschnitt soll die Überprüfung jener Reglerkennwerte besprochen werden, die hauptsächlich sich auf die Größe des Reglers beziehen.

6.421 Drehzahlbereich $N_{uu} \ldots N_{oo}$. Der Drehzahlbereich umfaßt alle Drehzahlen, von der tiefsten Drehzahl N_{uu} bis zur höchsten Drehzahl N_{oo}, die am Sollwerteinsteller eingestellt werden können und bei denen der Regler noch einwandfrei arbeitet; im ganzen Drehzahlbereich haben alle beweglichen Reglerteile einen ausreichenden Abstand von ihren Anschlägen. Bei einem positiven P-Grad, $b_p > 0$, kann der Wert N_{uu} nur in der Stellkolbenendlage „auf", der Wert N_{oo} nur in der Stellkolbenendlage „zu", erreicht werden. Die Versuche können durchgeführt werden entweder auf einem Prüffeld oder in der Anlage, bei abgestellter Turbine und geschlossenem druckseitigen Absperrorgan oder in der Anlage, mit auf das Verbundnetz arbeitendem Maschinensatz. Das Drehzahlmeßwerk des Reglers wird von einem eigenen Generator, z. B. vom Generator des in Ziff. 6.41 beschriebenen Sinusgebers angetrieben. Die Drehzahl wird stufenweise verstellt und nach Erreichen des neuen Beharrungszustandes werden Drehzahl N und Stellung des Stellkolbens, Y_R, gemessen. Es werden einige Meßpunkte bei der höchsten Endstellung des Sollwertstellers in der Nähe von N_{oo} und einige Meßpunkte bei der tiefsten Endstellung des Sollwertstellers in der Nähe von N_{uu} aufgenommen. Der Schnittpunkt der höheren $N(y_R)$-Kurve mit der Ordinate $Y_R/Y_{Rh} = 0$ liefert N_{oo}, der Schnittpunkt der tieferen $N(y_R)$-Kurve mit der Ordinate $Y_R/Y_{Rh} = -1$ liefert N_{uu}, Abb. 6.15.

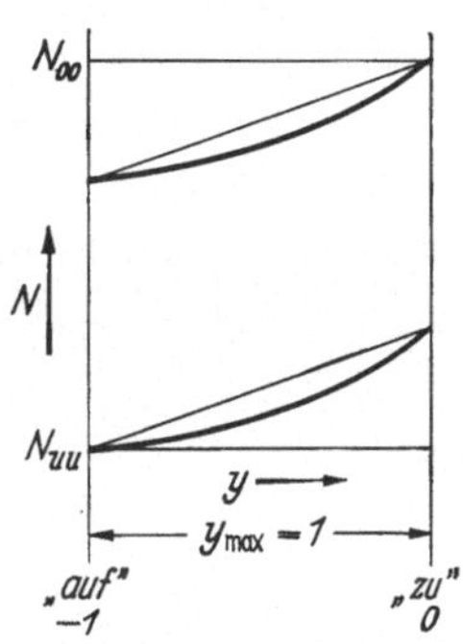

Abb. 6.15 Ermitteln des Drehzahlbereiches $N_{uu} \cdots N_{oo}$.

Der Drehzahlbereich liegt normalerweise zwischen $N_{uu} = 0{,}90\, N_N$ und $N_{oo} = 1{,}06\, N_N$.

6.422 Stellhub Y_{Rh}. Die Versuche können durchgeführt werden entweder auf einem Prüffeld oder in der Anlage bei abgestellter Turbine und geschlossenem druckseitigen Absperrschieber, oder in der Anlage mit auf das Verbundnetz arbeitendem Maschinensatz. Y_{Rh} ist der Weg zwischen den beiden Endlagen des Stellkolbens in m; er wird gemessen als gerade Strecke oder, bei Ringkolben als Kreisbogen.

6.423 Stellkraft P_R. Die Versuche werden in der Anlage mit auf das Verbundnetz arbeitendem Maschinensatz durchgeführt. Das unmittelbare Messen der Stellkraft P_R in kg m s^{-2} ist nicht immer möglich und meistens wenig genau; die Stellkraft wird daher aus dem Öldruck in den Arbeitsräumen des letzten Verstärkers und aus den wirksamen Kolbenflächen berechnet und der Einfluß der Reibung des Kolbens im Zylinder entweder vernachlässigt oder geschätzt. Unmittelbare Messungen werden nur dann vorgenommen, wenn die Schließzeiten und/oder die Öffnungszeiten der Turbine bei dem vorgeschriebenen Öldruck nicht erreicht wurden.

6.424 Arbeitsvermögen des Reglers, A_R. Das Arbeitsvermögen des Reglers bei einem vorgeschriebenen Öldruck berechnet sich als Produkt aus dem gemessenen Stellhub Y_{Rh} und der Stellkraft P_R; es ist also $A_R = P_R Y_{Rh}$ in kg m^2 s^{-2}.

6.425 Öffnungszeit $T_ö$, Schließzeit T_s und Einschleichzeit T_h. Die Versuche werden in der Anlage, mit auf das Verbundnetz arbeitendem Maschinensatz durchgeführt. Der Kraftschalter der letzten Verstärkerstufe wird mit ausgeschalteter Rückführung z. B. durch sprungartiges Verstellen des Sollwertes, beim Messen der Öffnungszeit $T_ö$ aus der Endstellung „*zu*" in die Endstellung „*auf*", beim Messen der Schließzeit T_s aus der Endstellung „*auf*" in die Endstellung „*zu*" gebracht und entweder die Bewegung des Stellkolbens auf einem mit konstanter Geschwindigkeit laufenden Registrierstreifen aufgezeichnet (Abb. 6.16) oder die Zeit für das Durchlaufen eines bestimmten Teiles von Y_{Rh}, z. B. für ein $y_{1,2} = 0{,}50$ gestoppt.

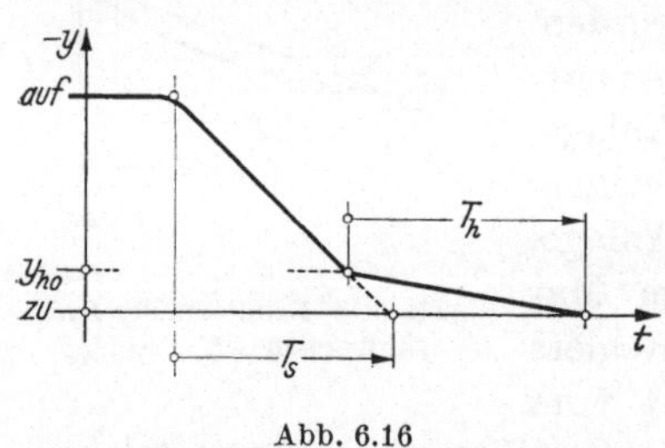

Abb. 6.16
Schließzeit T_s und Einschleichzeit T_h.

Die Einschleichzeit T_h mit der Angabe des Einschleichwegs y_{ho} kann nur aus der bereits erwähnten Aufzeichnung der Schließbewegung ermittelt werden.

Die Öffnungszeit $T_ö$ und die Schließzeit T_s hängen von der zugelassenen Drucksteigerung, also von der Länge der Druckleitung ab. Sie liegen normalerweise zwischen 2 und 60 s.

6.426 Bleibender (permanenter) P-Grad des Reglers, b_p. Die Versuche werden durchgeführt entweder auf einem Prüffeld oder in der Anlage bei abgestellter Turbine und geschlossenem druckseitigem Absperrorgan oder in der Anlage mit auf das Verbundnetz arbeitendem Maschinensatz. Das Drehzahlmeßwerk des Reglers wird an einen eigenen Generator, z. B. an den Generator des in Ziff. 6.41 beschriebenen Sinusgebers angeschlossen. Die Drehzahl wird stufenweise verstellt und nach Erreichen des neuen Beharrungszustands werden Drehzahl und Stellung des Stellkolbens gemessen. Es werden für jede Einstellung von b_p eine ausreichende Anzahl von Meßpunkten aufgenommen, um eine $x_R(y_R)$-Kurve für den ganzen Bereich, von $Y_R/Y_{Rh} = 0$ bis $Y_R/Y_{Rh} = -1$, aufzuzeichnen, Abb. 6.17. Die Neigung der Tangente $\frac{dx_R}{dy_R}$ an die Kurve im betrachteten Punkt liefert den bleibenden P-Grad b_p. Der bleibende P-Grad des Reglers, b_p, kann normalerweise zwischen $b_p = 0$ und $b_p = +0{,}06$ eingestellt werden.

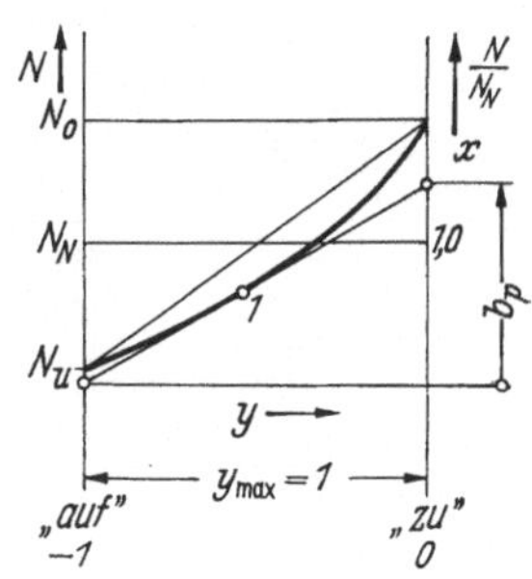

Abb. 6.17. Ermitteln des Drehzahlbereiches $N_{uu} \cdots N_{oo}$.

6.43 Überprüfung des Reglers während der Regelungsvorgänge

Das Verhalten des Reglers während eines Regelungsvorganges kann entweder aus einer punktweise gemessenen Frequenzgang-Ortskurve F_R oder aus der Differentialgleichung des Reglers mit gemessenen Beiwerten entnommen werden.

6.431 Messen der Frequenzgang-Ortskurve F_R. Die gemessene Ortskurve $F_R = \frac{y_R}{x_R}$ umfaßt alle Einflüsse, auch solche, die bei der Aufstellung einer Reglergleichung vernachlässigt werden. Durch sie wird das Verhalten des Reglers bei einer sinusförmigen Drehzahlschwingung am genauesten beschrieben. Die Versuche werden in der Anlage mit auf das Verbundnetz arbeitendem Maschinensatz durchgeführt; die Kurven werden für die größte und die kleinste Dämpfung, mit dem im Betrieb vorgesehenen b_p-Wert aufgenommen. Die Versuchsanordnung ist in Abb. 6.18 wiedergegeben. Das Drehzahlmeßwerk des Reglers wird vom Generator des Sinusgebers (vgl. Ziff. 6.41) mit Dreh- oder Wechselstrom versorgt, dessen Frequenz um die Nennfrequenz mit konstanter Amplitude, z. B. mit $x_{Ro} = 0{,}01$ harmonisch schwingt. Nach Erreichen eines

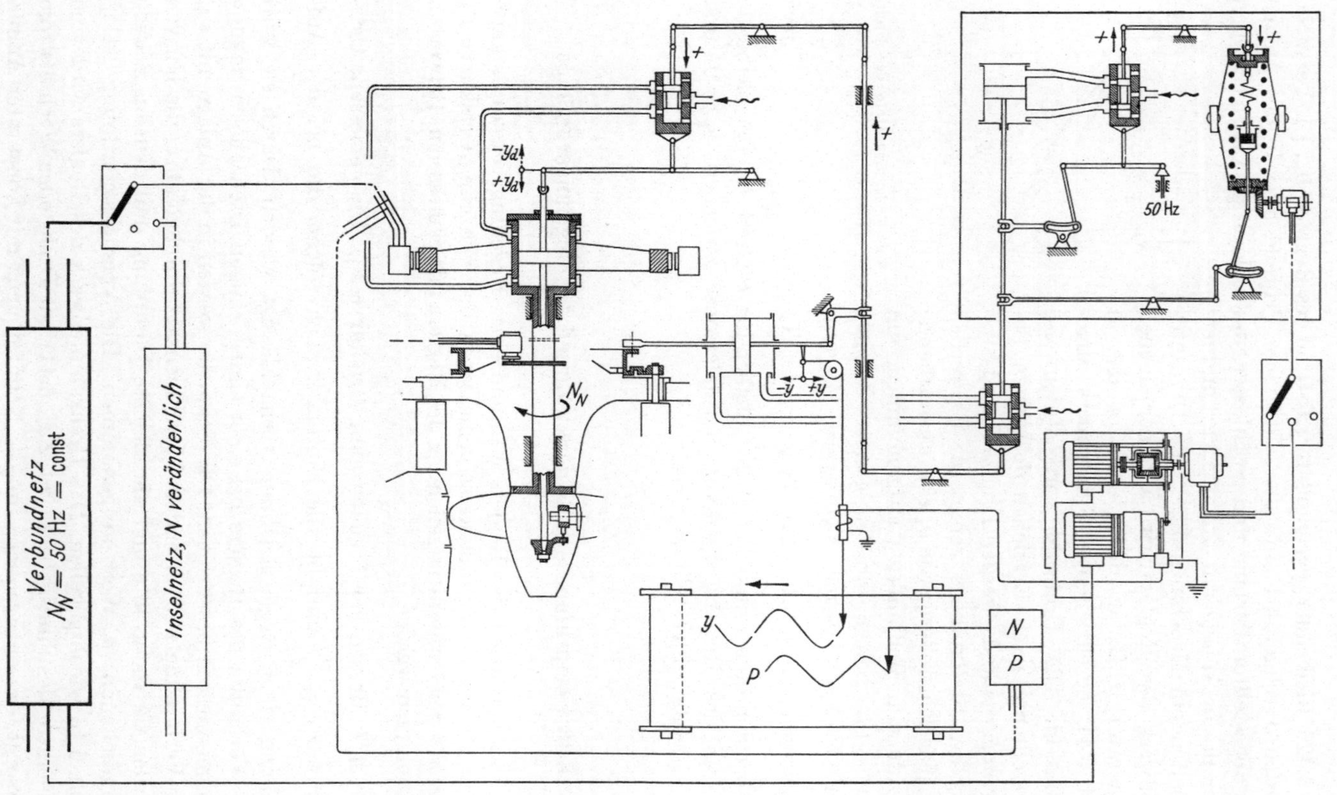

Abb. 6.18. Aufnahme der Frequenzgang-Ortskurve des Reglers, $F_R = \frac{y}{x}$ (schematisch).

neuen, eingestellten Schwingungszustandes werden die Drehzahlschwingung und die nach einer Sinusfunktion hin- und herschwingende Bewegung des Stellkolbens auf einem mit konstanter Geschwindigkeit laufenden Registrierstreifen aufgezeichnet. Aus den beiden Sinuskurven[1] können das Amplitudenverhältnis $\frac{y_{Ro}}{x_{Ro}}$ und der Phasenwinkel abgelesen werden. Gemessen wird eine Anzahl von Punkten mit zwischen $\omega = 0{,}2$ und $\omega = 2{,}5\ \mathrm{s}^{-1}$ liegenden Frequenzen.

Es sei noch bemerkt, daß während dieser Versuche auch die schwingenden Bewegungen jedes anderen an der Regelungsbewegung beteiligten Punktes des Reglers aufgenommen werden können. Das wird vor allem bei der Überprüfung eines nicht einwandfrei arbeitenden Reglers gemacht. Ein Beispiel für eine gemessene F_R-Ortskurve ist in Abb. 6.19 wiedergegeben.

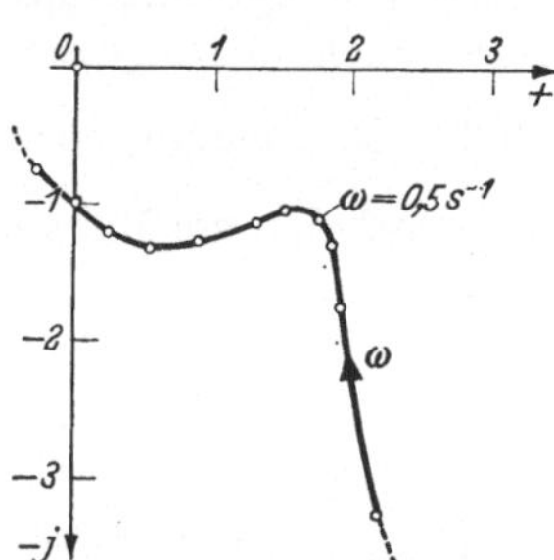

Abb. 6.19. Gemessene Ortskurve F_R eines Reglers bei starker Dämpfung.

Es werden normalerweise, bei einem bleibenden P-Grad $b_p = 0{,}04$ folgende Forderungen an die Ortskurve gestellt:

a) bei der stärksten Dämpfung (für das Synchronisieren, für den Inselbetrieb und für das Stützen der Stabilität des Verbundnetzes) sollen bei $\omega = 0{,}5\ \mathrm{s}^{-1}$ der Phasennacheilwinkel $\leqq 45°$ und das Amplitudenverhältnis $\leqq 1{,}5$ sein;

b) bei der schwächsten Dämpfung (für das Arbeiten auf das Verbundnetz mit großen Regelgeschwindigkeiten) sollen bei $\omega = 0{,}5\ \mathrm{s}^{-1}$ der Phasennacheilwinkel $\leqq 60°$ und das Amplitudenverhältnis $\geqq 6$ sein.

6.432 Messen der Beiwerte der Differentialgleichung des Reglers. Näherungsweise kann das Verhalten des Reglers aus der vereinfachten

---

[1] Die vom Sinusgeber erzeugte Schwingung der Drehzahl ist sinusförmig; daher genügt es auf dem Registerstreifen nur einen Punkt der Eingangskurve, z. B. den Nulldurchgang für die Bestimmung des Phasenwinkels zu markieren.

Differentialgleichung des Reglers mit gemessenen Beiwerten berechnet werden.

6.432.1 vorübergehender (temporärer) P-Grad des Reglers, b_t. Die Versuche können auf einem Prüffeld oder in der Anlage bei abgestellter Turbine und geschlossenem druckseitigem Absperrorgan oder in der Anlage mit auf das Verbundnetz arbeitendem Maschinensatz durchgeführt werden. Das Drehzahlmeßwerk wird an einen eigenen Generator, z. B. an den Generator des in Ziff. 6.41 beschriebenen Sinusgebers angeschlossen. Der bleibende *P-Grad* wird eliminiert und die Dämpfungseinrichtung wird blockiert, es werden als $b_p = 0$ und $T_d = \infty$ eingestellt. Die Drehzahl wird stufenweise verstellt und nach Erreichen eines neuen Beharrungszustandes werden Drehzahl und Stellung des Stellkolbens gemessen. Es werden für jede Einstellung von b_t eine ausreichende Anzahl von Meßpunkten aufgenommen, um eine $x_R(y_R)$-Kurve für den ganzen Bereich $Y_R/Y_{Rh} = 0$ bis $Y_R/Y_{Rh} = -1$ aufzeichnen zu können, Abb. 6.20; die Neigung der Tangente, $\frac{dx_R}{dy_R}$ an die Kurve im betrachteten Punkt liefert den vorübergehenden (temporären) P-Grad des Reglers, b_t.

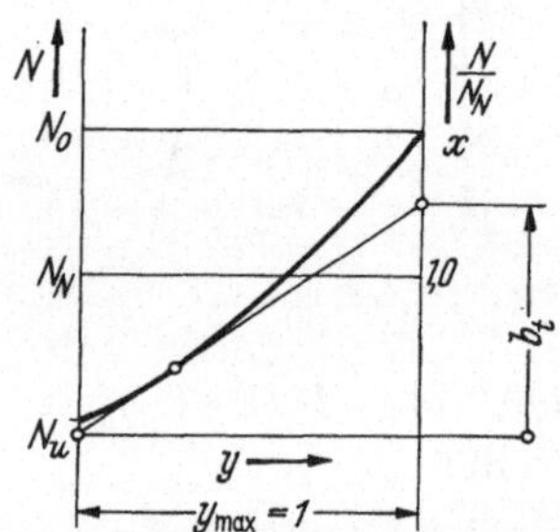

Abb. 6.20. Ermitteln des vorübergehenden P-Grades des Reglers, b_t.

Läßt sich am Regler der Wert $b_p = 0$ nicht einstellen, so kann b_t aus dem *Summen-P-Grad des Reglers*, $(b_p + b_t)$, gefunden werden. Die $x_R(y_R)$-Kurve wird mit einem konstanten Wert b_p aufgenommen, der in einem vorhergehenden Versuch (Vgl. Ziff. 6.426) ermittelt wurde, und an sie im betrachteten Punkt die Tangente gezeichnet. Die Neigung der Tangente, $\frac{dx_R}{dy_R}$, an diese Kurve liefert den Summen-P-Grad $(b_p + b_t)$; der vorübergehende P-Grad b_t ergibt sich aus: $(b_p + b_t) - b_p$. Der vorübergehende P-Grad des Reglers, b_t, kann normalerweise zwischen $b_t = 0{,}50$ und $b_t = 1{,}50$ eingestellt werden.

6.432.2 Bleibender P-Grad des Meßwerkes, b_b. Dieser Wert wird gleichzeitig mit dem bleibenden P-Grad des Reglers, b_p, gemessen. Für jeden Meßpunkt wird zusätzlich die Stellung der Meßwerksmuffe,

y_M, aufgenommen und damit die $x_R(y_M)$-Kurve gezeichnet. Die Neigung der Tangente $\frac{dx_R}{dy_M}$ an diese Kurve im betrachteten Punkt liefert b_b.

Der bleibende P-Grad des Meßwerks, b_b, beträgt normalerweise $b_b = 0{,}20 \cdots 0{,}50$.

6.432.3 Vorübergehender P-Grad des Meßwerks, b_v. Dieser Wert wird gleichzeitig mit dem vorübergehenden P-Grad des Reglers, b_t, gemessen. Für jeden Meßpunkt wird zusätzlich die Stellung der Meßwerksmuffe, y_M, aufgenommen und damit die $x_R(y_M)$-Kurve gezeichnet. Die Neigung der Tangente $\frac{dx_R}{dy_M}$ an diese Kurve im betrachteten Punkt liefert b_v.

Der vorübergehende P-Grad des Meßwerks, b_v, beträgt normalerweise $b_v = 0{,}30 \cdots 1{,}00$.

6.432.4 Laufzeit des Verstärkers, T_y. Die Versuche werden in der Anlage mit auf das Verbundnetz arbeitendem Maschinensatz durchgeführt. Das Rückführgestänge der letzten Verstärkerstufe wird aus-

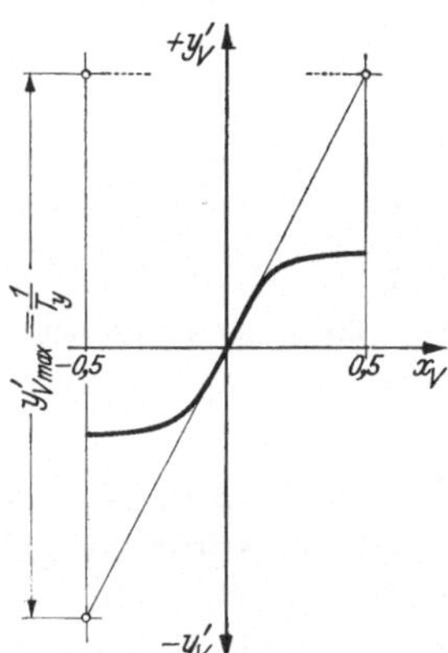

Abb. 6.21. Ermitteln der Laufzeit des Stellkolbens, T_y.

gehängt und am Turbinengehäuse befestigt. Der Kraftschalter wird um den gewünschten Betrag x_V ausgelenkt und dabei die Geschwindigkeit y'_R mit der sich der Stellkolben aus einer Endlage in die andere Endlage bewegt, gemessen (vgl. Ziff. 6.425). Die Versuche werden für eine genügende Anzahl Auslenkungen $+x_V$ und $-x_V$ des Steuerschiebers durchgeführt und mit diesen Meßwerten die $y'_R(x_V)$-Kurve gezeichnet. Die Neigung der Tangente $\frac{dx_V}{dy'_R}$ an diese Kurve liefert die Laufzeit T_y in s^{-1}. (Abb. 6.21).

Die Laufzeit T_y beträgt normalerweise $0{,}05 \cdots 0{,}5\ s^{-1}$.

6.432.5 Dämpfungszeit T_d. Die Versuche können entweder auf einem Prüffeld oder in der Anlage bei abgestellter Turbine durchgeführt werden. Die Eingangsgröße der Dämpfungseinrichtung, z. B. der Bremsenzylinder einer Ölbremse wird sprungartig ausgelenkt und die Bewegung u des Ausgangsteiles der Dämpfungseinrichtung, im gewählten Beispiel der Bremsenkolben, wird auf einem mit konstanter Geschwindigkeit laufendem Registrierstreifen aufgezeichnet. Die Subtangente an die $u(t)$-Kurve — eine e-Potenzkurve — zu Beginn der Rücklaufbewegung des Kolbens, liefert die Dämpfungszeit T_d (Abb. 6.22). Die Versuche werden für verschiedene Einstellungen der Dämpfungseinrichtung und für mehrere Auslenkungen in beiden Richtungen durchgeführt.

Die Dämpfungszeit T_d kann normalerweise zwischen 0,5 und 10 s^{-1} eingestellt werden.

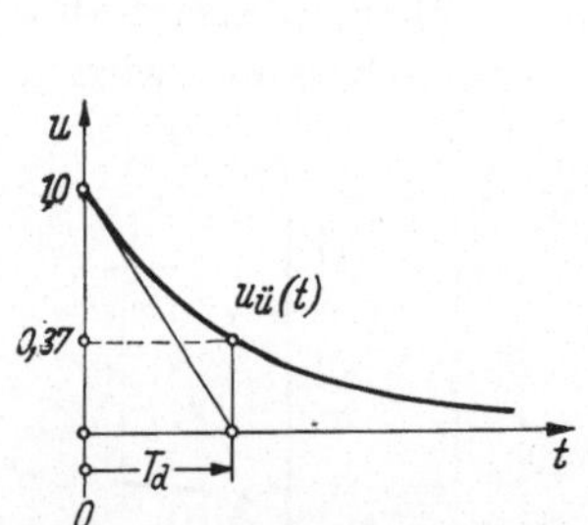

Abb. 6.22. Ermitteln der Dämpfungszeit T_d.

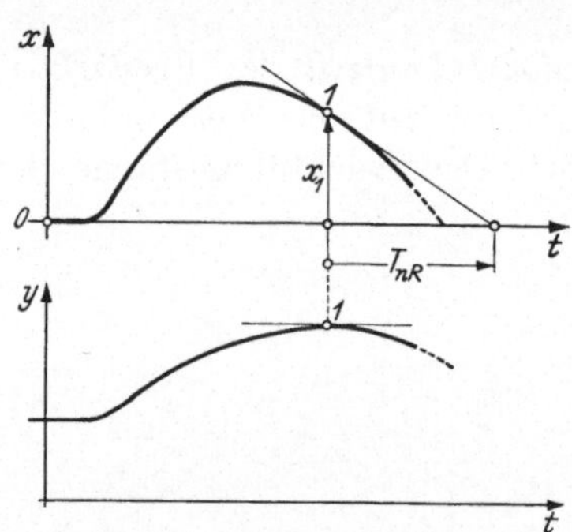

Abb. 6.23. Ermitteln der Zeitkonstante des Beschleunigungsmeßwerks, $T_n = \dfrac{T_{nR}}{b_{rb}\, b_d}$.

6.432.6 Zeitkonstante des Beschleunigungsmeßwerkes, T_n. Die Versuche können entweder auf einem Prüffeld oder in der Anlage mit leerlaufendem, noch nicht ans Netz geschaltetem Maschinensatz durchgeführt werden. Der bleibende P-Grad des Reglers wird ausgeschaltet, also $b_p = 0$ eingestellt und der Beharrungszustand z. B. durch eine vorübergehende Änderung des Sollwertes gestört. Die Drehzahländerung x_R und die Bewegung des Stellkolbens y_R während des Einregelns auf den ursprünglichen Beharrungszustand werden auf einem mit konstanter Geschwindigkeit laufenden Registrierstreifen aufgezeichnet. Die Subtangente an die $x_R(t)$-Kurve im Punkt $\dfrac{dy_R}{dt} = 0$ liefert näherungsweise die *Zeitkonstante für den Beschleunigungseinfluß am Regler*, $T_{nR} = T_n b_{rb} b_d$, (Abb. 6.23); die *Zeitkonstante des Beschleunigungsmeßwerkes* ergibt sich aus: $T_n = \dfrac{T_{nR}}{b_{rb}\, b_d}$.

6.44 Totband i_x und Ungenauigkeit des Reglers i_y

Das *Totband* i_x (= doppelte *Unempfindlichkeit des Reglers*, $2 \cdot f_x$) und die daraus folgende *Ungenauigkeit des Reglers*, $i_y = \frac{1}{b_P} i_x$, kennzeichnen den Gütegrad des Reglers. Die Versuche sollten in der Anlage mit auf das Verbundnetz arbeitendem Maschinensatz durchgeführt werden. Die Ermittlung des Totbandes i_x als Differenz der Ordinaten der beiden, mit steigenden und mit fallenden Drehzahlen in Beharrungszuständen aufgenommenen $x_R(y_R)$-Kurven, (Abb. 6.24), verlangt eine sehr genaue Einhaltung der Antriebsdrehzahl des Meßwerkes während der ganzen Versuchsreihe und ein genaues Messen der Drehzahl und der Stellung des Stellkolbens. Das Halten der Drehzahl innerhalb einer Toleranz von $\pm 10^{-4}$ ist nur selten möglich.

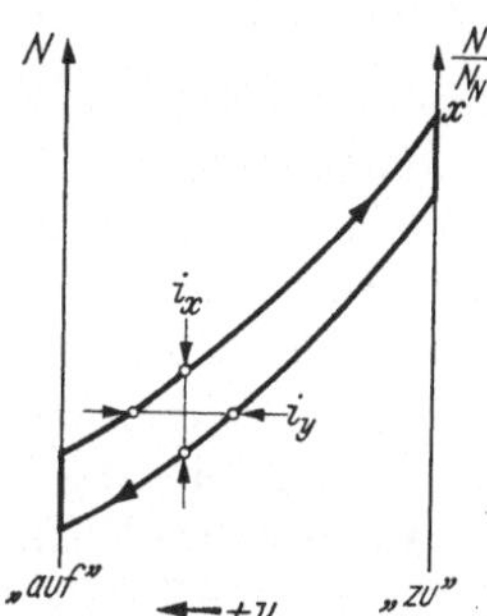

Abb. 6.24. Totband i_x und Ungenauigkeit i_y.

Das Totband i_x kann auch aus der Ortskurve des Reglers, F_R, für extrem kleine Amplituden, z. B. für $x_{Ro} \approx 10^{-4}$ der aufgezwungenen Drehzahlschwingung, geschätzt werden; es wird als doppelte Amplitude jener Drehzahlschwingung definiert, bei der die Ausgangsschwingung keine stetig verlaufende Sinuskurve mehr ergibt.

Das Totband der meisten, heute verwendeten Wasserturbinenregler, mit elektrischem Meßwerk und vor allem mit mechanischem Meßwerk, ist kleiner als die zugelassene Unempfindlichkeit von $2 \cdot 10^{-4}$.

7. Regelstrecke

7.1 Arten von Regelstrecken

Die *Regelstrecke* ist das System, in dem die Regelgröße X geregelt werden soll.

Im vorliegenden Fall besteht die Regelstrecke aus

a) der Wasserturbine mit ihrer Wasserzuleitung und ihrer Wasserableitung und

b) dem von ihr angetriebenen Stromerzeuger mit seinem Spannungsregler und dem von ihm gespeisten elektrischen Netz.

Die in der Turbine dem Wasser entzogene Energie wird an die Turbinenwelle abgegeben, im Stromerzeuger in elektrische Energie umgewandelt und im elektrischen Netz verbraucht. In einem Beharrungszustand ist die in der Turbine gewonnene Leistung gleich der gesamten verbrauchten Leistung, also der im Netz verwerteten Leistung und der in der Anlage verlorengehenden Energie. Wird der Beharrungszustand z. B. durch Änderung der Belastungsverhältnisse im Netz gestört, so ist es Aufgabe des Turbinenreglers einen neuen Beharrungszustand mit der gewünschten Drehzahl herzustellen. Der Regler kann dabei entweder

1. die Turbinenleistung durch Änderung der Turbinenöffnung dem jeweiligen Leistungsbedarf anpassen, also die *Turbine regeln*, oder

2. den Leistungsbedarf der Anlage durch Änderung einer zusätzlichen Bremsbelastung, in der Regel durch Verstellen der Elektroden eines elektrischen Belastungswiderstandes, der gleichbleibenden Turbinenleistung angleichen, also die *Belastung regeln.*

Die erste Regelungsart, die eigentliche *Turbinenregelung*, teilt der Turbine jeweils nur den, für die Deckung des Leistungsbedarfes gerade notwendigen Wasserstrom zu; sie ist wassersparender und daher wirtschaftlicher als die zweite Regelungsart, die sogenannte *Bremsregelung*. Die Bremsregelung wird überhaupt nur in jenen seltenen Fällen angewendet, in denen ein Zurückhalten und Speichern des Wassers, z. B. mit Rücksicht auf die Anrainer, nicht möglich ist.

In einem Regelkreis sind Regler und Regelstrecke hintereinandergeschaltet (vgl. Ziff. 1.1 und Abschn. 8): *Die Ausgangsgröße des Reglers ist die Eingangsgröße der Regelstrecke.* Im Abschn. 6 wurde als Ausgangsgröße des Reglers die Bewegung $Y_R = Y$ des Stellkolbens der letzten Verstärkerstufe definiert; diese Bewegung ist somit auch die Bewegung des Stellgliedes der Regelstrecke, die Eingangsgröße $Y_S = Y_R = Y$ der Regelstrecke. Im gleichen Abschn. 6 wurde ferner einer Zunahme der Eingangsgröße des Reglers, $+X_R = +X$, einer Drehzahlsteigerung, eine positive Auslenkung des Stellkolbens, $+ Y_R = + Y$, also eine Bewegung des Stellkolbens in der Schließrichtung zugeordnet. Diese Festlegung muß auch für die Regelstrecke beibehalten werden. Dann bedeutet eine Zunahme der Eingangsgröße der Regelstrecke, $+ y_S = + y$:

bei der *Turbinenregelung* ein Schließen des Regulierorgans der Turbine — der Düsennadel bei Freistrahlturbinen, des Leitrads bei Francis-Turbinen, des Leitrads und des Laufrads bei Kaplan-Turbinen;

bei der *Bremsregelung* ein stärkeres Bremsen der Leistungsbremse, ein tieferes Eintauchen der Elektroden des elektrischen Widerstandes.

Bei der Turbinenregelung ist das Regulierorgan bei $Y = 0$ ganz *geschlossen*, bei $Y = Y_h$ ganz *offen*;

bei der Bremsregelung sind die Elektroden bei $Y = 0$ ganz *eingetaucht*, bei $Y = Y_h$ ganz *ausgetaucht*.

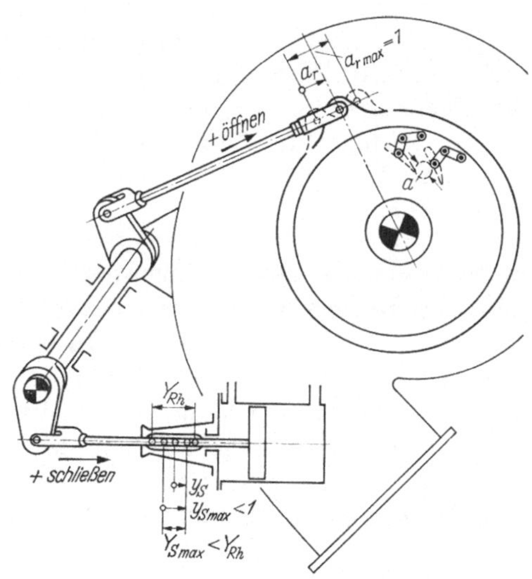

Abb. 7.01. Reguliergestänge einer Francis-Turbine.

Jeder Stellung y des Stellgliedes entspricht eine bestimmte Öffnung a der Turbine bzw. eine bestimmte Eintauchtiefe a der Elektroden. Der Zusammenhang $y = y(a)$ ergibt sich aus der Konstruktion der Turbine bzw. der Bremse und aus der Ausbildung des Gestänges zwischen Reglerkolben und Regulierorgan der Turbine bzw. Verstelleinrichtung der Bremse. In den Abb. 7.01 bis 7.04 ist ein Beispiel für die Ermittlung des Zusammenhanges $y = y(a)$ für eine Francis-Turbine wiedergegeben. Die jeweilige, auf ihren größten Wert bezogene Leitradöffnung wird mit a, die ihr entsprechende, bezogene Auslenkung des Regulierringes der Turbine wird mit a_r und schließlich die ihr zugeordnete, auf den Reglerhub $Y_{Rh} = Y_h$ bezogene, von der Endlage $Y_1 = 0$ aus

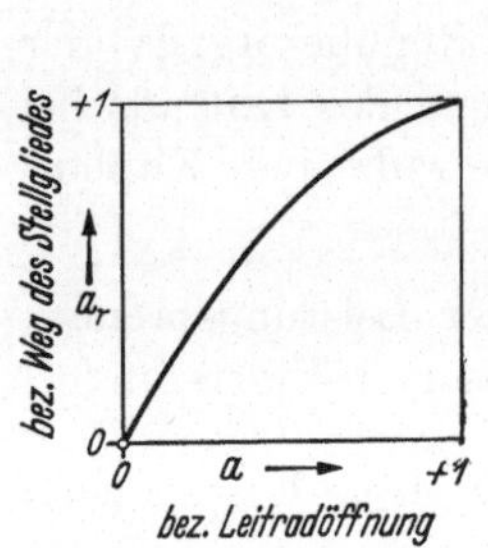

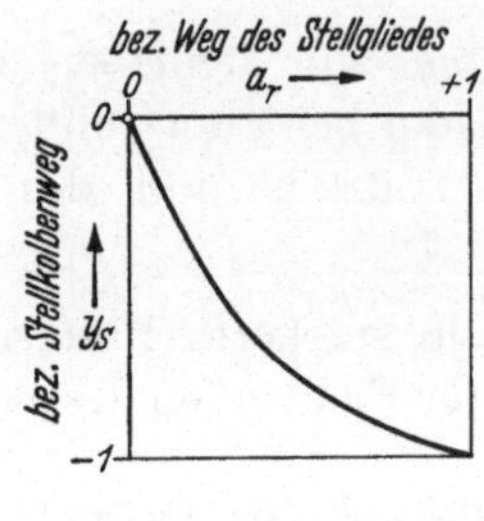

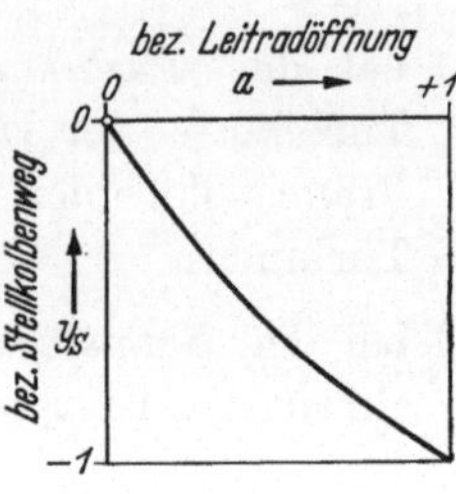

Abb. 7.02 – 7.04. Ermitteln der $y_S(a)$-Kurve.

gerechnete Stellung des Reglerkolbens mit $y_S = y$ bezeichnet, Abb. 7.01. Der Zusammenhang $a_r = a_r(a)$ ist in Abb. 7.02, der Zusammenhang $y_S = y_S(a_r)$ ist in Abb. 7.03 und schließlich der aus diesen beiden Kurven ermittelte Zusammenhang $y_S = y_S(a)$ ist in Abb. 7.04 dargestellt. Die Zunahme von a und die Zunahme von a_r bedeuten ein Öffnen der Turbine, die Zunahme von y_S bedeutet ein Schließen der Turbine; das Umkehren des Vorzeichens, das *Umpolen* erfolgt im Diagramm Abb. 7.03.

Es sei besonders darauf hingewiesen, daß die bezogene Ausgangsgröße des Reglers, y_R, und die bezogene Eingangsgröße der Regelstrecke, y_S, auf die gleiche Größe Y_h bezogen werden müssen. Liegt die Gleichung des Reglers mit auf $Y_{R\max} = Y_{Rh}$ bezogenen Werten y_R vor und ist die Gleichung der Regelstrecke mit auf $Y_{S\max} = Y_{Sh}$ bezogenen Werten y_S gegeben, so muß

entweder $y = y_R$ angenommen und $y = y_S \dfrac{Y_{S\max}}{Y_{Rh}}$ gebildet werden,

oder $y = y_S$ angenommen und $y = y_R \dfrac{Y_{R\max}}{Y_{Sh}}$ gebildet werden.

Für die nachstehenden Ausführungen wurde $Y_{Rh} = Y_{Sh}$ und damit $y_R = y_S = y$ angenommen.

7.11 Turbinendrehmoment und Gegendrehmoment des Generators

Das *Turbinendrehmoment* M berechnet sich aus

$$M = \frac{\varrho\, Q\, H\, \eta}{\omega_T} \quad \text{in kg m}^2\,\text{s}^{-2}. \tag{7.01}$$

Darin sind:

ϱ die Dichte des Wassers in kg m^{-3},
Q der Turbinendurchfluß in $\text{m}^3\,\text{s}^{-1}$,
H die Fallhöhe (auch spezifische Energie genannt) in $\text{m}^2\,\text{s}^{-2}$,
η der Turbinenwirkungsgrad,
ω_T die Winkelgeschwindigkeit der Turbinenwelle in s^{-1},
N die Drehzahl der Turbinenwelle in s^{-1}.

Der Turbinendurchfluß Q und der Wirkungsgrad η ändern sich mit der Fallhöhe H, der Turbinenöffnung Y und der Winkelgeschwindigkeit ω_T oder, was dasselbe ist, mit der Drehzahl N; es ist also $Q = Q(H, Y, N)$ und $\eta = \eta(H, Y, N)$. Diese beiden Funktionen werden aus statischen Versuchen, aus Messungen in einem Beharrungszustand ermittelt.

Während eines Regelungsvorgangs tritt durch die Änderung des Turbinendurchflusses Q eine zusätzliche, dynamische Änderung der Fallhöhe H ein. Nimmt der Durchfluß ab, so werden die in der Zuleitung und in der Ableitung fließenden Wassermassen abgebremst, nimmt der Durchfluß zu, so werden die Wassermassen beschleunigt. Im ersten Fall tritt in der Zuleitung eine Druckerhöhung, in der Ableitung eine Druckabsenkung auf — die Turbinenfallhöhe wird größer. Im zweiten Fall tritt in der Zuleitung eine Druckabsenkung, in der Ableitung eine Druckerhöhung auf — die Turbinenfallhöhe wird kleiner.

Diese dynamische, in der technischen Hydraulik als „*Druckstoß*“[1] bezeichnete Druckschwankung, tritt bei jeder Änderung von Q auf, also sowohl bei einer beabsichtigten Änderung durch Verstellen des Stellgliedes der Turbine, durch Änderung von y, wie auch bei einer unbeabsichtigten Änderung durch eine Zunahme (oder eine Abnahme) der Turbinendrehzahl, durch eine Änderung von x. Sie wirkt einem eingeleiteten Regelungsvorgang vorübergehend entgegen.

Der Zusammenhang zwischen der bezogenen Durchflußänderung $q = \dfrac{Q - Q_1}{Q_N}$ und der bezogenen Fallhöhenänderung $h = \dfrac{H - H_1}{H_N}$ ergibt sich bei:

a) einer langen Turbinenleitung, unter Annahme einer kompressiblen Flüssigkeit und einer elastischen Rohrwand, für eine Änderung von q

[1] Vgl. G. Hutarew: „Einführung in die Technische Hydraulik“, Berlin/Heidelberg/New York: Springer 1965.

nach einer harmonischen Schwingung, aus:

$$F_{hq} = \frac{h}{q} = - h_{AN} \tanh(j\omega T_L), \tag{7.02}$$

b) einer kurzen Turbinenleitung, unter Annahme einer inkompressiblen Flüssigkeit und einer starren Rohrwand für eine Änderung von q nach einer beliebigen Funktion aus:

$$h = - T_{WN} q', \tag{7.03}$$

bzw. für eine Änderung von q nach einer harmonischen Schwingung aus:

$$F_{hq} = \frac{h}{q} = - T_{WN} j\omega. \tag{7.04}$$

Darin sind:

$h_{AN} = \frac{W}{A} \frac{Q_N}{H_N}$ der *relative Allievische Druckstoß* für Q_N und H_N,

W die Druckfortpflanzungsgeschwindigkeit (Wellengeschwindigkeit) in m s^{-1},

A der Leitungsquerschnitt in m^2,

Q_N der Nenndurchfluß in $m^3\,s^{-1}$,

H_N die Nennfallhöhe in $m^2\,s^{-2}$,

L die Länge der Turbinenleitung in m,

$T_L = \frac{L}{W}$ die Laufzeit der Turbinenleitung in s,

$T_{WN} = \frac{L}{A} \frac{Q_N}{H_N}$ die *Anlaufzeit der Turbinenleitung* für Q_N und H_N in s.

Der für einen Beharrungszustand geltende Zusammenhang zwischen dem Durchfluß Q und der Fallhöhe H bei gleichbleibender Turbinenöffnung Y_1 und gleichbleibender Drehzahl N_1 wird — in Ermangelung genauerer Kenntnisse — näherungsweise auch für den Regelungsvorgang übernommen. Es ist (Abb. 7.05).

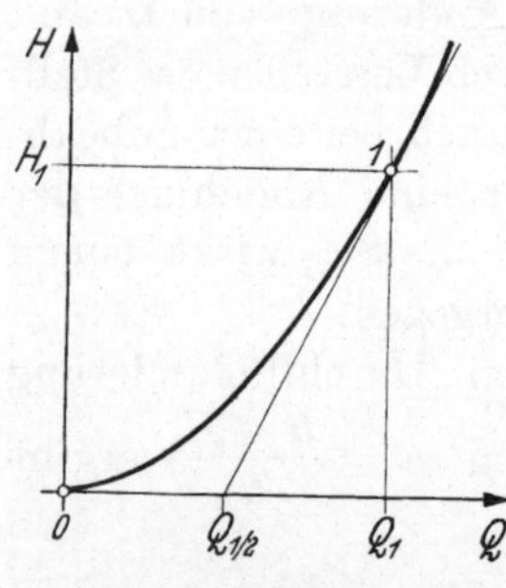

Abb. 7.05. Durchflußparabel einer Francis-Turbine für Y_S = const.

$$Q = Q_1 \left(\frac{H}{H_1}\right)^{1/2} \tag{7.05}$$

und somit

$$\frac{\partial Q}{\partial H} = \frac{1}{2} \frac{Q_1}{H_1} \tag{7.06}$$

Das Gegendrehmoment des Generators, Z, hängt von den Belastungsverhältnissen im Netz und von der Drehzahl ab. Es kann näherungsweise aus der Beziehung berechnet werden:

$$\frac{Z}{M_N} = C_{-1}\left(\frac{N}{N_N}\right)^{-1} + C_0 + C_1\left(\frac{N}{N_N}\right) + C_2\left(\frac{N}{N_N}\right)^2. \quad (7.07)$$

Darin sind:

Z das Gegendrehmoment des Generators in kg m^2 s^{-2},

M_N das Nenndrehmoment der Turbine in kg m^2 s^{-2},

N die jeweilige Turbinendrehzahl in s^{-1},

N_N die Nenndrehzahl in s^{-1},

C_{-1}, C_0, C_1 und C_2 Anteile der verschiedenen Belastungsarten der vom Netz versorgten Verbraucher bei der Nenndrehzahl N_N, und zwar:

C_{-1} für eine sich mit der Drehzahl nicht ändernde Leistung (z. B. für eine rein ohmsche Belastung) Abb. 7.06,

C_0 für eine sich mit der Drehzahl linear ändernde Leistung (z. B. für Belastung durch Verdrängerpumpen bei gleichbleibender Förderhöhe) Abb. 7.07,

C_1 für eine sich mit dem Quadrate der Drehzahl ändernde Leistung (z. B. für Belastung durch Verdränger-Umwälzpumpen bei laminarer Strömung im Leitungssystem) Abb. 7.08,

C_2 für eine mit der 3. Potenz der Drehzahl sich ändernde Leistung (z. B. für Belastung durch Kreiselpumpen) Abb. 7.09.

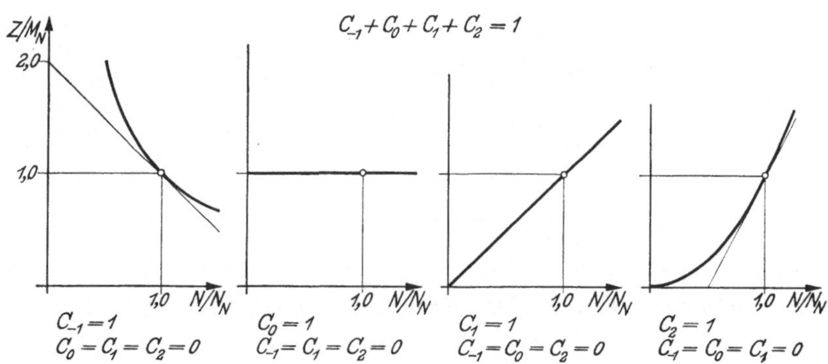

Abb. 7.06 – 7.09. Gegendrehmoment des Generators bei verschiedenen Belastungsarten des Netzes. $C_{-1} + C_0 + C_1 + C_2 = 1$.
Abb. 7.06 bei $C_{-1} = 1$; Abb. 7.07 bei $C_0 = 1$; Abb. 7.08 bei $C_1 = 1$; Abb. 7.09 bei $C_2 = 1$.

Das Gegendrehmoment des Generators, Z, ändert sich, wie schon erwähnt wurde, mit der Drehzahl N und mit den Belastungsverhältnissen im Netz, Z_z, mit der *Störung* z_z. Es gilt also im allgemeinsten Fall bei der Turbinenregelung $Z = Z(N, Z_z)$; bei gleichbleibenden Belastungsverhältnissen im Netz sind die Beiwerte der Gl. (7.07) Konstanten und $z_z = 0$; es ist dann $Z = Z(N, Z_{z1})$ nur eine Funktion der Drehzahl N.

Bei der Bremsregelung wird das Gegendrehmoment des Generators um das vom elektrischen Bremswiderstand erzeugte Bremsmoment Z_y erhöht; es ist dann $Z = Z(N, Z_z + Z_y)$.

7.2 Regelstrecke bei Turbinenregelung

Der Zusammenhang zwischen der Eingangsgröße $y_S = y$ der Regelstrecke, der Auslenkung des Stellgliedes aus einem Beharrungszustand Y_1 und der Ausgangsgröße $x_S = x$ der Regelstrecke, der Drehzahlabweichung der Turbine von ihrem jeweiligen Sollwert N_1, wird als Frequenzgang $F_S = \frac{x}{y}$ abgeleitet.

Durch eine Auslenkung des Stellgliedes, z. B. in der Öffnungsrichtung um $(-y)$ wird ein überschüssiges Drehmoment $(+m_y)$ erzeugt, das die rotierenden Massen der Regelstrecke — des Maschinensatzes und der vom elektrischen Netz versorgten Verbraucher — beschleunigt und die Turbinendrehzahl um $(+x)$ erhöht. Diese Drehzahlabweichung $(+x)$ bewirkt wiederum einen Rückgang des Turbinendrehmoments um $(-m_x)$ und eine Erhöhung des Gegendrehmomentes des Generators um $(+z_x)$.

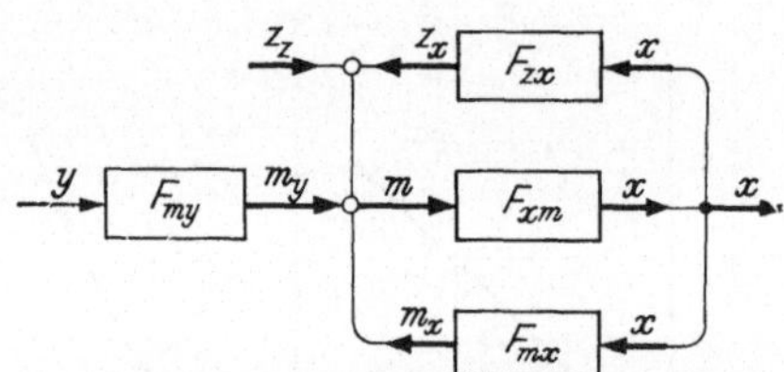

Abb. 7.10. Blockschaltbild der Regelstrecke bei Turbinenregelung.

Dieser Zusammenhang läßt sich in einem Blockschaltbild, Abb. 7.10, unter Berücksichtigung der Störgrößenabweichung z_z veranschaulichen. Aus diesem Blockschaltbild folgt:

$$F_S = \frac{x}{y} = F_{xm}\frac{m}{y} = F_{xm}\frac{m_y + m_x + z_x + z_z}{y}$$

$$= F_{xm}\left(F_{my} + F_{mx}\frac{x}{y} + F_{zx}\frac{x}{y} + \frac{z_z}{y}\right).$$

Daraus folgt:

$$F_S = \frac{F_{my} + \dfrac{z_z}{y}}{\dfrac{1}{F_{xm}} - (F_{mx} + F_{zx})}. \qquad (7.08)$$

Sind die Belastungsverhältnisse im Netz während des betrachteten Regelungsvorganges unverändert, ist also $z_z = 0$, so vereinfacht sich Gl. (7.08). Es kann dann geschrieben werden:

$$F_S = \frac{F_{my}}{\frac{1}{F_{xm}} - (F_{mx} + F_{zx})} \tag{7.09}$$

Um F_S zu berechnen, müssen die einzelnen Frequenzgänge F_{my}, F_{mx}, F_{zx} und F_{xm} in analytischer Form oder in Form von Ortskurven vorliegen.

7.21 Ermitteln von F_{my}

Der Frequenzgang F_{my} stellt den Zusammenhang zwischen der Änderung des Turbinendrehmoments m_y und einer nach einer harmonischen Schwingung sich ändernden Stellgliedabweichung y bei gleichbleibender Drehzahl, also bei $x = 0$, dar. Es ist:

$$F_{my} = \frac{m_y}{y} = \frac{Y_h}{M_N} \frac{\partial M}{\partial Y}. \tag{7.10}$$

Mit M aus Gl. (7.01) und unter Berücksichtigung, daß bei der vorliegenden Betrachtung $N = N_1 = \text{const}$ und damit Q und η nur als Funktionen von H und Y angenommen wurden, sowie mit der Beziehung $\frac{\omega_T}{\omega_{TN}} = \frac{N}{N_N}$ ergibt sich m_y aus Gl. (7.10) zu:

$$m_y = \frac{N_N}{N_1} \frac{Y_h}{Q_N H_N \eta_N} \left[H_1 \eta_1 \left(\frac{\partial Q}{\partial H} \frac{\partial H}{\partial Y} + \frac{\partial Q}{\partial Y} \right) + Q_1 \eta_1 \frac{\partial H}{\partial Y} + Q_1 H_1 \left(\frac{\partial \eta}{\partial H} \frac{\partial H}{\partial Y} + \frac{\partial \eta}{\partial Y} \right) \right] y. \tag{7.11}$$

Diese Gleichung läßt sich umformen:

mit der Beziehung für $\frac{\partial Q}{\partial H}$ aus Gl. (7.06),

mit der Annahme, daß die Beharrungsdrehzahl zu Beginn des betrachteten Regelungsvorgangs, N_1, gleich ist der Nenndrehzahl N_N, eine Annahme, die in den meisten Fällen zulässig ist,

mit den Abkürzungen:

für die Änderung der Fallhöhe mit der Turbinenöffnung:

$$\frac{Y_h}{H_N} \frac{\partial H}{\partial Y} y = \frac{\partial h}{\partial y} y = h_y \tag{7.12}$$

für die Änderung des Drehmoments mit der Turbinenöffnung bei gleichbleibender Fallhöhe, für die *Regelungsübersetzung der Turbine*:

$$\frac{H_1 \eta_1}{H_N \eta_N} \frac{Y_h}{Q_N} \frac{\partial Q}{\partial Y} + \frac{Q_1 H_1}{Q_N H_N} \frac{Y_h}{\eta_N} \frac{\partial \eta}{\partial Y} = - \frac{H_1 \eta_1}{H_N \eta_N} e_{qy} + \frac{Q_1 H_1}{Q_N H_N} e_{\eta y} \tag{7.13}$$

$$= - e_y \tag{7.14}$$

für die Änderung des Wirkungsgrades mit der Fallhöhe, ein Einfluß, der wegen der verhältnismäßig geringen Fallhöhenschwankung während eines Regelungsvorganges vernachlässigt werden kann:

$$\frac{H_N}{\eta_N} \frac{\partial \eta}{\partial H} = e_{\eta h} \approx 0. \tag{7.15}$$

Die Gl. (7.11) nimmt dann die Form an:

$$m_y = \frac{3}{2} \frac{Q_1 \eta_1}{Q_N \eta_N} h_y - e_y\, y \tag{7.16}$$

Der Zusammenhang zwischen h und q ist für lange Rohrleitungen durch Gl. (7.02), für kurze Rohrleitungen durch Gl. (7.04) gegeben.

Der Zusammenhang zwischen q und y kann mit den obigen Abkürzungen, mit Gln. (7.12) und (7.13), sowie mit der Beziehung Gl. (7.06) geschrieben werden:

$$q_y = \frac{Y_h}{Q_N} \left(\frac{\partial Q}{\partial H} \frac{\partial H}{\partial Y} + \frac{\partial Q}{\partial Y} \right) y = \frac{1}{2} \frac{Q_1 H_N}{Q_N H_1} h_y - e_{qy}\, y \tag{7.17}$$

Der Zusammenhang zwischen der Fallhöhenänderung h_y und der Änderung der Turbinenöffnung y ergibt sich durch Eliminieren von q aus:

a) den Gln. (7.02) und (7.17) für lange Rohrleitungen:

$$h_y = \frac{e_{qy}\, h_{AN} \tanh (j \omega T_L)}{1 + 0{,}5\, h_{A1} \tanh (j \omega T_L)} y \tag{7.18}$$

b) den Gln. (7.04) und (7.17) für kurze Rohrleitungen:

$$h_y = \frac{e_{qy} T_{WN}\, j \omega}{1 + 0{,}5 T_{W1}\, j \omega} y \tag{7.19}$$

Der Frequenzgang F_{my} ermittelt sich durch Eliminieren von h_y aus:

a) den Gln. (7.16) und (7.18) für lange Rohrleitungen zu:

$$F_{my} = \frac{m_y}{y} = - e_y + \frac{3}{2} \frac{H_1 \eta_1}{H_N \eta_N} \frac{e_{qy} h_{A1}}{0{,}5\, h_{A1} - j \cot (\omega T_L)} \tag{7.20}$$

b) den Gln. (7.16) und (7.19) für kurze Rohrleitungen zu:

$$F_{my} = \frac{m_y}{y} = -e_y + \frac{3}{2}\frac{H_1\eta_1}{H_N\eta_N}\frac{e_{qy}T_{W1}j\omega}{1+0{,}5T_{W1}j\omega}. \tag{7.21}$$

Die Ortskurve F_{my} der Turbine mit einer langen Rohrleitung ist ein Kreis mit dem Mittelpunkt auf der positiven, reellen Koordinatenachse (Abb. 7.11); sie beginnt für $\omega = 0$ im Punkt $(-e_y, 0)$ und schneidet die positive, reelle Koordinatenachse im Punkt $\left[\left(3\frac{H_1\eta_1}{H_N\eta_N}e_{qy} - e_y\right), 0\right]$; der Kreis wird ∞-oft durchlaufen.

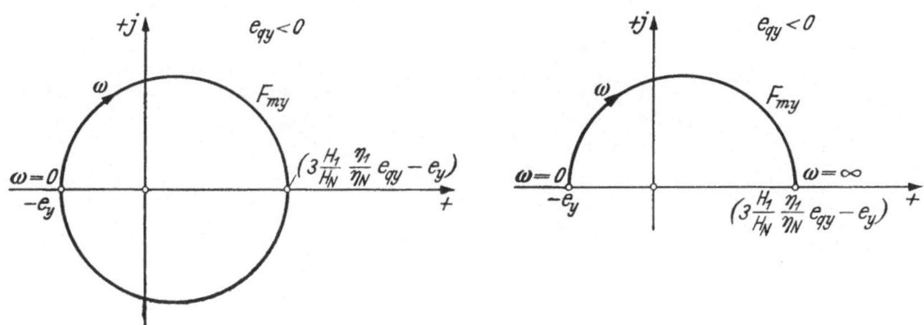

Abb. 7.11 u. 7.12. Ortskurven F_{my} einer Turbine mit langer Rohrleitung und einer Turbine mit kurzer Rohrleitung.

Die Ortskurve F_{my} der Turbine mit einer kurzen Rohrleitung ist ein Halbkreis im I. und II. Quadrant, mit dem Mittelpunkt auf der positiven, reellen Koordinatenachse (Abb. 7.12); sie beginnt für $\omega = 0$ im Punkt $(-e_y, 0)$ und endet für $\omega = \infty$ im Punkt $\left[\left(3\frac{H_1\eta_1}{H_N\eta_N}e_{qy} - e_y\right), 0\right]$.

Die Werte in den Gln. (7.20) bzw. (7.21) beziehen sich auf den Beharrungszustand zu Beginn des betrachteten Regelungsvorgangs. Es beschreiben:

1. $\frac{Q_1}{Q_N}$, $\frac{H_1}{H_N}$, $\frac{n_1}{n_N}$ und $N_1 \approx N_N$ den Betriebspunkt,

2. $h_{A1} = \frac{Q_1H_N}{Q_NH_1}h_{AN}$ bzw. $T_{W1} = \frac{Q_1H_N}{Q_NH_1}T_{WN}$ die hydraulischen Charakteristiken der Anlage,

3. e_y und e_{qy} die hydraulischen Charakteristiken der Turbine die entnommen werden können:

dem $\frac{N}{N_N}$, $\frac{Q}{Q_N}$-Diagramm für $H = \text{const}$ mit $\frac{Y}{Y_N} = \text{const}$-Kurven (abgeleitet aus $a = \text{const}$-Kurven) und $\frac{\eta}{\eta_N} = \text{const}$-Kurven, dem sogenannten *Muscheldiagramm*, Abb. 7.13, und dem daraus abgeleiteten $\frac{N}{N_N}, \frac{M}{M_N}$ -Diagramm mit $\frac{Y}{Y_h}$ = const-Kurven, Abb. 7.14.

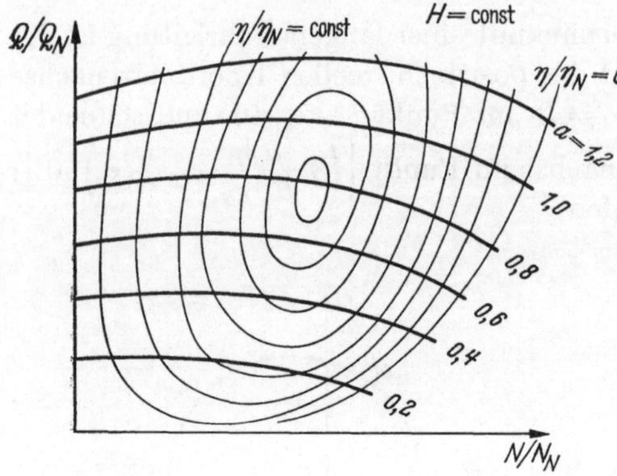

Abb. 7.13. Bezogenes Muscheldiagramm einer Francis-Turbine.

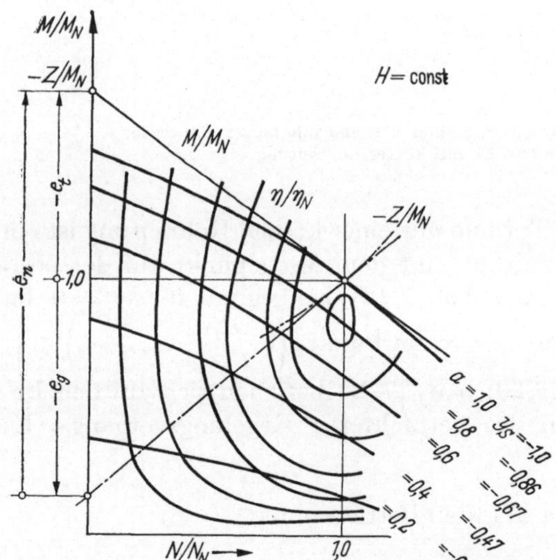

Abb. 7.14. Bezogenes Drehzahl-Drehmomenten-Diagramm einer Francis-Turbine.

Das Ermitteln der *Regelungsübersetzung der Turbine*, e_y, aus dem $\frac{Y}{Y_h}, \frac{M}{M_N}$ -Diagramm ist in Abb. 7.15, das Ermitteln des Beiwertes e_{qy} aus dem $\frac{Y}{Y_h}, \frac{Q}{Q_N}$ -Diagramm ist in Abb. 7.16 näher erläutert. Bei gleichbleibender Turbinendrehzahl nehmen Durchfluß und Drehmoment der Turbine mit der Turbinenöffnung zu. Aus der in Ziff. 7.1 getroffenen

Festlegung, wonach der positiven Bewegungsrichtung des Stellkolbens, $(+\,y)$, ein Schließen der Turbine zugeordnet wird, folgt: $e_y < 0$ und $e_{qy} < 0$.

Diese Tatsachen werden durch negative Vorzeichen von e_y und e_{qy} in den Gln. (7.13) und (7.14) berücksichtigt.

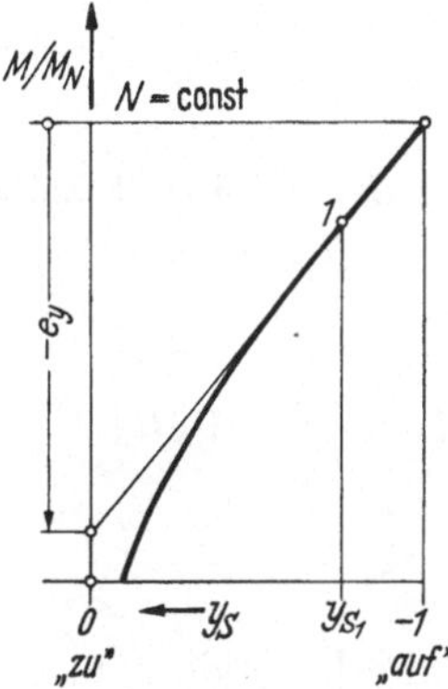

Abb. 7.15.
Regelungsübersetzung der Turbine, e_y.

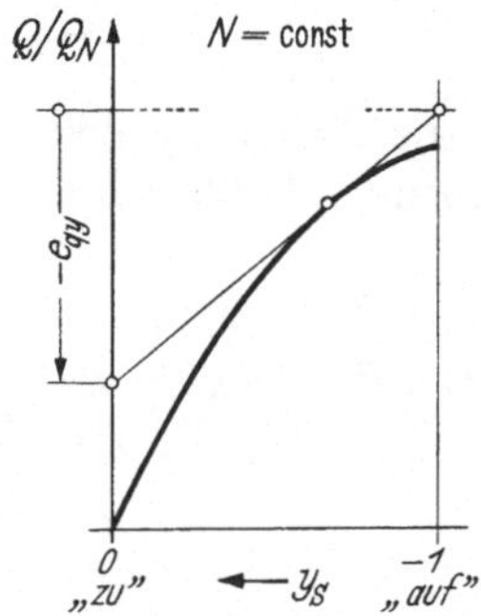

Abb. 7.16.
Ermitteln des Beiwertes der Turbine, e_{qy}.

7.22 Ermitteln von F_{mx}

Der Frequenzgang F_{mx} stellt den Zusammenhang zwischen der Änderung des Turbinendrehmoments m_x und einer nach einer harmonischen Schwingung sich ändernden Drehzahlabweichung x bei gleichbleibender Turbinenöffnung, also bei $y = 0$, dar. Es ist:

$$\mathrm{F}_{mx} = \frac{m_x}{x} = \frac{N_N}{M_N}\frac{\partial M}{\partial N}. \tag{7.22}$$

Mit M aus Gl. (7.01) und unter Berücksichtigung, daß bei der vorliegenden Betrachtung $Y = Y_1 = \text{const}$ und damit Q und η nur als Funktionen von H und x angenommen wurden, sowie mit der Beziehung $\frac{\omega_T}{\omega_{TN}} = \frac{N}{N_N}$, ergibt sich m_x aus Gl. (7.22) zu:

$$m_x = \frac{N_N^2}{Q_N\,H_N\,\eta_N}\left[\frac{H_1\eta_1}{N_1}\left(\frac{\partial Q}{\partial H}\frac{\partial H}{\partial N} + \frac{\partial Q}{\partial N}\right) + \frac{Q_1\eta_1}{N_1}\frac{\partial H}{\partial N} + \frac{Q_1 H_1}{N_1}\left(\frac{\partial \eta}{\partial H}\frac{\partial H}{\partial N} + \frac{\partial \eta}{\partial N}\right) - \frac{Q_1 H_1 \eta_1}{N_1^2}\right] x. \tag{7.23}$$

Diese Gleichung läßt sich umformen:

mit der Beziehung für $\frac{\partial Q}{\partial H}$ aus Gl. (7.06), mit der Annahme, daß die Drehzahl zu Beginn des betrachteten Regelungsvorgangs, N_1, gleich ist der Nenndrehzahl N_N, eine Annahme, die in den meisten Fällen zulässig ist,

mit den Abkürzungen:

für die Änderung der Fallhöhe mit der Drehzahl:

$$\frac{N_N}{H_N}\frac{\partial H}{\partial N}x = \frac{\partial h}{\partial x}x = h_x \tag{7.25}$$

für die Änderung des Drehmomentes mit der Drehzahl bei gleichbleibender Fallhöhe, für die *Selbstregelung der Turbine*:

$$\frac{H_1\eta_1}{H_N\eta_N}\frac{N_N}{Q_N}\frac{\partial Q}{\partial N} + \frac{Q_1H_1}{Q_NH_N}\frac{N_N}{\eta_N}\frac{\partial\eta}{\partial N} - \frac{Q_1H_1\eta_1}{Q_NH_N\eta_N} = \frac{H_1\eta_1}{H_N\eta_N}e_{qx} + \frac{Q_1H_1}{Q_NH_N}e_{\eta x} - \frac{M_1}{M_N} \tag{7.26}$$

$$= -e_t, \tag{7.27}$$

für die Änderung des Wirkungsgrades mit der Fallhöhe, ein Einfluß, der wegen der verhältnismäßig geringen Fallhöhenschwankungen während eines Regelungsvorganges, vernachlässigt werden kann:

$$\frac{H_N}{\eta_N}\frac{\partial\eta}{\partial H} = e_{\eta h} \approx 0\,. \tag{7.15}$$

Die Gl. (7.23) nimmt dann die Form an:

$$m_x = \frac{3}{2}\frac{Q_1\eta_1}{Q_N\eta_N}h_x - e_t x. \tag{7.28}$$

Der Zusammenhang zwischen h und q ist wiederum für lange Rohrleitungen durch Gl. (7.02), für kurze Rohrleitungen durch Gl. (7.04) gegeben.

Der Zusammenhang zwischen q und x kann mit obigen Abkürzungen, mit Gln. (7.25) und (7.26), sowie mit der Beziehung Gl. (7.06) geschrieben werden:

$$q_x = \frac{N_N}{Q_N}\left(\frac{\partial Q}{\partial H}\frac{\partial H}{\partial N} + \frac{\partial Q}{\partial N}\right)x = \frac{1}{2}\frac{Q_1}{Q_N}\frac{H_N}{H_1}h_x + e_{qx}x. \tag{7.29}$$

Der Zusammenhang zwischen der Fallhöhenänderung h_x und der Drehzahländerung x ergibt sich durch Eliminieren von q aus:

a) den Gln. (7.02) und (7.29) für lange Rohrleitungen:

$$h_x = -\frac{e_{qx}h_{AN}\tanh(j\omega T_L)}{1 + 0{,}5\,h_{A1}\tanh(j\omega T_L)}x; \tag{7.30}$$

b) den Gln. (7.04) und (7.29) für kurze Rohrleitungen:

$$h_x = -\frac{e_{qx} T_{WN} j\omega}{1 + 0{,}5\, T_{W1} j\omega}\, x\,. \tag{7.31}$$

Der Frequenzgang F_{mx} ermittelt sich durch Eliminieren von h_x aus:

a) den Gln. (7.28) und (7.30) für lange Rohrleitungen zu:

$$F_{mx} = \frac{m_x}{x} = -\, e_t - \frac{3}{2}\,\frac{H_1 \eta_1}{H_N\, \eta_N}\,\frac{e_{qx}\, h_{A1}}{0{,}5\, h_{A1} - j \cot(\omega T_L)}\,; \tag{7.32}$$

b) den Gln. (7.28) und (7.31) für kurze Rohrleitungen zu:

$$F_{mx} = \frac{m_x}{x} = -\, e_t - \frac{3}{2}\,\frac{H_1 \eta_1}{H_N \eta_N}\,\frac{e_{qx} T_{W1} j\omega}{1 + 0{,}5\, T_{W1} j\omega}\,. \tag{7.33}$$

Die Ortskurve F_{mx} der Turbine mit einer langen Rohrleitung ist ein Kreis mit dem Mittelpunkt auf der reellen Koordinatenachse (Abb. 7.17); sie beginnt für $\omega = 0$ im Punkt $(-\, e_t,\ 0)$ und schneidet die reelle Koordinatenachse im Punkt $\left[\left(-\, 3\, \frac{H_1 \eta_1}{H_N \eta_N}\, e_{qx} - e_t\right), 0\right]$; der Kreis wird ∞-oft durchlaufen.

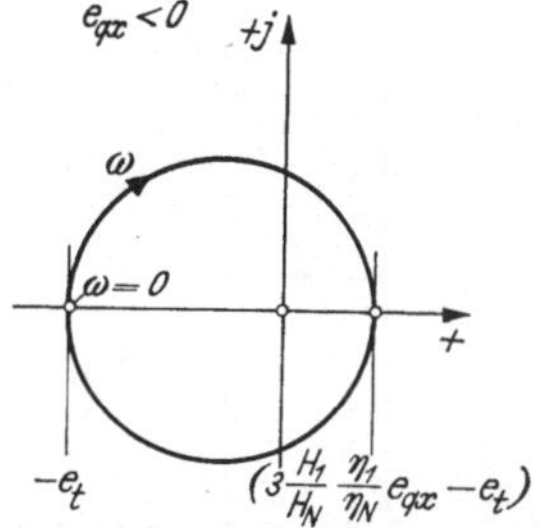

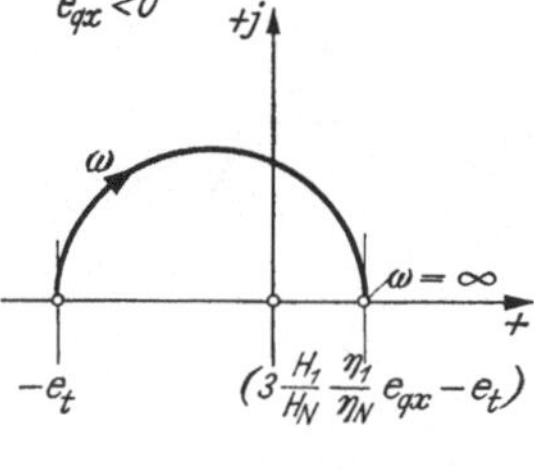

Abb. 7.17 u. 7.18. Ortskurven F_{mx} einer Turbine mit langer Rohrleitung und einer Turbine mit kurzer Rohrleitung für $e_{qx} < 0$.

Die Ortskurve F_{mx} der Turbine mit einer kurzen Rohrleitung ist ein Halbkreis im I. und II. Quadrant mit dem Mittelpunkt auf der reellen Koordinatenachse (Abb. 7.18); sie beginnt für $\omega = 0$ im Punkt $(-\, e_t,\ 0)$ und endet für $\omega = \infty$ im Punkt $\left[\left(-\, 3\, \frac{H_1 \eta_1}{H_N \eta_N}\, e_{qx} - e_t\right),\ 0\right]$.

Die Werte in den Gln. (7.32) bzw. (7.33) beziehen sich auf den Beharrungszustand zu Beginn des betrachteten Regelungsvorgangs. Es beschreiben:

1. $\frac{Q_1}{Q_N}$, $\frac{H_1}{H_N}$, $\frac{\eta_1}{\eta_N}$ und $N_1 \approx N_N$ den Betriebspunkt,

2. h_{A1} bzw. T_{W1} die hydraulischen Charakteristiken der Anlage,

3. e_t und e_{qx} die hydraulischen Charakteristiken der Turbine, die entnommen werden können:

dem $\frac{N}{N_N}, \frac{Q}{Q_N}$-Diagramm, Abb. 7.13,

dem $\frac{N}{N_N}, \frac{M}{M_N}$-Diagramm, Abb. 7.14.

Das Ermitteln des *Selbstregelungsfaktors der Turbine*, e_t, aus dem $\frac{N}{N_N}, \frac{M}{M_N}$-Diagramm ist in Abb. 7.14, das Ermitteln des Beiwertes e_{qx} aus dem $\frac{N}{N_N}, \frac{Q}{Q_N}$-Diagramm ist in Abb. 7.19 näher erläutert. Bei gleichbleibender Turbinenöffnung nimmt das Drehmoment der Turbine mit zunehmender Drehzahl ab; daraus folgt: $e_t < 0$. Diese Tatsache wird durch das negative Vorzeichen von e_t in Gl. (7.27) berücksichtigt.

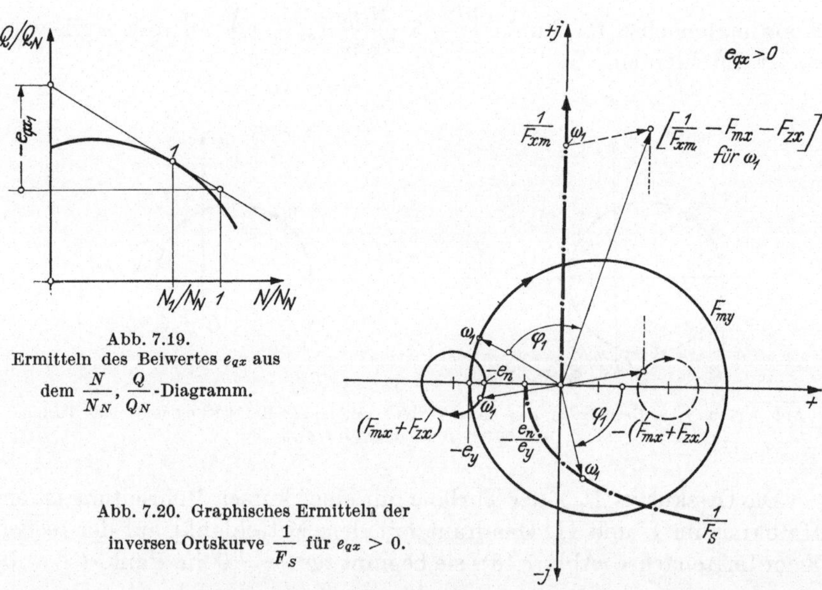

Abb. 7.19. Ermitteln des Beiwertes e_{qx} aus dem $\frac{N}{N_N}, \frac{Q}{Q_N}$-Diagramm.

Abb. 7.20. Graphisches Ermitteln der inversen Ortskurve $\frac{1}{F_S}$ für $e_{qx} > 0$.

Der Einfluß der Drehzahl auf den Turbinendurchfluß hängt von der Turbinenbauart und vom Betriebsbereich ab. Mit zunehmender Drehzahl kann $e_{qx} < 0$ (Abb. 7.17, 7.18 u. 7.19), $e_{qx} = 0$ (Abb. 7.23) und $e_{qx} > 0$ (Abb. 7.20) sein. In vielen Fällen kann e_{qx} vernachlässigt, also $F_{mx} \approx -e_t$ angenommen werden.

7.23 Ermitteln von F_{zx}

Der Frequenzgang F_{zx} stellt den Zusammenhang zwischen der Änderung des Gegendrehmomentes des Generators, z_x, und einer nach einer harmonischen Schwingung sich ändernden Drehzahlabweichung x bei gleichbleibenden Belastungsverhältnissen im Netz, also bei $z_z = 0$, dar. F_{zx} ergibt sich durch Linearisierung der durch Gl. (7.07) dargestellten Funktion, mit den Bezeichnungen aus Abb. 7.14, zu:

$$F_{zx} = \frac{z_x}{x} = -e_g\,. \tag{7.34}$$

Das negative Vorzeichen des *Selbstregelungsfaktors des Netzes*, e_g, berücksichtigt die Tatsache, daß eine Zunahme des Gegendrehmomentes des Generators $(+z_x)$ einen Rückgang der Turbinendrehzahl $(-x)$ verursacht.

Die Ortskurve F_{zx} ist der Punkt $(-e_g, 0)$ auf der negativen, reellen Koordinatenachse.

7.24 Ermitteln von F_{xm}

Der Zusammenhang zwischen dem überschüssigen Drehmoment $m = \frac{M - M_1}{M_N}$ und der Drehzahlabweichung $x = \frac{N - N_1}{N_N}$ folgt aus der Bewegungsgleichung mit dem *polaren Trägheitsmoment der Regelstrecke*, I_{pS} in kg m² (also mit der Summe aus dem polaren Trägheitsmoment des Maschinensatzes und aus allen auf die Generatorwelle reduzierten polaren Trägheitsmomenten der Verbraucher) und der Winkelbeschleunigung $\omega_T' = \frac{d\omega_T}{dt}$ in s^{-2} zu[1]:

$$I_{pS}\,\omega_T' = M - M_1, \tag{7.35}$$

oder mit $\frac{M - M_1}{M_N} = m$, $\frac{1}{\omega_{TN}}\frac{d\omega_T}{dt} = \frac{1}{N_N}\frac{dN}{dt} = x'$ und $\frac{I_{pS}\,\omega_{TN}}{M_N} = T_{AN}$ = *Anlaufzeit der Regelstrecke* für ω_{TN} und M_N zu:

$$T_{AN}\,x' = m\,. \tag{7.36}$$

---

[1] Im Technischen System wird I_{pS} oft als GD^2 in kp m² angegeben. Die Anlaufzeit T_{AN} berechnet sich dann mit N_N^* in $\min^{-1}$ und M_N^* in kp m zu: $T_{AN} = \frac{GD^2 N_N^*}{375\, M_N^*}$ in s.

Der Frequenzgang F_{xm} ergibt sich aus Gl. (7.36) zu:

$$F_{xm} = \frac{x}{m} = \frac{1}{T_{AN}\, j\, \omega}. \tag{7.37}$$

Die Ortskurve fällt mit der negativen, imaginären Koordinatenachse zusammen; sie beginnt für $\omega = 0$ im Punkt $(0, -\infty)$ und endet für $\omega = \infty$ im Koordinatenursprung.

Die inverse Ortskurve fällt mit der positiven, imaginären Koordinatenachse zusammen; sie beginnt für $\omega = 0$ im Koordinatenursprung und läuft für $\omega = \infty$ nach $(0, +\infty)$.

7.25 Ermitteln des Frequenzganges F_S der ungestörten Regelstrecke

Aus Gl. (7.09) folgt:

a) mit den Gln. (7.20), (7.32), (7.34) und (7.37), sowie mit der Abkürzung $e_t + e_g = e_n$ der Frequenzgang der Turbinenregelung für eine Anlage mit langer Rohrleitung:

$$F_S = \frac{x}{y}$$

$$= \frac{e_y\, j \cot(\omega T_L) - h_{A1}\left(0{,}5\, e_y - 1{,}5\, \frac{H_1\, \eta_1}{H_N\, \eta_N}\, e_{qy}\right)}{T_{AN}\omega \cot(\omega T_L) + j\,[0{,}5\, h_{A1} T_{AN}\omega - e_n \cot(\omega T_L)] + 1{,}5\, \frac{H_1 \eta_1}{H_N \eta_N}\, h_{A1} e_{qx} + 0{,}5\, h_{A1} e_n}; \tag{7.38}$$

b) mit den Gln. (7.21), (7.33), (7.34) und (7.37), sowie mit der Abkürzung $e_t + e_g = e_n$ der Frequenzgang der Turbinenregelung für eine Anlage mit kurzer Rohrleitung

$$F_S = \frac{x}{y} = \frac{-\,T_{W1}\left(0{,}5\, e_y - 1{,}5\, \frac{H_1 \eta_1}{H_N \eta_N}\, e_{qy}\right) j\omega - e_y}{0{,}5\, T_{AN} T_{W1}\, (j\omega)^2 + \left(T_{AN} + 0{,}5\, T_{W1} e_n + 1{,}5\, \frac{H_1 \eta_1}{H_N \eta_N}\, T_{W1}\, e_{qx}\right) j\omega + e_n}. \tag{7.39}$$

Für kurze Rohrleitungen kann aus Gl. (7.39), die für jede Funktion $h = h(q)$ gilt, die Differentialgleichung abgeleitet werden; sie lautet:

$$\begin{aligned} &x'' \cdot 0{,}5\, T_{AN} T_{W1} \\ &+ x' \cdot \left[T_{AN} + T_{W1}\left(0{,}5\, e_n + 1{,}5\, \frac{H_1 \eta_1}{H_N \eta_N}\, e_{qx}\right)\right] \\ &+ x \cdot e_n = T_{W1}\left(-\, 0{,}5\, e_y + 1{,}5\, \frac{H_1 \eta_1}{H_N \eta_N}\, e_{qy}\right) y' - e_y\, y. \end{aligned} \tag{7.40}$$

Liegen die Frequenzgänge nur in Form von Ortskurven vor, so kann die inverse Ortskurve $\frac{1}{F_S}$ der Regelstrecke, die bei graphischen Stabilitätsuntersuchungen mit Vorliebe benutzt wird, (vgl. Abschn. 9), durch vektorielle Division der vektoriellen Summe $\left(\frac{1}{F_{xm}} - F_{mx} - F_{zx}\right)$ durch F_{my} gefunden werden; ein Beispiel für eine solche graphische Ermittlung von $\frac{1}{F_S}$ ist in Abb. 7.20 wiedergegeben.

7.3 Regelstrecke bei Bremsregelung

Der Zusammenhang zwischen der Eingangsgröße $y_S = y$ der Regelstrecke, der Verstellung der Elektroden aus einem Beharrungszustand $Y_{S1} = Y_1$ und der Ausgangsgröße $x_s = x$ der Regelstrecke, der Drehzahlabweichung der Turbine von ihrem jeweiligen Sollwert N_1, wird als Frequenzgang $F_S = \frac{x}{y}$ abgeleitet.

Durch eine Auslenkung des Stellgliedes, z. B. in der Entlastungsrichtung um $(-y)$, wird ein überschüssiges Drehmoment $(+z_y)$ frei, das die rotierenden Massen der Regelstrecke beschleunigt und die Turbinenzahl um $(+x)$ erhöht. Diese Drehzahlabweichung $(+x)$ bewirkt wiederum einen Rückgang des Turbinendrehmomentes um

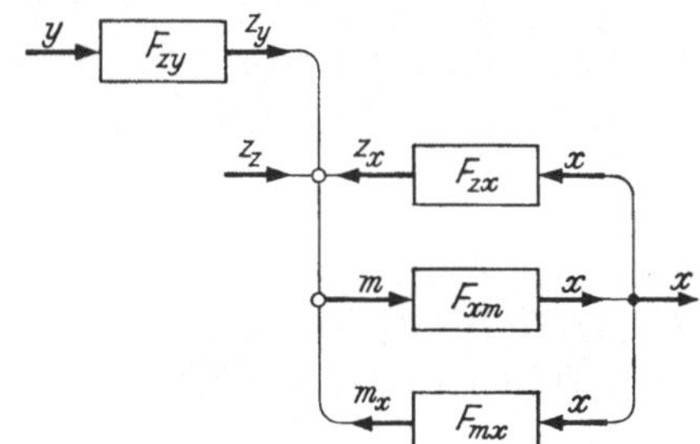

Abb. 7.21. Blockschaltbild der Regelstrecke bei Bremsregelung.

$(-m_x)$ und eine Erhöhung des Gegendrehmomentes des Generators um $(+z_x)$. Dieser Zusammenhang läßt sich in einem Blockschaltbild, Abb. 7.21, unter Berücksichtigung der Störgrößenänderung z_z veranschaulichen.

Aus Abb. 7.21 ergibt sich:

$$F_S = \frac{x}{y} = F_{xm}\frac{m}{y} = F_{xm}\frac{z_y + m_x + z_x + z_z}{y}$$

$$= F_{xm}\left[F_{zy} + F_{mx}\frac{x}{y} + F_{zx}\frac{x}{y} + \frac{z_z}{y}\right]. \qquad (7.41)$$

Daraus folgt:

$$F_S = \frac{F_{zy} + \frac{z_z}{y}}{\frac{1}{F_{xm}} - (F_{mx} + F_{zx})}. \tag{7.42}$$

Um F_S berechnen zu können, müssen die einzelnen Frequenzgänge F_{zy}, F_{mx}, F_{zx} und F_{xm} in analytischer Form oder in Form von Ortskurven vorliegen.

7.31 Ermitteln von F_{zy}

Der Frequenzgang F_{zy} stellt den Zusammenhang zwischen der Änderung des Bremsmomentes z_y und einer nach einer harmonischen Schwingung sich ändernden Stellgliedabweichung y bei gleichbleibender Drehzahl, also bei $x = 0$, dar. Er ergibt sich durch Linearisieren der $z_y(y)$-Kurve, mit den Bezeichnungen aus Abb. 7.22 und unter Berücksichtigung, daß eine Entlastung der Bremse nach Ziff. 7.1 eine Bewegung des Stellgliedes in negativer Richtung bedeutet, zu:

$$F_{zy} = \frac{z_y}{y} = -e_z. \tag{7.43}$$

7.32 Ermitteln des Frequenzganges F_S der ungestörten Regelstrecke bei Bremsregelung

Wird die durch Änderung der Turbinendrehzahl auftretende Druckstoßwirkung vernachlässigt, also

$$F_{mx} \approx -e_t \tag{7.44}$$

angenommen, so ergibt sich mit dieser Beziehung, sowie mit den Gln. (7.34) für F_{zx}, (7.37) für F_{xm} und (7.43) für F_{zy}, aus Gl. (7.42) der Frequenzgang F_S der Regelstrecke bei Bremsregelung zu:

$$F_S = \frac{x}{y} = \frac{-e_z}{T_{AN} j\omega + (e_t + e_g)} = \frac{-e_z}{T_{AN} j\omega + e_n}. \tag{7.45}$$

Die Ortskurve F_S ist ein Halbkreis im II. Quadrant mit dem Mittelpunkt auf der negativen, reellen Koordinatenachse (Abb. 7.23); sie beginnt für $\omega = 0$ im Punkt $\left(-\frac{e_z}{e_n}, 0\right)$ und endet für $\omega = \infty$ im Koordinatenursprung.

Die inverse Ortskurve ist eine Parallele zur negativen, imaginären Koordinatenachse (Abb. 7.23); sie beginnt für $\omega = 0$ im Punkt $\left(-\frac{e_n}{e_z}, 0\right)$ und läuft für $\omega = \infty$ nach $\left(-\frac{e_n}{e_z}, -\infty\right)$.

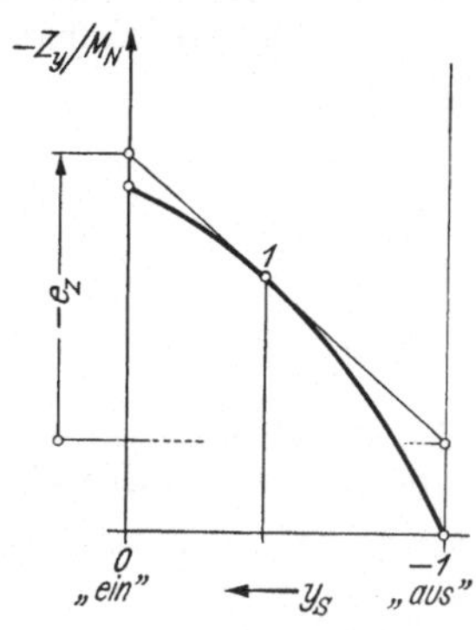

Abb. 7.22. Ermitteln des Beiwerts e_z der Bremsregelung.

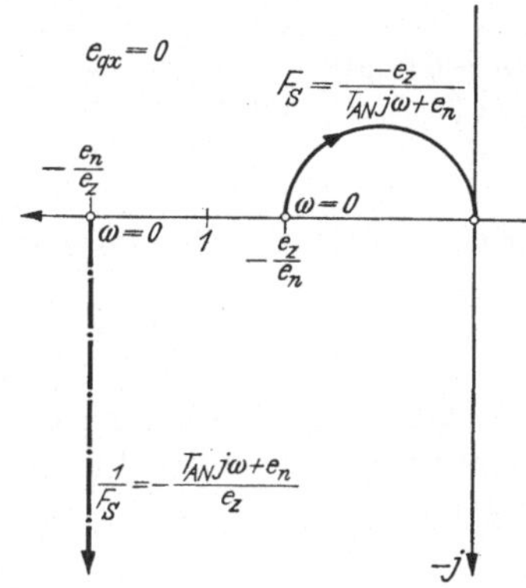

Abb. 7.23. Ortskurve F_S und inverse Ortskurve $\frac{1}{F_S}$ der Regelstrecke bei Bremsregelung, für $e_{qx}=0$.

Die Differentialgleichung der ungestörten Regelstrecke für Bremsregelung ergibt sich aus Gl. (7.45) zu:

$$T_{AN}\, x' + e_n\, x = - e_z\, y. \tag{7.46}$$

7.4 Weitere Beispiele für Regelstrecken

Aus den Frequenzganggleichungen (7.38) bzw. (7.39) für die Regelstrecke bei Turbinenregelung und aus Gl. (7.45) für die Regelstrecke bei Bremsregelung geht hervor, daß diese Regelstrecken P-Regelkreisglieder sind. Einer bleibenden Abweichung des Stellgliedes $y_{1,2}$ entspricht eine bleibende Drehzahlabweichung $x_{1,2}$.

Regelstrecken mit einem *P-Grad* $= 0$ werden *I-Regelstrecken* genannt; bei solchen Regelstrecken ist ein Beharrungszustand nur bei $y_{1,2} = 0$ möglich.

Eine I-Regelstrecke stellt z. B. ein Fahrzeug (ein Schiff, ein Flugzeug, ein Flugkörper u. ä. m.) bei einer *Kursregelung* dar. Die Eingangsgröße dieser Regelstrecke ist die Stellabweichung y_S der Steuereinrichtung von ihrer Mittellage, die Ausgangsgröße ist die Abweichung des bezogenen Winkels von der eingestellten Richtung, die Regelabweichung x_S vom Sollwert.

Wird das von der Steuereinrichtung herrührende, auf das Fahrzeug wirkende Drehmoment proportional der Stellabweichung y_S angenommen und wird auch das bei der Drehung des Fahrzeuges auftretende Widerstandsmoment proportional der Winkelgeschwindigkeit, also proportional x' gesetzt, so ergibt sich aus der Bewegungsgleichung die Differentialgleichung dieser I-Regelstrecke zu:

$$T_2^2\, x_S'' + T_1\, x_S' = - y_S. \tag{7.47}$$

Der Frequenzgang aus Gl. (7.47) lautet:

$$F_S = \frac{-1}{T_2^2\,(j\omega)^2 + T_1\, j\omega}. \tag{7.48}$$

Die Ortskurve verläuft im 1. Quadrant; sie beginnt für $\omega = 0$ im Punkt $\left(+\frac{T_2^2}{T_1^2}, +\infty\right)$ und endet für $\omega = \infty$ im Koordinatenursprung.

Kann das durch die Drehung des Fahrzeuges entstehende Widerstandsmoment vernachlässigt, also $T_1 \approx 0$ angenommen werden, so nimmt die Differentialgleichung (7.47) die einfache Form an:

$$T_2^2 \, x_S'' = -\, y_S. \tag{7.49}$$

Der Frequenzgang ergibt sich aus Gl. (7.49) zu:

$$F_S = \frac{-1}{T_2^2 \, (j\omega)^2} = \frac{1}{T_2^2 \, \omega^2}. \tag{7.50}$$

Die Ortskurve fällt mit der positiven, reellen Koordinatenachse zusammen; sie beginnt für $\omega = 0$ im Punkt $(+\infty, 0)$ und endet für $\omega = \infty$ im Koordinatenursprung.

7.5 Überprüfung der Regelstrecke in einem Versuch

Um das regeltechnische Verhalten eines Regelkreises ausreichend genau berechnen zu können, müssen nicht nur die tatsächlichen, in einem Versuch ermittelten Reglereigenschaften nach Ziff. 6.4 vorliegen, sondern auch die tatsächlichen Eigenschaften der Regelstrecke bekannt sein. Die Versuche an einer Regelstrecke können durchgeführt werden:

a) mit einem Inselnetz und

b) mit einem Verbundnetz (mit einem großen Netz mit praktisch gleichbleibender Netzfrequenz).

Die regeltechnischen Eigenschaften der Regelstrecke sind durch die Ortskurve F_S eindeutig und ausreichend beschrieben. Kann diese Ortskurve nicht gemessen werden, so müssen in mehreren Einzelversuchen die Ortskurve F_{my} und die Beiwerte e_t, e_g und T_{AN} bestimmt werden. Damit und mit der Näherung $F_{mx} \approx -\, e_t$ kann F_S aus Gl. (7.09) ermittelt werden.

7.51 Messen der Ortskurve F_S

Diese Versuche können nur mit einem Inselnetz durchgeführt werden, bei dem die Belastungsverhältnisse sich während der Messung überhaupt nicht oder nur sehr langsam ändern. Mit dem in Ziff. 6.4 beschriebenen Sinusgeber wird dem Regler — der bei diesem Versuch als Verstärker dient — eine sinusförmige Drehzahlschwingung und damit dem Stellglied eine harmonische oszillierende Bewegung aufgezwungen. Auf einem mit konstanter Geschwindigkeit laufenden Registrierstreifen werden die Stellabweichung y und die Schwingung der Netzfrequenz = Drehzahlabweichung der Turbine, x, aufgezeichnet, Abb. 7.24. Aus den beiden Kurven werden für die eingestellte Schwingungsfrequenz ω das Ampli-

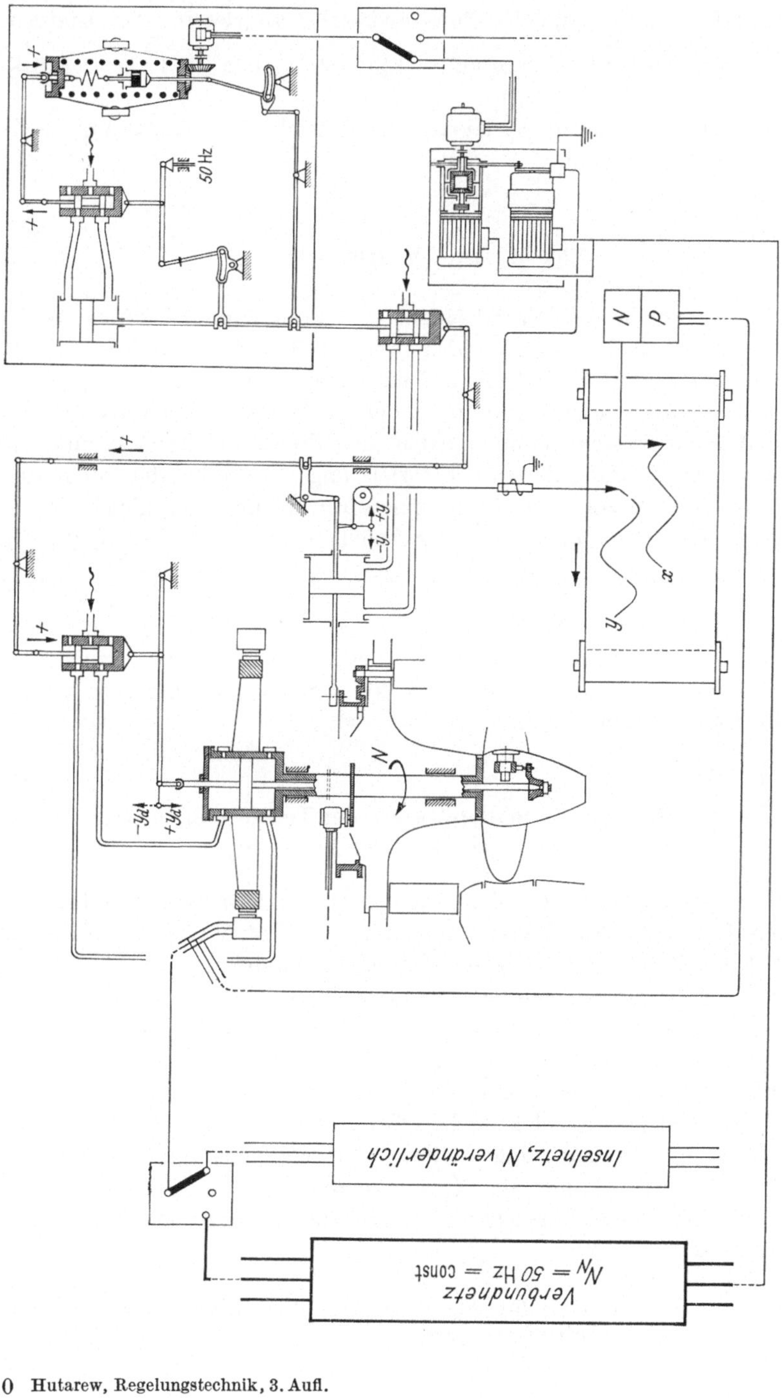

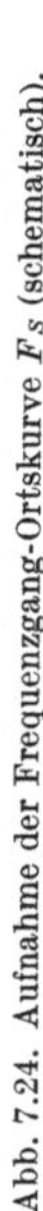

Abb. 7.24. Aufnahme der Frequenzgang-Ortskurve F_S (schematisch).

tudenverhältnis $\frac{x_0}{y_0}$ und der Phasenwinkel φ abgelesen. Die Ortskurve wird punktweise, mit mehreren zwischen $\omega = 0{,}2$ und $\omega = 2{,}5\ \mathrm{s}^{-1}$ liegenden Frequenzen ermittelt.

Es werden mehrere F_S-*Kurven* für verschiedene Belastungen der Turbine aufgenommen.

7.52 Messen der Ortskurve F_{my}

Diese Versuche werden mit einem Verbundnetz durchgeführt. Wie in Ziff. 7.51 beschrieben wurde, wird mit dem Sinusgeber und dem Regler als Verstärker, dem Stellglied der Turbine eine harmonisch oszillierende Bewegung aufgezwungen und auf einem mit konstanter Geschwindigkeit laufenden Registrierstreifen werden die Stellabweichung y und die bezogene Abweichung der Generatorleistung[1] — die bei der konstanten Drehzahl der bezogenen Drehmomentabweichung m_y gleich ist — aufgezeichnet. Aus den beiden Kurven werden für die eingestellte Schwingungsfrequenz ω das Amplitudenverhältnis $\frac{m_{y0}}{y_0}$ und der Phasenwinkel φ abgelesen. Die Ortskurve wird punktweise mit mehreren, zwischen $\omega = 0{,}2$ und $\omega = 2{,}5\ \mathrm{s}^{-1}$ liegenden Frequenzen ermittelt.

Es werden mehrere F_{my}-*Kurven* für verschiedene Belastungen der Turbine aufgenommen.

7.53 Messen des Selbstregelungsfaktors der Turbine, e_t, und des Selbstregelungsfaktors des Netzes, e_g

Diese Versuche lassen sich nur mit einem Inselnetz durchführen, dessen Frequenz durch Änderung der zugeführten Leistung zwischen etwa $1{,}02 \cdot N_N$ und $0{,}98 \cdot N_N$ geändert werden kann. Der Stellkolben des Reglers der zu untersuchenden Turbine wird in der gewünschten Stellung festgehalten und die Netzfrequenz schrittweise, durch Änderung der Energiezufuhr, entweder durch Leistungsänderung eines parallelgeschalteten Maschinensatzes oder, bei kleineren Turbinenöffnungen, durch Verstellen eines elektrischen Bremswiderstandes geändert. Nach Erreichen eines neuen, eingestellten Beharrungszustandes werden die Turbinendrehzahl (oder die Netzfrequenz) N, die Leistung des zu untersuchenden Maschinensatzes, P_a, und die Leistung der Hilfsenergie, P_b, abgelesen.

---

[1] Streng genommen müßte die abgegebene Generatorleistung durch den Generatorwirkungsgrad dividiert werden.

Für jede Drehzahlabweichung $x_{1,2} = \frac{N_2 - N_1}{N_N}$ wird die dazugehörige Abweichung des Drehmomentes der Turbine $m_x = \frac{N_N}{P_N}\left(\frac{P_{a2}}{N_2} - \frac{P_{a1}}{N_1}\right)$ und die dazugehörige Abweichung des Gegendrehmomentes des Netzes $z_x = \frac{N_N}{P_N}\left(\frac{P_{a2} + P_{b2}}{N_2} - \frac{P_{a1} + P_{b1}}{N_1}\right)$ gebildet. Mit einer ausreichenden Anzahl der Meßpunkte werden in einem $\frac{N}{N_N}, \frac{M}{M_N}$-Diagramm die $m_x(x)$-Kurve und die $z_x(x)$-Kurve gezeichnet und an die Kurven im betrachteten Punkt Tangenten konstruiert.

Die Neigung der Tangente an die $m_x(x)$-Kurve gibt den *Selbstregelungsfaktor der Turbine*, $e_t = \frac{dm_x}{dx}$.

Die Neigung der Tangente an die $z_x(x)$-Kurve gibt den *Selbstregelungsfaktor des Netzes*, $e_g = \frac{dz_x}{dx}$.

Aus einem mit der Leistung $(P_{a1} + P_{b1})$ ermittelten Wert e_{g1} berechnet sich die *Selbstregelungscharakteristik des Netzes*, e_b, zu:

$$e_{b1} = e_{g1}\,\frac{P_N}{P_1}. \tag{7.51}$$

Es werden mehrere e_t-Werte für verschiedene Turbinenöffnungen und es werden mehrere e_g-Werte für verschiedene Belastungen des Netzes aufgenommen.

7.54 Messen der Anlaufzeit des Maschinensatzes, T_{AN}

Diese Versuche werden mit einem Verbundnetz durchgeführt. Der Sollwert des Drehzahlreglers wird z. B. auf $1{,}05 \cdot N_N$ eingestellt und die Turbinenleistung mit der Öffnungsbegrenzung auf den gewünschten

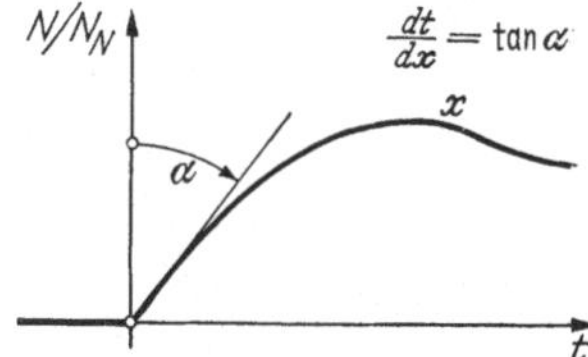

Abb. 7.25. Ermitteln der Anlaufzeit des Maschinensatzes, T_{AN}.

Wert, z. B. auf $0{,}3 \cdot P_N$ reduziert. Nach Erreichen des Beharrungszustandes werden die vom Generator ans Netz abgegebene Leistung P_1 und die Turbinendrehzahl (oder die Netzfrequenz) N_1 abgelesen. Der Generator wird vom Netz getrennt und die Drehzahlabweichung x auf einem mit konstanter Geschwindigkeit laufenden Registrierstreifen aufgezeichnet. Aus der Neigung der Tangente $\frac{dx}{dt}$ an die $x(t)$-Kurve im Abschaltpunkt (Abb. 7.25), ergibt sich mit der Nennleistung P_N die *Anlaufzeit des Maschinensatzes* zu:

$$T_{AN} = \frac{P_1}{P_N} \frac{dt}{dx}. \tag{7.52}$$

Die Anlaufzeit der am Netz angeschlossenen Verbraucher läßt sich aus Versuchen praktisch nicht bestimmen. Der Einfluß der rotierenden Massen der vom Netz mit Energie versorgten Maschinen wird daher meistens vernachlässigt.

8. Regelkreis

8.1 Arten von einfachen Regelkreisen

Ein *einfacher Regelkreis* entsteht durch Reihenschaltung eines Reglers und einer Regelstrecke.

Je nach Art dieser Reihenschaltung wird erhalten:

1. ein *offener* oder *aufgeschnittener Regelkreis* mit einer Kuppelstelle entweder bei y mit der Eingangsgröße x_e und der Ausgangsgröße x_a, wenn die Regelstrecke dem Regler nachgeschaltet wird, (Abb. 8.01), oder bei x mit der Eingangsgröße y_e und der Ausgangsgröße y_a, wenn der Regler der Regelstrecke nachgeschaltet wird (Abb. 8.02).

2. ein *geschlossener Regelkreis*, kurz Regelkreis genannt, mit zwei Kuppelstellen bei x und bei y (Abb. 8.03).

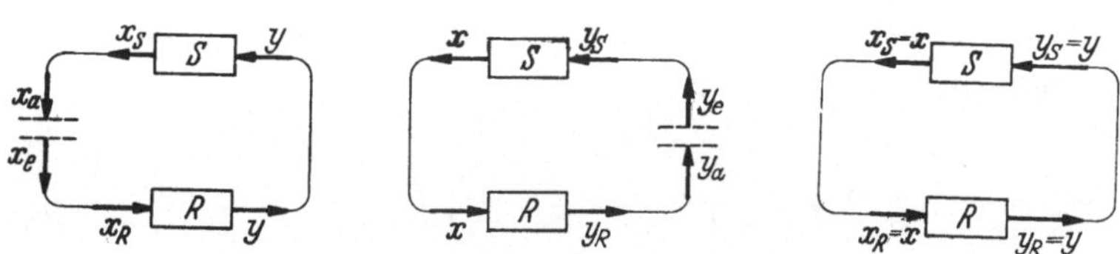

Abb. 8.01 – 8.03. Bei x aufgeschnittener Regelkreis, bei y aufgeschnittener Regelkreis und geschlossener Regelkreis.

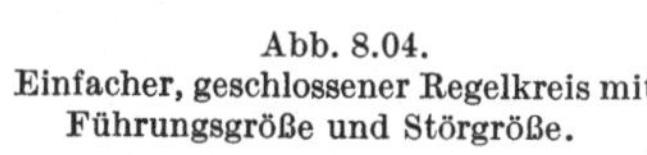
Abb. 8.04.
Einfacher, geschlossener Regelkreis mit Führungsgröße und Störgröße.

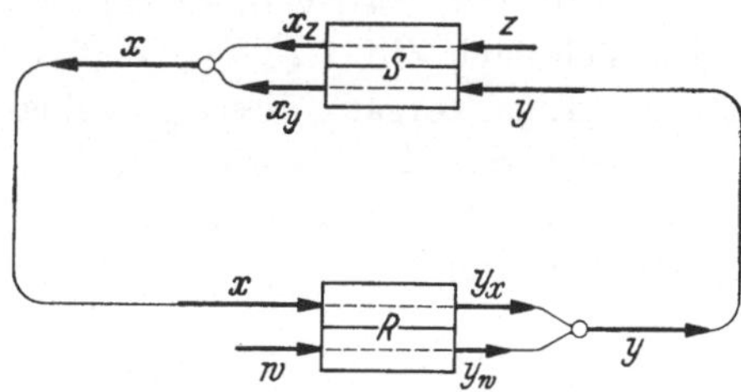

Von außen können auf den Regelkreis einwirken (Abb. 8.04):

a) durch den Regler die Führungsgröße W bzw. die Führungsabweichung w,

b) durch die Regelstrecke verschiedene Störgrößen Z bzw. Störabweichungen z.

Bei der Reihenschaltung eines Reglers und einer Regelstrecke nach Abb. 8.01 ermittelt sich für den aufgeschnittenen Regelkreis der Zusammenhang zwischen der Eingangsgröße x_e = Regelabweichung x_R des Reglers und der Ausgangsgröße x_a = Regelabweichung x_S der Regelstrecke am einfachsten als Frequenzgang F_A. Aus dem Blockschaltbild 8.01 folgt:

$$F_A = \frac{x_a}{x_e} = F_{Rx} F_{Sy} . \tag{8.01}$$

Da $F_{Rx} F_{Sy} = F_{Sy} F_{Rx}$ ist, gilt der Frequenzgang Gl. (8.01) auch für einen aufgeschnittenen Regelkreis nach Abb. 8.02.

Ein *geschlossener Regelkreis* entsteht aus dem dazugehörigen aufgeschnittenen Regelkreis durch Zusammenfügen der Schnittstellen, also durch Kuppeln der in Reihe geschalteten Glieder des Reglers und der Regelstrecke, an der zweiten, noch offenen Kuppelstelle x (Abb. 8.03). Es ist dann:

$$x_e = x_a = x . \tag{8.02}$$

Aus Gl. (8.01) folgt mit Gl. (8.02) jener Frequenzgang F_A des aufgeschnittenen Regelkreises, bei dem dieser aufgeschnittene Regelkreis zu einem geschlossenen Regelkreis zusammengefügt werden kann; der aufgeschnittene Regelkreis verhält sich genauso wie der geschlossene.

Es ist dann:

$$F_A = F_{Rx} F_{Sy} = 1 , \tag{8.03}$$

oder

$$F_A - 1 = F_{Rx} F_{Sy} - 1 = 0 . \tag{8.04}$$

Die Ortskurve F_A und die inverse Ortskurve $\frac{1}{F_A}$ sind der Punkt $(+1, 0)$ auf der positiven, reellen Koordinatenachse.

Die sich nach Ziff. 1.23 aus Gl. (8.04) ergebende Differentialgleichung stellt den Eigenvorgang dieses geschlossenen Regelkreises dar, der durch Auslenkung der Regelabweichung x durch einen vorübergehenden Einfluß entsteht. Der Ausdruck $(F_A - 1)$ ist ihre algebraische, charakteristische Gleichung.

8.11 Geschlossener Regelkreis mit Führungsgröße und mit Störgröße

Es kann angegeben werden,

entweder der Frequenzgang F_{Kw} mit der Führungsabweichung w als Eingangsgröße und der Regelabweichung x als Ausgangsgröße,

oder der Frequenzgang F_{Kz} mit der Störabweichung z als Eingangsgröße und der Regelabweichung x als Ausgangsgröße.

Aus dem Blockschaltbild, Abb. 8.05, ergibt sich F_{Kw} zu:

$$F_{Kw} = \frac{x}{w} = \frac{x_y + x_z}{w} = \frac{y}{w} F_{Sy} + \frac{z}{w} F_{Sz} = \frac{y_x + y_w}{w} F_{Sy} + \frac{z}{w} F_{Sz}$$

$$= \frac{x}{w} F_{Rx} F_{Sy} + F_{Rw} F_{Sy} + \frac{z}{w} F_{Sz},$$

und daraus:

$$F_{Kw} = \frac{F_{Rw} F_{Sy} + \frac{z}{w} F_{Sz}}{1 - F_{Rx} F_{Sy}}. \tag{8.05}$$

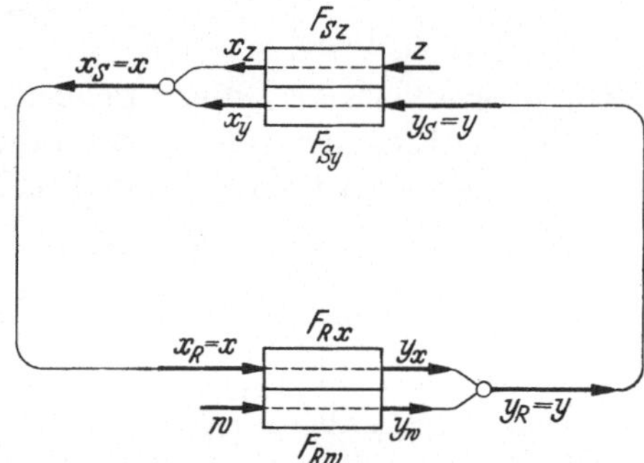

Abb. 8.05. Geschlossener Regelkreis mit Führungsgröße und Störgröße.

Beim Anschreiben der Differentialgleichung aus (8.05) ist zu beachten, daß in F_{Kw} die Eingangsgröße die Führungsabweichung w und die Ausgangsgröße die Regelabweichung x ist, und daß somit bei allen Gliedern des Zählers mit dem Faktor $\frac{z}{w}$, statt w, die Störabweichung z einzusetzen ist.

Aus Gl. (8.05) kann die *Führungsempfindlichkeit* $\frac{x_{1,2}}{y_{1,2}}$ des Regelkreises, d. h. das Verhältnis der bleibenden Regelabweichung $x_{1,2}$ zur bleibenden Führungsabweichung (zur Sollwerteinstellung) $w_{1,2}$, abgelesen werden. Es ist z. B. für einen Regler nach Ziff. 6.2 und eine Regelstrecke nach Gl. (7.31) — für eine Turbinenregelung einer Anlage mit kurzer Rohrleitung —:

$$\frac{x_{1,2}}{y_{1,2}} = \frac{b_b\, e_y}{b_p\, e_n + e_y} = \frac{b_b}{b_p \frac{e_n}{e_y} + 1}. \tag{8.06}$$

Die Führungsempfindlichkeit nimmt mit dem P-Grad des Meßwerks, b_b, und mit der Regelungsübersetzung der Turbine, e_y, zu, mit dem

P-Grad des Reglers, b_p, und mit dem Selbstregelungsfaktor der Regelstrecke, e_n, ab. Bei $b_p = 0$ erreicht sie bei einer gegebenen Anlage ihren größten Wert, den Betrag b_b.

Aus dem Blockschaltbild, Abb. 8.05, ergibt sich F_{Kz} zu:

$$F_{Kz} = \frac{x}{z} = \frac{x_y + x_z}{z} = \frac{y}{z} F_{Sy} + F_{Sz} = \frac{y_x + y_w}{z} F_{Sy} + F_{Sz}$$

$$= \frac{x}{z} F_{Rx} F_{Sy} + \frac{w}{z} F_{Rw} F_{Sy} + F_{Sz},$$

und daraus:

$$F_{Kz} = \frac{F_{Sz} + \frac{w}{z} F_{Rw} F_{Sy}}{1 - F_{Rx} F_{Sy}}. \tag{8.07}$$

Beim Anschreiben der Differentialgleichung aus (8.07) ist zu beachten, daß in F_{Kz} die Eingangsgröße die Störabweichung z und die Ausgangsgröße die Regelabweichung x ist und daß somit bei allen Gliedern mit dem Faktor $\frac{w}{z}$, statt z, die Führungsabweichung w einzusetzen ist.

Aus Gl. (8.07) kann die *Störempfindlichkeit* $\frac{x_{1,2}}{z_{1,2}}$ des Regelkreises, d. h. das Verhältnis der bleibenden Regelabweichung $x_{1,2}$ zur bleibenden Störabweichung $z_{1,2}$ abgelesen werden. Es ist z. B. für eine Regelstrecke nach Gl. (7.31) — für eine Turbinenregelung einer Anlage mit kurzer Rohrleitung —:

$$\frac{x_{1,2}}{y_{1,2}} = \frac{b_b\, e_n}{b_p\, e_n + e_y} = \frac{1}{1 + \frac{1}{b_p} \frac{e_y}{e_n}}. \tag{8.08}$$

Die Störempfindlichkeit nimmt mit dem P-Grad des Reglers, b_p, und mit dem Selbstregelungsfaktor der Regelstrecke, e_n, zu, mit der Regelungsübersetzung der Turbine, e_y, ab. Sie ist bei einem I-Regler mit $b_p = 0$ nicht vorhanden.

8.12 Beispiel für einen geschlossenen Regelkreis ohne Führungsgröße mit Störgröße

Der Frequenzgang eines geschlossenen Regelkreises ohne Führungsgröße, mit Störgröße ergibt sich aus Gl. (8.07) mit $w = 0$ zu:

$$F_{Kz} = \frac{F_{Sz}}{1 - F_{Rx} F_{Sy}}. \tag{8.09}$$

Es sei:

a) die Regelstrecke eine Wasserturbine mit kurzer Rohrleitung, gekuppelt mit einem Drehstromerzeuger, der ein Inselnetz mit veränderlichen Belastungsverhältnissen mit Energie zu versorgen hat; es wird $H_1 = H_N$ und $\eta_1 = \eta_N$ angenommen.

Der Frequenzgang F_{Sy} ist identisch mit dem Frequenzgang F_S der Gl. (7.39); seine Gleichung lautet:

Zähler von F_{Sy}:

$$-T_{W1}(0{,}5\,e_y - 1{,}5\,e_{qy})j\omega - e_y.$$

Nenner von F_{Sy}:

$$\begin{aligned}&(j\omega)^2 \cdot 0{,}5\,T_{AN}T_{W1}\\&+ j\omega \cdot (T_{AN} + 0{,}5\,T_{W1}e_n + 1{,}5\,T_{W1}e_{qx})\\&+ \quad e_n.\end{aligned} \tag{7.39}$$

Der Frequenzgang F_{Sz} ergibt sich aus Gl. (7.08) mit $F_{my} = 0$ und $\frac{z_z}{y} = \frac{z_z}{z_z} = 1$ zu:

$$F_{Sz} = \frac{1}{\frac{1}{F_{xm}} - F_{mx} - F_{zx}}, \tag{8.10}$$

Mit den Werten F_{xm} aus Gl. (7.37), F_{mx} aus Gl. (7.33) und F_{zx} aus Gl. (7.34), lautet die Frequenzganggleichung von F_{Sz}:

Zähler von F_{Sz}:

$$0{,}5\,T_{W1}j\omega + 1.$$

Nenner von F_{Sz}:

$$\begin{aligned}&(j\omega)^2 \cdot 0{,}5\,T_{AN}T_{W1}\\&+ j\omega \cdot [T_{AN} + T_{W1}(0{,}5\,e_n + 1{,}5\,e_{qx})]\\&+ \quad e_n.\end{aligned} \tag{8.11}$$

b) der Regler ein Turbinenregler mit einem Meßwerk nach Ziff. 6.21; sein Frequenzgang F_{Rx} ergibt sich aus Gl. (6.07) mit $w = 0$ zu:

Zähler von F_{Rx}:

$$T_d j\omega + 1.$$

Nenner von F_{Rx}:

$$\begin{aligned}&(j\omega)^4 \cdot T_f^2 T_d T_y,\\&+ (j\omega)^3 \cdot T_f^2(T_d b_r + T_y)\\&+ (j\omega)^2 \cdot [T_f^2 b_r + T_d T_y(b_b + b_v)]\\&+ j\omega \cdot [T_d(b_p + b_t) + T_y b_b]\\&+ \quad b_p.\end{aligned} \tag{8.12}$$

Mit den Werten von F_{Sz} aus Gl. (8.11), von F_{Rx} aus Gl. (8.12) und von F_{Sy} aus Gl. (7.39) ergibt sich aus Gl. (8.09) der Frequenzgang F_{Kz} und aus ihm die

Differentialgleichung des betrachteten geschlossenen Regelkreises mit Störgröße zu:

$$\begin{aligned}
&x^{VI} \cdot 0{,}5\, T_{AN} T_{W1} T_f^2 T_d T_y \\
&+ x^{V} \cdot T_f^2 \{0{,}5\, T_{AN} T_{W1} (T_d b_r + T_y) + [T_{AN} + T_{W1}(0{,}5\, e_n + 1{,}5\, e_{qx})]\, T_d T_y\} \\
&+ x^{IV} \cdot \{0{,}5\, T_{AN} T_{W1} [T_f^2 b_r + T_d T_y (b_b + b_v)] \\
&\qquad + [T_{AN} + T_{W1}(0{,}5\, e_n + 1{,}5\, e_{qx})]\, T_f^2 \cdot (T_d b_r + T_y) + e_n T_f^2 T_d T_y\} \\
&+ x''' \cdot \{0{,}5\, T_{AN} T_{W1} [T_d (b_P + b_t) + T_y b_b] + [T_{AN} + T_{W1}(0{,}5\, e_n \\
&\qquad + 1{,}5\, e_{qx})] \cdot [T_f^2 b_r + T_d T_y (b_b + b_v)] + e_n T_f^2 (T_d b_r + T_y)\} \\
&+ x'' \cdot \{0{,}5\, T_{AN} T_{W1} b_p + [T_{AN} + T_{W1}(0{,}5 e_n + 1{,}5 e_{qx})]\, [T_d (b_p + b_t) + T_y b_b] \\
&\qquad + e_n [T_f^2 b_r + T_d T_y (b_b + b_v)] + T_d T_{W1} (0{,}5\, e_y - 1{,}5\, e_{qy})\} \\
&+ x' \cdot \{[T_{AN} + T_{W1}(0{,}5\, e_n + 1{,}5\, e_{qx})]\, b_p + e_n [T_d (b_p + b_t) + T_y b_b] + e_y T_d \\
&\qquad + T_{W1}(0{,}5\, e_n - 1{,}5\, e_{qy})\} \\
&+ x \cdot (e_n b_P + e_y) = z^{V} \cdot 0{,}5\, T_{W1} T_f^2 T_d T_y \\
&\qquad + z^{IV} \cdot [0{,}5\, T_{W1} (T_d b_r + T_y) + T_f^2 T_d T_y] \\
&\qquad + z''' \cdot \{0{,}5\, T_{W1} [T_f^2 b_r + T_d T_y (b_b + b_v)] + T_f^2 (T_d b_r + T_y)\} \\
&\qquad + z'' \cdot \{0{,}5\, T_{W1} [T_d (b_p + b_t) + T_y b_b] + [T_f^2 b_r + T_d T_y (b_b + b_v)]\} \\
&\qquad + z' \cdot [0{,}5\, T_{W1} b_p + T_d (b_p + b_t) + T_y b_b] \\
&\qquad + z \cdot b_p .
\end{aligned} \tag{8.13}$$

8.2 Vermaschter Regelkreis

Ein *vermaschter Regelkreis* kann als *Parallelschaltung mehrerer einfacher Regelkreise* aufgefaßt werden; die einzelnen Regelkreise können dabei untereinander *gemeinsame* Regelkreisglieder haben. Der Grad der Vermaschung soll durch die Zahl der zusammengeschalteten Regelkreise angegeben werden. Danach stellt das Blockschaltbild Abb. 8.06 einen zweifach vermaschten Regelkreis dar; ein einfacher Regelkreis kann als einfach vermaschter Regelkreis ausgelegt werden.

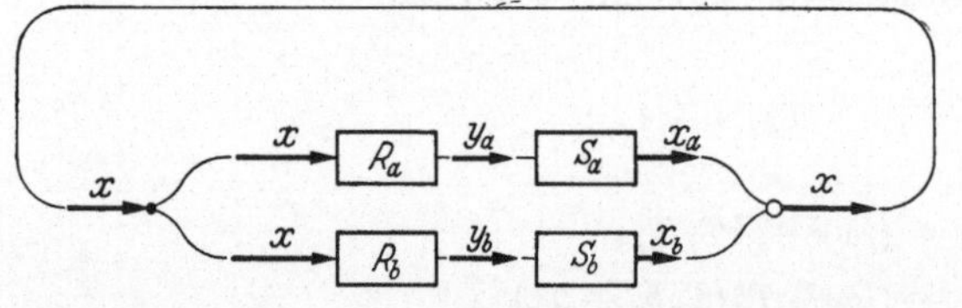

Abb. 8.06. Vermaschter Regelkreis als Parallelschaltung einfacher Regelkreise.

8.21 Beispiel für einen zweifach vermaschten Regelkreis mit Führungsgröße und mit Störgröße

Die Leistung einer Kaplanturbine mit *Doppelregelung* wird durch Öffnen und Schließen des Leitrades und durch gleichzeitiges Verstellen der Laufradschaufeln geändert; die Turbine hat zwei Stellglieder mit je einem Verstärker. In einem

Beharrungszustand entspricht jeder Leitradöffnung, also jeder Stellung Y_S des Leitradstellgliedes, eine bestimmte Stellung Y_{Sd} des Laufradstellgliedes, die den höchsten Turbinenwirkungsgrad ergibt.

Das Turbinendrehmoment ist somit eine Funktion von Y_S und von Y_{Sd}. Werden die aus den Muscheldiagrammen der Kaplanturbine ($\frac{N}{N_N}, \frac{Q}{Q_N}$-Diagrammen für konstante Fallhöhe mit η-const-Kurven, $Y_S =$ const-Kurven und $Y_{Sd} =$ const-Kurven) abgeleiteten, im Abschn. 7.2 beschriebenen Zusammenhänge linearisiert, so kann der Zusammenhang zwischen dem Turbinendrehmoment M und den Auslenkungen der Stellglieder Y_S und Y_{Sd} geschrieben werden:

$$M(Y_S, Y_{Sd}) = M(Y_s) + M(Y_{Sd}). \tag{8.14}$$

Der Zusammenhang zwischen der Auslenkung des Stellgliedes für die Laufradschaufelverstellung, $y_{Sd} = y_d$, und der durch sie verursachten Drehzahlabweichung, $x_{Sd} = x_d$, wird als Frequenzgang $F_{Sd} = \frac{x_d}{y_d}$ in gleicher Weise wie in Ziff. 7.2 für die einfache Regelung einer Francis-Turbine mit dem Leitrad beschrieben wurde, abgeleitet.

Anlagen mit Kaplanturbinen haben fast immer kurze Leitungen. Der Frequenzgang F_{Sd} ergibt sich daher aus Gl. (7.39) durch Einsetzen von e_{yd} statt e_y, von e_{qyd} statt e_{qy}, von e_{qxd} statt e_{qx} und von e_{nd} statt e_n. Es ist dann:

$$F_{Sd} = \frac{x_d}{y_d} = \frac{-T_{W1}\left(0{,}5\, e_{yd} - 1{,}5\,\frac{H_1 \eta_1}{H_N \eta_N}\, e_{qyd}\right) j\omega - e_{yd}}{0{,}5\, T_{AN} T_{W1} (j\omega)^2 + \left(T_{AN} + 0{,}5\, T_{W1} e_{nd} + 1{,}5\,\frac{H_1 \eta_1}{H_N \eta_N}\, T_{W1}\, e_{qxd}\right) j\omega + e_{nd}}. \tag{8.15}$$

Die Regelstrecke der doppeltgeregelten Kaplanturbine mit Störgröße kann beschrieben werden durch:

a) den Frequenzgang $F_S = \frac{x_y}{y}$ für konstante Laufradschaufelstellung $y_d = 0$ und für $z = 0$ nach Gl. (7.39),

b) den Frequenzgang $F_{Sd} = \frac{x_d}{y_d}$ für konstante Laufradschaufelstellung $y = 0$ und für $z = 0$ nach Gl. (8.15),

c) den Frequenzgang $F_{Sz} = \frac{x_z}{z}$ für konstante Stellungen des Leitrades, $y = 0$ und der Laufradschaufeln, $y_d = 0$.

Der Doppelregler von Kaplanturbinen, z. B. der Doppelregler der *Maschinenfabrik B. Maier, Brackwede,* für kleinere Turbinen nach dem Reglerschema Abb. 8.07 und dem Blockschaltbild 8.08, wird beschrieben durch:

d) den Frequenzgang $F_{Rx} = \frac{y}{x}$ des Meßwerkes und des Verstärkers der Leitradverstellung für $w = 0$,

e) den Frequenzgang $F_{Ry} = \frac{y_d}{y}$ des nachgeschalteten Verstärkers der Laufradschaufelverstellung.

f) den Frequenzgang $F_{Rw} = \frac{y_w}{w}$ der Sollwerteinstellung für $x = 0$.

Aus dem Blockschaltbild, Abb. 8.10, in dem der vermaschte Regelkreis der Abb. 8.09 als Parallelschaltung von zwei einfachen Regelkreisen dargestellt ist, folgt der Frequenzgang für diesen Regelkreis mit Führungsgröße und mit Störgröße:

$$F_{Kz} = \frac{x}{z} = \frac{x_z + x_y + x_d}{z} = F_{Sz} + \frac{y}{z} F_{Sy} + \frac{y_d}{z} F_{Sd}$$

$$= F_{Sz} + \frac{y}{z} F_{Sy} + \frac{y}{z} F_{Ry} F_{Sd} = F_{Sz} + \frac{y_x + y_w}{z} (F_{Sy} + F_{Ry} F_{Sd})$$

$$= F_{Sz} + \frac{x}{z} F_{Rx} (F_{Sy} + F_{Ry} F_{Sd}) + \frac{w}{z} F_{Rw} (F_{Sy} + F_{Ry} F_{Sd}).$$

Daraus folgt

$$F_{Kz} = \frac{F_{Sz} + \frac{w}{z} F_{Rw} (F_{Sy} + F_{Ry} F_{Sd})}{1 - F_{Rx}(F_{Sy} + F_{Ry} F_{Sd})}. \tag{8.16}$$

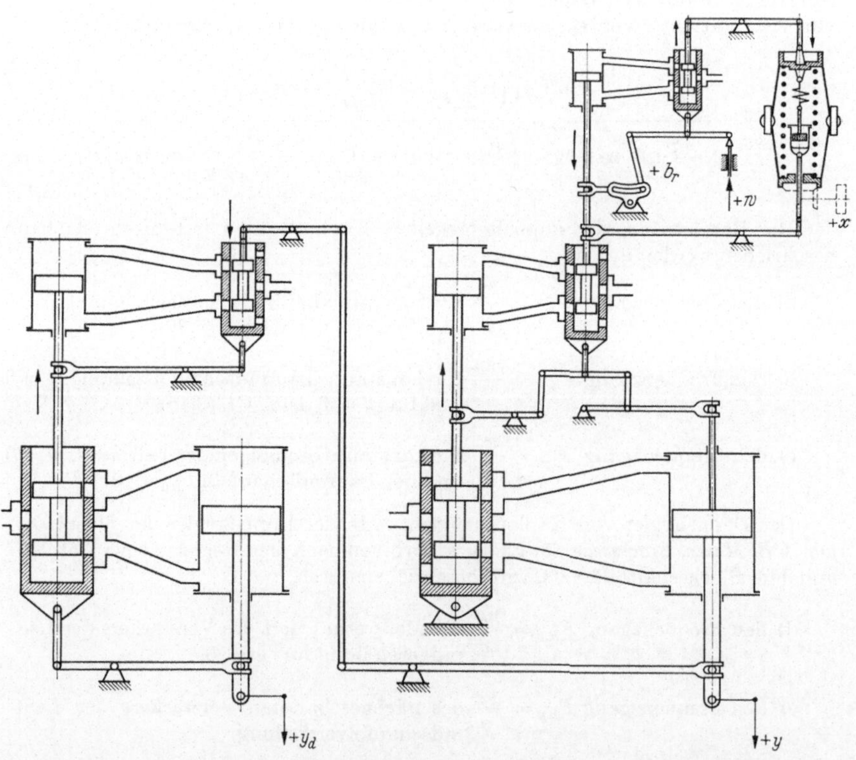

Abb. 8.07. Reglerschema mit einheitlichen Kurzbildern eines Reglers für eine doppeltgeregelte Kaplan-Turbine.

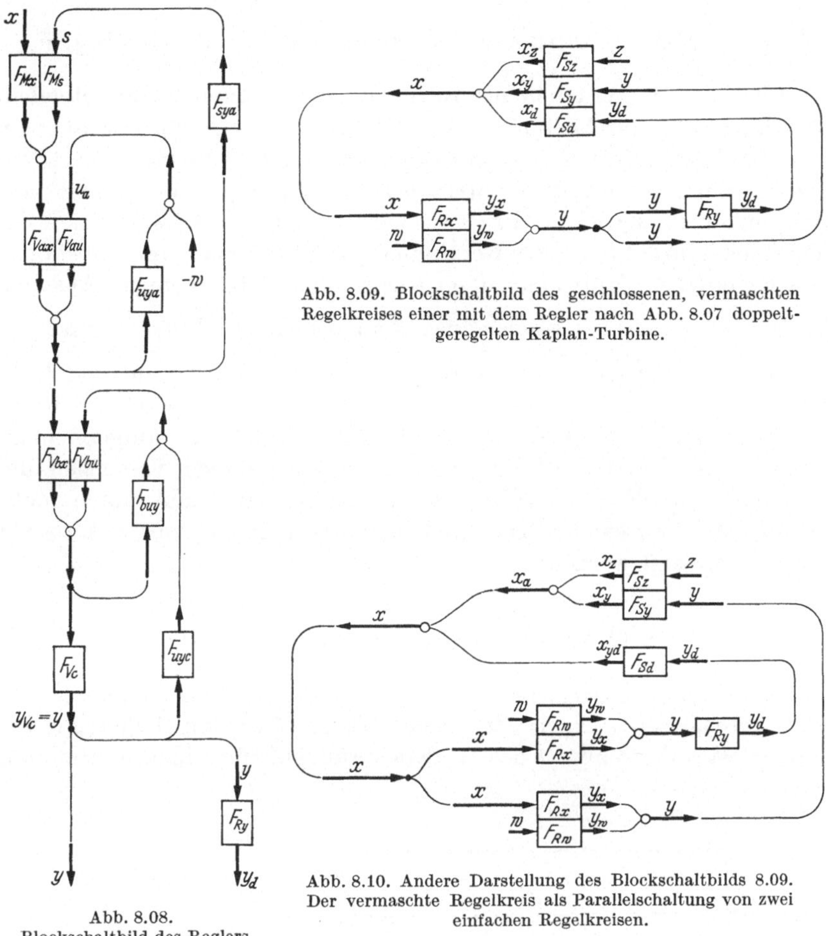

Abb. 8.08. Blockschaltbild des Reglers nach Abb. 8.07

Abb. 8.09. Blockschaltbild des geschlossenen, vermaschten Regelkreises einer mit dem Regler nach Abb. 8.07 doppelt-geregelten Kaplan-Turbine.

Abb. 8.10. Andere Darstellung des Blockschaltbilds 8.09. Der vermaschte Regelkreis als Parallelschaltung von zwei einfachen Regelkreisen.

8.3 Überprüfung des Regelkreises in einem Versuch

Das tatsächliche regeltechnische Verhalten eines Regelkreises in Beharrungszuständen und während eines Regelungsvorganges kann aus den am Regler (vgl. Ziff. 6.4) und an der Regelstrecke (vgl. Ziff. 7.5) gemessenen Kennwerten ermittelt werden. Es können aber auch einige regeltechnische Eigenschaften des Regelkreises unmittelbar gemessen werden, und zwar als

a) Frequenzgang-Ortskurven für den aufgeschnittenen Regelkreis, F_A,

b) Kurven der Übergangsfunktionen.

8.31 Messen der Ortskurve des aufgeschnittenen Regelkreises, F_A

Die Versuche werden in der Anlage mit auf das Inselnetz arbeitendem Maschinensatz durchgeführt. Dem Meßwerk des Reglers wird vom Generator des in Ziff. 6.41 beschriebenen Sinusgebers harmonische Drehzahlschwingungen mit konstanter Amplitude x_{eo} aufgezwungen und diese Schwingungen, sowie die durch sie hervorgerufenen Schwingungen der Turbinendrehzahl (oder der Netzfrequenz), x_a, auf einem mit konstanter Geschwindigkeit laufendem Registrierstreifen aufgezeichnet. Aus den beiden Sinuskurven[1] werden das Amplitudenverhältnis $\frac{x_{a0}}{x_{e0}}$ und der Phasenwinkel abgelesen. Es wird eine ausreichende Anzahl von Meßpunkten mit zwischen $\omega = 0{,}2$ und $\omega = 2{,}5\ \text{s}^{-1}$ liegenden Schwingungsfrequenzen aufgenommen und die F_A-Ortskurve aufgezeichnet. Es sei besonders darauf hingewiesen, daß bei diesen Versuchen der Antriebsmotor des Sinusgebers mit konstanter Drehzahl laufen muß; er muß also von einem Netz mit konstanter Frequenz mit elektrischer Energie versorgt werden.

8.32 Messen der Übergangsfunktion, $x_ü(t)$

Diese Versuche werden mit auf das Inselnetz arbeitendem Maschinensatz durchgeführt. Nach Erreichen des gewünschten Beharrungszustandes wird der Sollwert des Reglers sprunghaft um einen bestimmten

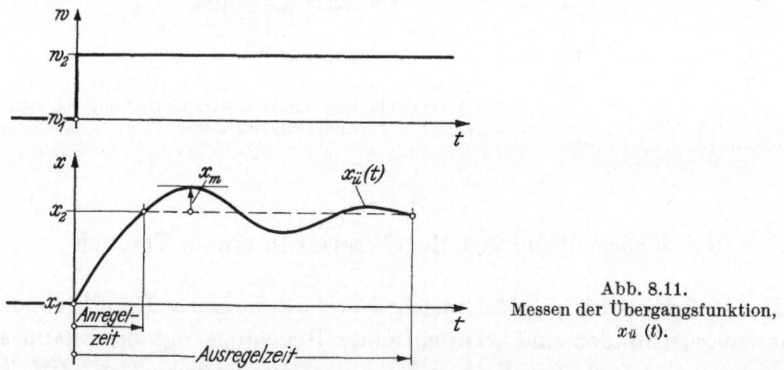

Abb. 8.11.
Messen der Übergangsfunktion, $x_ü\ (t)$.

Betrag, $w_{1,2}$, z. B. um $0{,}25 \cdot b_p$ verstellt, was einer Änderung der Stellung des Stellkolbens um $y_{1,2} = 0{,}25$ entspricht. Die Turbinendrehzahl (oder die Netzfrequenz) wird auf einem mit konstanter Geschwindigkeit laufendem Registrierstreifen aufgezeichnet, Abb. 8.11. Aus der Über-

[1] Vgl. Fußnote auf S. 119.

gangsfunktion $x_{ü}(t)$ können die *Anregelzeit* (d. i. die Zeitspanne vom Beginn des Regelvorganges bis zum erstmaligen Erreichen des einzuregelnden Zustandes) und die *Ausregelzeit* (d. i. die Zeitspanne vom Beginn des Regelvorgangs bis zu seinem Abschluß) abgelesen werden. Außerdem kann mit der $x_{ü}(t)$-Kurve dann, wenn der Übergang vom Beharrungszustand x_1 in den neuen Beharrungszustand x_2 in gedämpften Schwingungen erfolgt, ermittelt werden:

die *Überschwingweite* x_m

der *Dämpfungswert* $-\delta = \ln \frac{(x_m)_{i+1}}{(x_m)_i}$.

8.33 Messen der Übergangsfunktion, $y_{ü}(t)$

Ist die Aufnahme der Übergangsfunktion $x_{ü}(t)$ mit einem Inselnetz nicht möglich, so kann der Versuch mit einem auf das Verbundnetz arbeitendem Maschinensatz durchgeführt und ersatzweise die Bewegung des Stellkolbsns y bei einer sprunghaften Änderung des Sollwertes um einen bestimmten Betrag, auf einem mit konstanter Geschwindigkeit laufenden Registrierstreifen aufgezeichnet werden. Der $y_{ü}(t)$-Kurve kann u. a. entnommen werden, wie rasch der Maschinensatz dem über den Sollwert eingeleiteten Leistungsänderungsbefehl folgt. Solche Versuche sind vor allem bei Anlagen aufschlußreich, bei denen als Rückführgröße des *Sekundärreglers* nicht die Stellung des Turbinenstellgliedes, sondern die Leistung des Maschinensatzes verwendet wird.

9. Stabilitätsuntersuchung[1]

9.1 Aufgabenstellung

Die Aufgabe der Stabilitätsuntersuchung ist es, festzustellen, ob der vorgegebene Regelkreis für einen einwandfreien Betrieb brauchbar ist oder nicht.

Von einem Regelkreis wird verlangt, daß in ihm

a) in einem Beharrungszustand keine Eigenschwingungen auftreten können[2],

b) alle Regelvorgänge, also alle Übergänge von einem Beharrungszustand in einen anderen Beharrungszustand, entweder aperiodisch oder in gedämpften Schwingungen, ohne Überschreitung der noch zulässigen, größten Regelabweichung, der *Überschwingweite* x_m, ablaufen.

Die *einfache Stabilitätsuntersuchung* beschränkt sich darauf, festzustellen, ob der Eigenvorgang des Regelkreises eine harmonische Schwingung mit gleichbleibender Amplitude, also ein Grenzfall zwischen einer gedämpften und einer anschwellenden harmonischen Schwingung sein kann (vgl. Ziff. 1.21).

Die *erweiterte Stabilitätsuntersuchung* schließt auch die Ermittlung des Dämpfungsgrades der Eigenschwingung in die Untersuchung ein. Stabilitätsuntersuchungen können vorgenommen werden:

1. an der Differentialgleichung des geschlossenen Regelkreises ohne Führungsgröße und ohne Störgröße

2. am Frequenzgang F_A des aufgeschnittenen Regelkreises,

3. an den Ortskurven oder den inversen Ortskurven des Reglers, F_R bzw. $\frac{1}{F_R}$, und der Regelstrecke, F_S bzw. $\frac{1}{F_S}$.

---

[1] In diesem Abschnitt sollen einige Methoden der Stabilitätsuntersuchung, die für gebräuchliche Fälle der Regelungstechnik anwendbar sind, kurz erörtert werden. Eine ausführliche Behandlung dieses Problems, einschließlich der Frage, in welchen Fällen die beschriebenen Methoden nicht ohne weiteres angewendet werden können, findet der Leser in der einschlägigen Literatur.

[2] In manchen Fällen begnügt man sich auch mit Regelkreisen, die nur in einem begrenzten Bereich von $\omega = 0$ bis $\omega = \omega_{\max}$ nicht schwingen.

9.2 Einfache Stabilitätsuntersuchung

9.21 Stabilitätsuntersuchung mit Hilfe der Differentialgleichung

Die Differentialgleichung des geschlossenen Regelkreises ohne Führungsgröße und ohne Störgröße soll im nachstehenden in einer vereinfachten Schreibweise verwendet werden; sie lautet für einen Regelkreis n-ter Ordnung:

$$A_n x^{(n)} + A_{n-1} x^{(n-1)} + \cdots + A_2 x'' + A_1 x' + A_0 x = 0. \qquad (9.01)$$

9.211 Vergleich der Beiwerte nach Hurwitz. Nach HERMITE-HURWITZ ist ein Regelkreis n-ter Ordnung im ganzen Bereich von $\omega = 0$ bis $\omega = +\infty$ stabil, wenn

1. die Beiwerte von Gl. (9.01) von A_n bis A_0 alle vorhanden sind und alle positiv sind (d. h. gleiches Vorzeichen haben):

$$A_n > 0,\ A_{n-1} > 0, \ldots A_2 > 0,\ A_1 > 0,\ A_0 > 0. \qquad (9.02)$$

2. alle $(n-2)$ Hurwitz-Determinanten von Δ_{n-1} bis Δ_2 positiv sind:

$$\Delta_{n-1} = \begin{vmatrix} A_{n-1} & A_{n-3} & A_{n-5} & \ldots & 0 & 0 \\ A_n & A_{n-2} & A_{n-4} & \ldots & 0 & 0 \\ 0 & A_{n-1} & A_{n-3} & \ldots & 0 & 0 \\ 0 & A_n & A_{n-2} & \ldots & 0 & 0 \\ \cdot & \cdot & \cdot & \cdot & \cdot & \cdot \\ 0 & 0 & 0 & \ldots & A_2 & A_0 \\ 0 & 0 & 0 & \ldots & A_3 & A_1 \end{vmatrix} > 0 \qquad (9.03)$$

$$\Delta_k = \begin{vmatrix} A_{n-1} & A_{n-3} & A_{n-5} & \ldots & A_{n-2k+1} \\ A_n & A_{n-2} & A_{n-4} & \ldots & A_{n-2k+2} \\ 0 & A_{n-1} & A_{n-3} & \ldots & A_{n-2k+3} \\ 0 & A_n & A_{n-2} & \ldots & A_{n-2k+4} \\ \cdot & \cdot & \cdot & \cdot & \cdot \\ 0 & 0 & 0 & \ldots & A_{n-k} \end{vmatrix} > 0 \qquad (9.04)$$

$$\Delta_3 = \begin{vmatrix} A_{n-1} & A_{n-3} & A_{n-5} \\ A_n & A_{n-2} & A_{n-4} \\ 0 & A_{n-1} & A_{n-3} \end{vmatrix} > 0 \qquad (9.05)$$

$$\Delta_2 = \begin{vmatrix} A_{n-1} & A_{n-3} \\ A_n & A_{n-2} \end{vmatrix} = A_{n-1} A_{n-2} - A_n A_{n-3} > 0. \qquad (9.06)$$

Das Auswerten der Determinanten eines Regelkreises höherer Ordnung ist verhältnismäßig umständlich und zeitraubend.

9.212 Graphisches Verfahren von Cremer-Leonhard. Es wird eine harmonische Schwingung mit gleichbleibender Amplitude $x = x_0 e^{j\omega t}$ angenommen und graphisch überprüft, ob sie eine Lösung der Differentialgleichung (9.01) des Regelkreises sein kann[1]. Mit dem Ansatz $x = x_0 e^{j\omega t}$ folgt nach Ziff. 1.23 aus Gl. (9.01) die algebraische, charakteristische Gleichung:

$$A_n (j\omega)^n + A_{n-1} (j\omega)^{n-1} + \cdots + A_2 (j\omega)^2 + A_1 j\omega + A_0 = 0, \quad (9.07)$$

die in einen reellen Teil $U(\omega)$ und in einen imaginären Teil $jV(\omega)$ zerlegt werden kann:

$$U(\omega) = \quad \cdots + A_4 \omega^4 - A_2 \omega^2 + A_0, \quad (9.08)$$

$$jV(\omega) = j(\cdots + A_5 \omega^5 - A_3 \omega^3 + A_1 \omega). \quad (9.09)$$

Die $U(\omega) + jV(\omega)$-Kurve oder kurz $H(j\omega)$-Kurve wird punktweise, für verschiedene, angenommene Werte von ω berechnet und in einer komplexen Ebene mit den Abszissen nach Gl. (9.08) und den Ordinaten nach Gl. (9.09) als Kurve aufgezeichnet.

In den meisten Fällen können für $\omega < 1$ alle Glieder mit höheren Potenzen, für $\omega > 1$ alle Glieder mit niedrigeren Potenzen von ω vernachlässigt werden, was die Rechnung wesentlich erleichtert.

Der Regelkreis ist stabil, wenn die $H(j\omega)$-Kurve im ganzen Bereich von $\omega = 0$ bis $\omega = +\infty$:

1. nicht durch den Koordinatenursprung geht,

2. spiralfederförmig um den Koordinatenursprung durch die Quadranten I, II, ..., (n — 1) geht, um im n-ten Quadrant für $\omega = +\infty$ im Unendlichen zu enden (Abb. 9.01 bis 9.04).

Die 1. Forderung besagt, daß Gl. (9.07) keine Wurzeln mit reellen Werten ω besitzt und die Eigenbewegung des Regelkreises keine harmonische Schwingung mit gleichbleibender Amplitude sein kann.

Die 2. Forderung besagt, daß die Eigenbewegung des Regelkreises auch nicht eine harmonische Schwingung mit zunehmender Amplitude sein kann. Die Frequenz ω stellt einen Sonderfall des komplexen Wertes $(\delta + j\omega)$, für $\delta = 0$, dar. Der $H(j\omega)$-Kurve für reelle Werte ω (Abb. 9.01 bis 9.04) entspricht in der komplexen Zahlenebene mit der Abszisse δ und der Ordinate $j\omega$ die positive, imaginäre Ordinatenachse (Abb. 9.05). Einer im I. Quadrant im Abstand $+\delta$ verlaufenden Parallele zur imaginären Koordinatenachse entspricht wiederum in den Abb. 9.01 bis 9.04 die $H(+\delta + j\omega)$-Kurve für komplexe Frequenzen $(+\delta + j\omega)$ mit

[1] Das Verfahren haben fast zur gleichen Zeit, unabhängig voneinander, Michailow, Cremer und Leonhard angegeben.

$+\delta = \text{const}$. Da alle $H(+\delta + j\omega)$-Kurven rechts von der $H(j\omega)$-Kurve verlaufen, können sie — falls die 2. Forderung erfüllt ist — nicht durch den Koordinatenursprung gehen, es kann also eine komplexe Frequenz $(+\delta + j\omega)$ mit $\delta > 0$, keine Wurzel von Gl. (9.07) sein. In diesem Fall würde nur eine links der $H(j\omega)$-

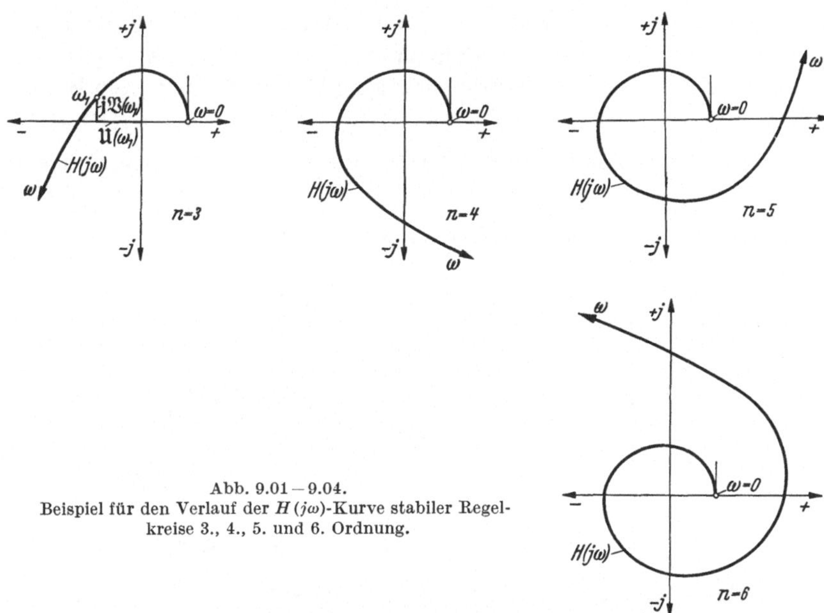

Abb. 9.01—9.04.
Beispiel für den Verlauf der $H(j\omega)$-Kurve stabiler Regelkreise 3., 4., 5. und 6. Ordnung.

Kurve verlaufende $H(-\delta + j\omega)$-Kurve durch den Koordinatenursprung gehen und nur eine komplexe Frequenz $(-\delta + j\omega)$ mit $\delta < 0$ die Gl. (9.07) erfüllen; der Eigenvorgang des Regelkreises ist dann eine harmonische Schwingung mit abnehmender Amplitude. Einer $H(-\delta + j\omega)$-Kurve entspricht in der Zahlenebene (Abb. 9.05), eine im II. Quadrant, im Abstand $(-\delta)$ verlaufende Parallele zur imaginären Koordinatenachse.

9.22 Stabilitätsuntersuchung mit Hilfe des Frequenzganges F_A des aufgeschnittenen Regelkreises nach Nyquist

In einem geschlossenen Regelkreis ohne Führungsgröße und ohne Störgröße ist

$$F_A = F_{Rx} F_{Sy} \equiv 1\,, \tag{8.03}$$

und sowohl die Ortskurve F_A wie auch die inverse Ortskurve $\frac{1}{F_A}$ der Punkt $(+1, 0)$ auf der reellen Abszissenachse.

Die gleichen Vorgänge, die sich im geschlossenen Regelkreis abspielen, finden im dazugehörigen aufgeschnittenen Regelkreis bei jener Frequenz $(\delta + j\omega)$ statt, bei der die Ausgangsgröße x_a in jedem Zeitpunkt der Eingangsgröße x_e gleich ist, bei der also der Radiusvektor der Eingangsgröße $\mathfrak{r}_e$ gleich ist dem Radiusvektor der Ausgangsgröße $\mathfrak{r}_a$:

$$|\mathfrak{r}_e| = |\mathfrak{r}_a|$$

und bei der ihr Phasenwinkel $\alpha = 0$ ist. Daraus folgt, daß ein Regelkreis dann stabil ist, wenn die Ortskurve $F_A = F_{Rx} F_{Sy}$ des aufgeschnittenen Regelkreises für reelle Frequenzen ω (Abb. 9.06) im ganzen Bereich von $\omega = 0$ bis $\omega = +\infty$:

1. nicht durch den Punkt $(+1, 0)$ auf der reellen Abszissenachse geht, sondern

2. die reelle Koordinatenachse zwischen dem Punkt $(+1, 0)$ und dem Koordinatenursprung schneidet.

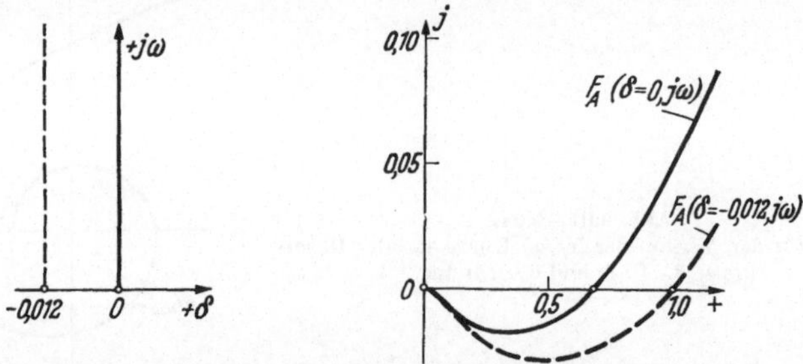

Abb. 9.05 u. 9.06. Zusammenhang zwischen der komplexen Zahlenebene (δ, $j\omega$) und der komplexen Zahlenebene der Ortskurve.

$$F_A(j\omega) = \frac{1{,}2 \cdot j\omega + 1}{4{,}8 \cdot (j\omega)^3 + 3.2 \cdot (j\omega)^2 + 0{,}45 \cdot j\omega} = \text{vollausgezogene Kurve,}$$

$$F_A(\delta = -0{,}012,\ j\omega) = \text{gestrichelte Kurve.}$$

Die 1. Forderung besagt, daß bei keiner Frequenz ω der Radiusvektor $\mathfrak{r}_a$ dem Radiusvektor $\mathfrak{r}_e$ gleich ist und somit der aufgeschnittene Regelkreis bei keiner harmonischen Schwingung mit gleichbleibender Amplitude geschlossen werden kann.

Die 2. Forderung besagt, daß der aufgeschnittene Regelkreis nur bei einer harmonischen Eigenschwingung mit abnehmender Amplitude geschlossen werden kann.

Auch die Ortskurve $F_A = F_{Rx} F_{Sy}$ für reelle Frequenzen ω stellt eine Abbildung der imaginären Koordinatenachse der komplexen $\delta, j\omega$-Zahlenebene dar (Abb. 9.05). Allen im II. Quadrant verlaufenden Parallelen zur imaginären Koordinatenachse entsprechen in Abb. 9.06 Ortskurven für komplexe Frequenzen $(-\delta + j\omega)$, die links der $F_A(0 + j\omega)$-Ortskurve verlaufen. Ist die Forderung 2 erfüllt, so kann nur eine $F_A(-\delta - j\omega)$-Ortskurve durch den Punkt $(+1, 0)$ gehen und der aufgeschnittene Regelkreis nur bei dieser komplexen Frequenz $(-\delta + j\omega)$ mit $\delta < 0$, geschlossen werden.

9.23 Stabilitätsuntersuchung mit Hilfe der Ortskurven des Reglers und der Regelstrecke

Sind F_{Rx} und F_{Sy} nicht als Gleichungen, sondern nur als Kurven gegeben, so kann die Stabilitätsuntersuchung entweder

a) mit der Ortskurve F_{Sy} der Regelstrecke und der inversen Ortskurve $\frac{1}{F_{Rx}}$ des Reglers oder

b) mit der Ortskurve F_{Rx} des Reglers und der inversen Ortskurve $\frac{1}{F_{Sy}}$ der Regelstrecke durchgeführt werden.

Nach der 2. Forderung der Ziff. 9.22 ist ein geschlossener Regelkreis nur dann stabil, wenn die Ortskurve F_A des aufgeschnittenen Regelkreises die reelle Abszissenachse zwischen dem Punkt $(+1, 0)$ und dem Koordinatenursprung schneidet, wenn also in diesem Schnittpunkt die Ungleichung gilt:

$$|F_A| < 1. \tag{9.10}$$

Mit dem Radiusvektor $\mathfrak{r}_{aR}$ der Ortskurve des Reglers und dem Radiusvektor $\mathfrak{r}_{aS}$ der Ortskurve der Regelstrecke lautet die Beziehung (9.10):

$$|\mathfrak{r}_{aR}| \cdot |\mathfrak{r}_{aS}| < 1$$

$$\alpha = 0. \tag{9.11}$$

α ist der Phasenwinkel, der von den beiden Radiusvektoren gebildet wird.

9.231 Stabilitätsuntersuchung mit Hilfe der Ortskurve F_{Sy} und der inversen Ortskurve $\frac{1}{F_{Rx}}$. Die Beziehung (9.11) kann auch geschrieben werden:

$$\frac{|\mathfrak{r}_{aS}|}{|\mathfrak{r}_{eR}|} < 1, \tag{9.12}$$

wenn

$\mathfrak{r}_{aS}$ der Radiusvektor der Ortskurve der Regelstrecke und

$\mathfrak{r}_{eR}$ der Radiusvektor der inversen Ortskurve des Reglers

ist.

Die Beziehung (9.12) ist erfüllt und der Regelkreis stabil, wenn bei der Frequenz ω_e, bei der beide Radiusvektoren $\mathfrak{r}_{aS}$ und $\mathfrak{r}_{eR}$ in eine Richtung fallen, der Vektor $\mathfrak{r}_{aS}$ kleiner als der Vektor $\mathfrak{r}_{eR}$ ist (Abb. 9.07).

9.232 Stabilitätsuntersuchung mit Hilfe der inversen Ortskurve $\frac{1}{F_{Sy}}$ und der Ortskurve F_{Rx}. Die Beziehung (9.11) kann auch geschrieben werden:

$$\frac{|\mathfrak{r}_{aR}|}{|\mathfrak{r}_{eS}|} < 1, \tag{9.13}$$

wenn

$\mathfrak{r}_{aR}$ der Radiusvektor der Ortskurve des Reglers und

$\mathfrak{r}_{eS}$ der Radiusvektor der inversen Ortskurve der Regelstrecke

ist.

Die Beziehung (9.13) ist erfüllt, und der Regelkreis stabil, wenn bei der Frequenz ω_e, bei der beide Radiusvektoren $\mathfrak{r}_{aR}$ und $\mathfrak{r}_{eS}$ in eine Richtung fallen, der Vektor $\mathfrak{r}_{aR}$ kleiner als der Vektor $\mathfrak{r}_{eS}$ ist (Abb. 9.08).

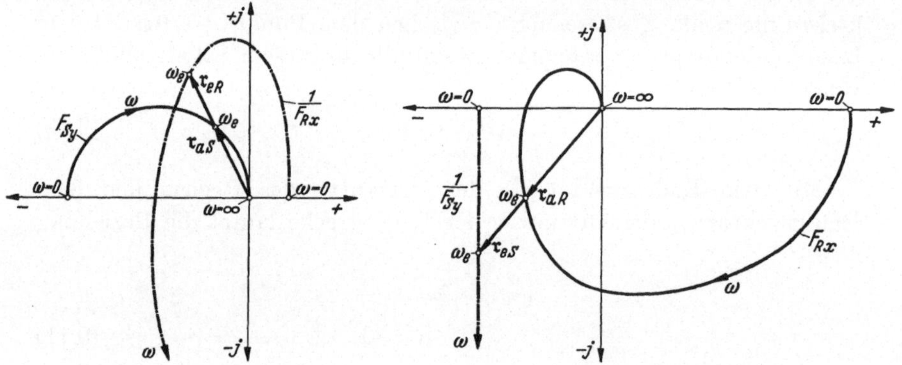

Abb. 9.07. Graphische Stabilitätsuntersuchung mit F_{Sy} und $\frac{1}{F_{Rx}}$.

Abb. 9.08. Graphische Stabilitätsuntersuchung mit F_{Rx} und $\frac{1}{F_{Sy}}$.

Die beschriebene Stabilitätsuntersuchung läßt sich auch in zylindrischen Koordinaten r, φ, ω erläutern. Bei einem bei y aufgeschnittenen Regelkreis nach Abb. 8.02 verursacht eine aufgezwungene, harmonische Schwingung mit gleichbleibender Amplitude der Eingangsgröße $y_e = y_S$ eine harmonische Schwingung mit gleichbleibender Amplitude der Regelgröße x und diese wiederum eine harmonische Schwingung mit gleichbleibender Amplitude der Ausgangsgröße $y_a = y_R$. Soll die Regelgröße x mit der Amplitude $x_0 = 1$ schwingen und ihr Radiusvektor mit der r-Achse zusammenfallen, so muß der Radiusvektor der Eingangsschwingung den Wert y_{S0} haben und mit der r-Achse den Voreilwinkel α_S einschließen. Die Werte y_{S0} und α_S ergeben sich mit dem gewählten ω aus der inversen Ortskurve $\frac{1}{F_{Sy}}$, die in den r, φ, ω-Koordinaten als eine gegen die ω = const-Ebene geneigte Gerade erscheint. Die Schwingung mit der Amplitude $x_0 = 1$ verursacht eine Schwingung der Ausgangsgröße mit der Amplitude y_{R0}, deren Radiusvektor mit der r-Achse den

Abb. 9.09–9.11. Graphische Stabilitätsuntersuchung in zylindrischen Koordinaten r, φ, ω, mit F_{Rx} und $\frac{1}{F_{Sy}}$.

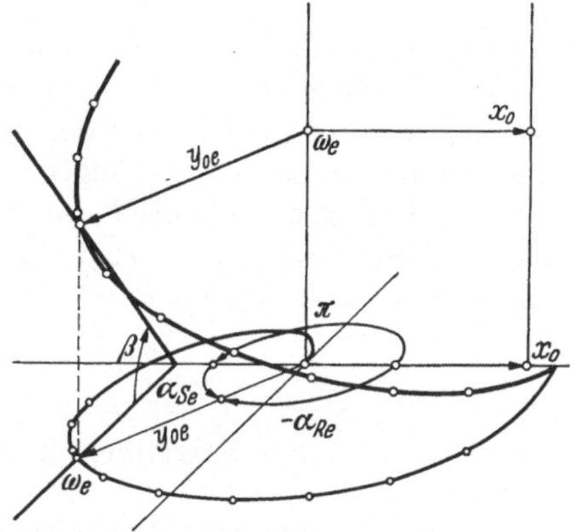

Abb. 9.09. Ausgangsschwingung mit gleichbleibender Amplitude; Regelkreis ist nicht stabil.

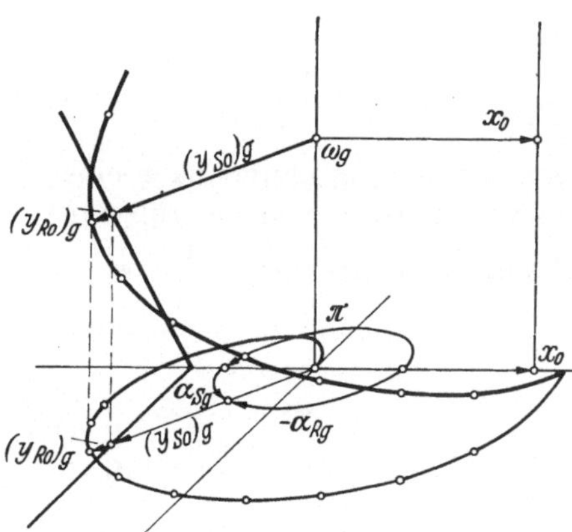

Abb. 9.10. Ausgangsschwingung mit zunehmender Amplitude; Regelkreis ist nicht stabil.

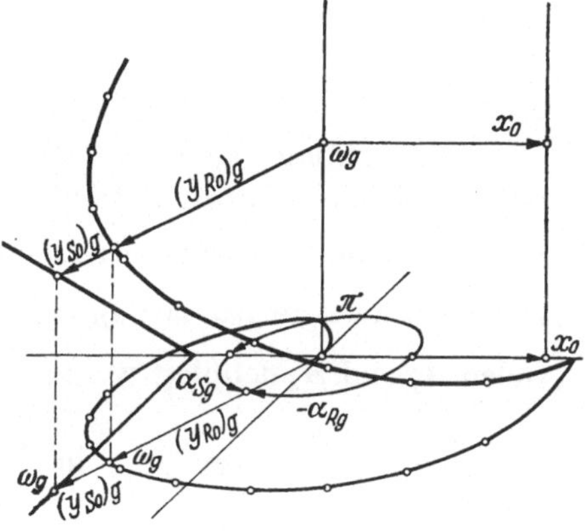

Abb. 9.11. Ausgangsschwingung mit abnehmender Amplitude; Regelkreis ist stabil.

Nacheilwinkel $(-\alpha_R)$ einschließt. Die Werte y_{R0} und α_R ergeben sich mit dem gewählten ω aus der Ortskurve F_{Rx}, die in den r, φ, ω-Koordinaten als eine wendelartige Kurve um die ω-Achse erscheint.

Die Schwingungen y_S und y_R sind phasengleich, wenn beide Radiusvektoren y_{S0} und y_{R0} auf einem Radiusstrahl liegen, wenn also $\alpha_S + \alpha_R = 2\pi$ ist.

Ist außerdem $y_{S0} = y_{R0} = y_{0e}$ (Abb. 9.09), so sind die Schwingungen phasengleich und amplitudengleich und die betreffende harmonische Schwingung mit gleichbleibender Amplitude y_{0e} mit der Frequenz ω_e ein Eigenvorgang des Regelkreises; der Regelkreis ist nicht stabil.

Der Regelkreis ist auch dann nicht stabil, wenn bei der phasengleichen Schwingung die Eingangsamplitude durch den Regelkreis vergrößert wird (Abb. 9.10); der geschlossene Regelkreis würde mit zunehmender Amplitude schwingen.

Der Regelkreis ist stabil, wenn bei der phasengleichen Schwingung die Eingangsamplitude durch den Regelkreis verkleinert wird (Abb. 9.11); der geschlossene Regelkreis würde mit abnehmender Amplitude schwingen.

9.3 Erweiterte Stabilitätsuntersuchung

Bei der erweiterten Stabilitätsuntersuchung wird nicht nur festgestellt, ob der Regelkreis stabil ist oder nicht, sondern auch die Güte der Stabilität, der Grad der Dämpfung, bestimmt.

Eine harmonische Schwingung mit abnehmender Amplitude kann nach Ziff. 1.23 durch die Beziehung dargestellt werden:

$$x = x_0 e^{(-\delta + j\omega)t} = x_0 e^{-\delta t} e^{j\omega t}. \tag{9.14}$$

Die Amplitude $x_0 e^{-\delta t} = A(t)$ dieser Schwingung nimmt nach einer e-Potenz-Kurve mit der Zeit t ab, und zwar um so rascher, je größer $|\delta|$ ist. $(-\delta)$ kann als natürlicher Logarithmus des Verhältnisses $\frac{A_2}{A_1}$ zweier, um die Schwingungsdauer $t_D = \frac{2\pi}{\omega_D} = 1$ s auseinanderliegenden Amplituden A_1 und A_2 definiert werden:

$$\ln \frac{A_2}{A_1} = \ln \frac{x_0\, e^{-\delta(t+1)}}{x_0\, e^{-\delta t}} = -\delta\,. \tag{9.15}$$

Die Bestimmung des Wertes $(-\delta)$ bildet die Aufgabe der erweiterten Stabilitätsuntersuchung.

Literaturverzeichnis

Deutsche Normen DIN 19226: Regelungstechnik und Steuerungstechnik. Begriffe und Benennungen. 2. Ausg. Mai 1968.

VDI/VDE-Richtlinien 351: Richtlinien zur Aufstellung von Spezifikationen für Drehzahlregler von Wasserturbinen. Entwurf September 1968.

IEC-Publication: International test code for speed governing systems for hydraulic turbines (im Druck).

Regelungstechnik: Vorträge des VDE/VDI-Lehrganges in Bonn 1953 und in Essen 1954. Herausgegeben von der VDI/VDE-Fachgruppe Regelungstechnik, Wuppertal: VDE-Verlag 1955.

Regelungstechnik: Moderne Theorien und ihre Verwendbarkeit. Bericht über die Tagung in Heidelberg 1956, München: Oldenburg 1957.

FABRITZ, G.: Die Regelung der Kraftmaschinen, Berlin: Springer 1940.

FASOL, K. H.: Frequenzkennlinien. Einführung in die Grundlagen des Frequenzkennlinien-Verfahrens und die Anwendung in der Regelungstechnik, Wien/New-York: Springer 1968.

HUTAREW, G.: Einführung in die Technische Hydraulik. Kurzfassung einer Vorlesung. Berlin/Heidelberg/New York: Springer 1965.

LEONHARD, A.: Die selbsttätige Regelung, 3. Aufl., Berlin/Göttingen/Heidelberg: Springer 1962.

ZUR MEGEDE, W.: Einführung in die Technik selbsttätiger Regelungen. Sammlung Göschen Bd. 714/714a/714b, 3. Aufl., Berlin: W. de Gruyter & Co. 1968.

NECHLEBA, M.: Theory of Indirect Speed Control, London/New York/Sydney: J. Wiley & Sons 1964.

OLDENBOURG, R., u. H. SARTORIUS: Dynamik selbsttätiger Regelungen, 2. Aufl., München: Oldenbourg 1951.

OLDENBURGER, R.: Frequency Response, New York: MacMillan 1956.

OPPELT, W.: Kleines Handbuch technischer Regelvorgänge, 4. Aufl., Weinheim: Verlag Chemie 1964.

PESTEL, E., u. E. KOLLMANN: Grundlagen der Regelungstechnik, 2. Aufl., Braunschweig: Vieweg 1968.

SCHÄFER, O.: Grundlagen der selbsttätigen Regelungen, 5. Aufl., München: Resch 1965.

SCHMID, A.: Ein mechanisches Gerät zur Bestimmung der statischen und dynamischen Kennlinien von Drehzahlreglern für Wasserturbinen. Diss. T.H. Stuttgart 1960.

SOLODOWNIKOW, W.: Grundlagen der selbsttätigen Regelung. Deutsche Bearbeitung von H. KINDLER, München: Oldenbourg und Berlin: Technik-Verlag 1959.

TOLLE, M.: Regelung der Kraftmaschinen, Berlin: Springer 1921.